Die Deutsche Bibliothek - CIP-Einheitsaufnahme

Moser, Konrad:
Erdbebentauglichkeit von Stahlbetonhochbauten /
Konrad Moser. Institut für Baustatik und Konstruktion,
Eidgenössische Technische Hochschule (ETH), Zürich. -
Basel ; Boston ; Berlin : Birkhäuser, 1993
(Bericht / Institut für Baustatik und Konstruktion, ETH Zürich ; Nr. 201)
NE: Institut für Baustatik und Konstruktion <Zürich>: Bericht

Ursprünglich erschienen bei Birkhäuser Verlag Basel 1993
Gedruckt auf säurefreiem Papier

ISBN 978-3-7643-5006-2 ISBN 978-3-0348-5669-0 (eBook)
DOI 10.1007/978-3-0348-5669-0

987654321

Erdbebentauglichkeit von Stahlbetonhochbauten

Konrad Moser

Institut für Baustatik und Konstruktion
Eidgenössische Technische Hochschule (ETH) Zürich

Zürich
November 1993

Vorwort

In der Schweiz sind enorme Erdbebenschäden zu erwarten. Würde beispielsweise das Erdbeben von Visp 1855 heute wieder auftreten, was durchaus realistisch ist, so wären reine Gebäudeschäden von rund 10 Milliarden Fr. möglich (Studie Schweizerischer Pool für Erdbebenversicherung). Die Gesamtschäden würden dann zwei- bis dreimal so viel betragen. Es ist daher von grosser volkswirtschaftlicher Bedeutung, dass Methoden und Massnahmen entwickelt werden, um auch in der Schweiz die Erdbebensicherung von neuen und bestehenden Bauwerken auf möglichst effiziente Weise zu verbessern.

Im Rahmen seiner Dissertation hat es Herr Moser unternommen, ein Modell zur Beurteilung der Erdbebentauglichkeit von Stahlbetonhochbauten zu entwikkeln. Grundlage bilden Schadenfunktionen des Tragwerks und der nichttragenden Elemente. Dabei werden die Begriffe Schadenschwelle, Zerstörungsgrenze und Abbruchgrenze definiert. Durch eine Koordinatentransformation in Kombination mit einer Beziehung zwischen Erdbebenstärke und Eintretenswahrscheinlichkeit kann eine Schadenwahrscheinlichkeitsfunktion ermittelt werden. Deren Integration liefert das standortunabhängige vorhandene Gebäudeschadenrisiko infolge Erdbeben eines betrachteten Hochbaus. Es kann verglichen werden mit einem akzeptierten Gebäudeschadenrisiko. Dieses konnte für schweizerische Verhältnisse aus den Norm-Schadenbildern der Erdbebenbestimmungen der Norm SIA 160 ermittelt werden. Es ist abhängig vom Standort des betreffenden Hochbaus (Zone) und von der Bauwerksklasse.

Allgemein zeigt sich ein grosser Einfluss der Gestaltung der nichttragenden Elemente und von deren Interaktion mit dem Tragwerk. Durch wenige gezielte Änderungen, die mit nur unwesentlichen Zusatzkosten verbunden sind, kann das Sachschadenrisiko infolge Erdbeben entscheidend gesenkt und somit die Erdbebentauglichkeit des betreffenden Hochbaus wesentlich verbessert werden.

Es darf erwartet werden, dass diese interessante Arbeit in der Fachwelt und insbesondere bei Versicherungen, wo entsprechende Grundlagen noch fehlen, die gebührende Beachtung finden wird.

Zürich, November 1993 Prof. Hugo Bachmann

Verdankungen

Diese Arbeit wurde im Rahmen eines Forschungsprojektes am Institut für Baustatik und Konstruktion der Eidgenössischen Technischen Hochschule Zürich (ETH) durchgeführt.

Das Projekt wurde im wesentlichen finanziert von der

- *Stiftung für wissenschaftliche, systematische Forschungen auf dem Gebiet des Beton- und Eisenbetonbaus der Vereinigung Schweizerischer Zement-, Kalk- und Gips-Fabrikanten (VSZKGF)* sowie von der

- *Kommission zur Förderung der wissenschaftlichen Forschung des Bundes.*

Der Autor dankt beiden Institutionen herzlich für ihre Unterstützung.

Konrad Moser

Inhaltsverzeichnis

Kapitel 1

Einleitung

1.1 Allgemeines

Verschiedene schwere *Erdbeben* der letzten Jahre zeigten, dass moderne Bauwerke nicht unbedingt ein besseres Verhalten unter Erdbebeneinwirkungen aufweisen als Bauten in traditioneller, althergebrachter Bauweise. So waren beispielsweise beim Erdbeben von Spitak, Armenien 1988, katastrophale Einstürze neuerer, bis neungeschossiger vorfabrizierter Stahlbetonhochbauten zu beklagen, während viele ältere, in traditionellem Tuffsteinmauerwerk erstellte Bauten nur geringe Schäden aufwiesen. Diese Tatsache dürfte vor allem auf die sparsame Verwendung der Baustoffe dieses Jahrhunderts (Stahlbeton, Baustahl), zu einem grossen Teil aber auch auf mangelnde Sorgfalt bei Entwurf, Berechnung, Bemessung und Erstellung dieser Bauwerke zurückzuführen sein.

Schäden an Hochbauten können auch wesentliche Schäden an der Umwelt bewirken, vor allem bei der Freisetzung von gefährlichen Flüssigkeiten, Dämpfen,Gasen oder von radioaktiven Stoffen. So führte das Erdbeben 1976 auf Mindanao zu einem verheerenden Brand im Chemiegebäude der Universität von Cotobao, welcher nach Stratta [Stra 87] zur Freisetzung gefährlicher Gase und zum nachträglichen Einsturz des Bauwerks führte. Das Bewusstsein der Öffentlichkeit bezüglich des Umfanges solcher Schäden wurde durch verschiedene Umweltkatastrophen der neueren Zeit massgeblich verstärkt: Schweizerhalle: vergiftetes Löschwasser [EAWA 87], Bophal: Giftgase [Ever 85], Tschernobyl: radioaktiver Staub [Rass 88] [ScEd 90], etc.

Die Sicherheit des Einzelnen und sein Schutz vor individuell nicht beeinflussbaren Risiken hat in den letzten Jahrzehnten stark an Bedeutung gewonnen. Aus diesen Gründen ist die Bemessung von Bauwerken auf Erdbebeneinwirkungen immer wichtiger geworden.

Die *Stahlbetonbauweise* ist in Europa von grosser Bedeutung. Wohnbauten werden im allgemeinen nur bis zu wenigen Stockwerken mit tragendem Mauerwerk erstellt. Höhere Wohnbauten, Büro- und Gewerbebauten weisen jedoch für horizontale Einwirkungen meist ein Stahlbetontragwerk auf. Dabei handelt es sich vorwiegend um Tragwände, welche die Kerne der vertikalen Erschliessung bilden. Bei grösseren Bauwerkgrundrissen können noch weitere Tragwände dazukommen. Stahlbetonrahmen als Tragwerke sind in Mitteleuropa eher selten, sie sind aber in den südeuropäischen und asiatischen Ländern stark verbreitet.

Durch die Entwicklung des hochfesten Betons finden Stahlbetontragwerke auch bei höheren Hochbauten, die früher durchwegs Stahltragwerke aufwiesen, immer weitere Verbreitung (vgl. Anhang A2).

Vor allem in Mitteleuropa ist die Stahlbetonbauweise auch bei niedrigeren Hochbauten sehr verbreitet. Aus diesem Grund kann sich diese Arbeit auf Hochbauten beschränken, bei denen Tragwerke aus Stahlbeton die horizontalen Wind- und Erdbebenkräfte abtragen.

Die Stahlbetonbauweise ist spröderen Bauweisen wie etwa Mauerwerk bei dynamischen Beanspruchungen bis in den Fliessbereich weit überlegen. Bei geeigneter Bemessung und konstruktiver Durchbildung steht ein grosses plastisches Verformungsvermögen, *Duktilität*[1] genannt, zur Verfügung, und in den entstehenden Fliessgelenken kann die ins Gebäude eingetragene Schwingungsenergie freigesetzt (dissipiert) werden. Die Duktilität ist deshalb neben dem Tragwiderstand die dominierende Grösse bei der Erdbebenbemessung.

Ein *Hauptziel der Erdbebenbemessung* besteht darin, bei starken Beben *katastrophale Einstürze* mit hohen Verlusten an Menschenleben *zu verhindern.* Dabei sind die Schäden am Bauwerk von sekundärer Bedeutung. Starke Erdbeben haben jedoch glücklicherweise relativ lange Wiederkehrperioden. Zwischen diesen starken Erdbeben treten aber meist schwächere Erdbeben auf, welche ihrerseits beträchtliche Schäden verursachen können.

Es sind deshalb Konzepte und Bauweisen erforderlich, um sowohl den Bauwerkeinsturz bei starken Beben zu verhindern als auch den Sachschaden bei schwächeren Beben zu minimieren. Dieses Vorgehen kann unter dem Begriff *Schadenbegrenzung*, oder allgemeiner *Gewährleistung der Erdbebentauglichkeit*, zusammengefasst werden.

1.2 Risiko infolge von Erdbebeneinwirkung

Nicht nur in den bekannten Erdbebengebieten wie Kalifornien, Japan, Neuseeland, sondern auch in Mitteleuropa ist, wenn auch in geringerem Masse, eine wesentliche Erdbebengefährdung vorhanden. Starke Erdbeben sind zwar selten (in der Schweiz wird der Erdbebensicherung das Beben mit einer mittleren Wiederkehrperiode von 400 Jahren zu Grunde gelegt), die im Ereignisfall eintretenden *Schäden* können aber *katastrophal und flächendeckend* sein. Trotz der kleinen Eintretenswahrscheinlichkeit ist wegen des potentiellen grossen Schadenausmasses ein angemessener Aufwand zur Verminderung dieses Risikos gerechtfertigt.

Das Risiko infolge von Erdbebeneinwirkung wurde früher in Mitteleuropa wenig diskutiert und bei der Bemessung von Bauwerken nur in speziellen Fällen berücksichtigt. Es ist in neuerer Zeit aber aus folgenden Gründen zu einem wesentliche Bestandteil der Berechnung und Bemessung von Bauwerken geworden:

- Die *Besiedlungsdichte* hat in Europa in den letzten hundert Jahren stark zugenommen. Wie in Bild 1.1a zu sehen ist, hat sich die Wohnbevölkerung der Schweiz seit Anfang dieses Jahrhunderts verdoppelt [BAS:4 89].

[1] Die Definitionen der wichtigsten Begriffe finden sich im Anhang A1.

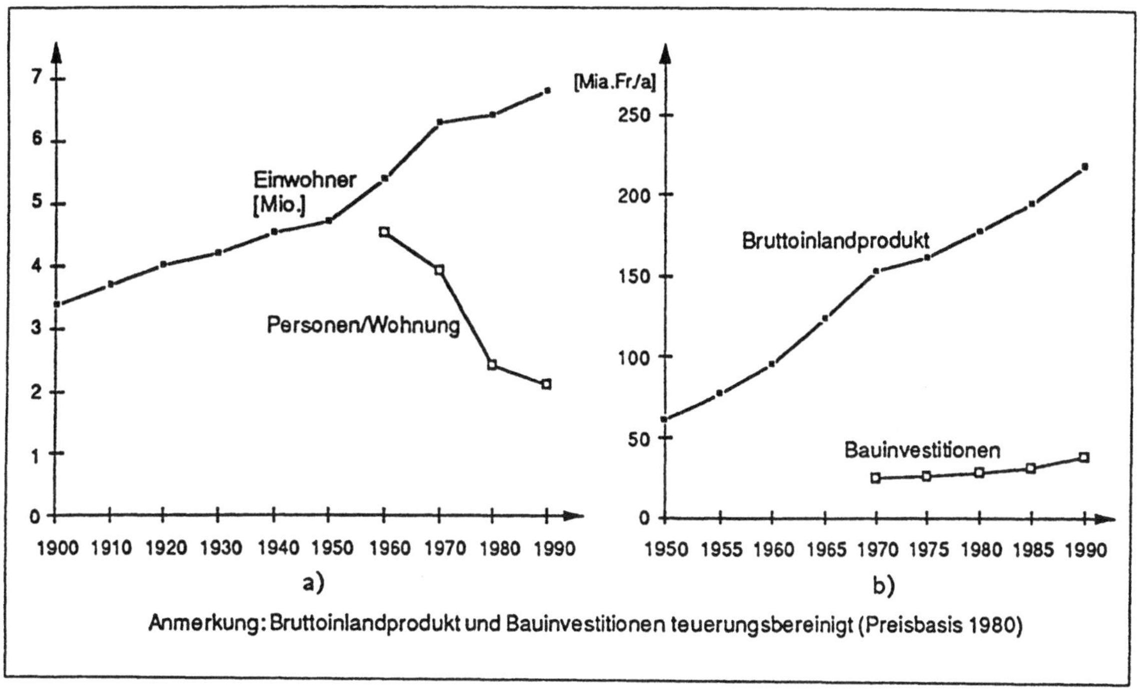

Bild 1.1: Entwicklung der Schweiz: a) Wohnbevölkerung und Belegungsdichte der Wohnungen, b) Bruttoinlandprodukt und Bauinvestitionen

- Das *Wohnbauvolumen* hat sich vervielfacht. Die Ansprüche des Einzelnen an seinen Wohnraum sind stark gestiegen, hat doch die Belegungsdichte der Wohnungen in der Schweiz seit 1960 von 4.5 Personen pro Wohnung auf weniger als die Hälfte abgenommen (vgl. Bild 1.1a). Diese Abnahme der Belegungsdichte entspricht einer Verdoppelung des Wohnungsvolumens pro Einwohner [SBV 89].

- Die von *Industrie und Gewerbe* genutzte Bausubstanz hat sich als Folge der Steigerung der wirtschaftlichen Leistungsfähigkeit der Industrieländer vervielfacht.

  Das Bruttoinlandprodukt der Schweiz hat seit 1950 teuerungsbereinigt (Preisbasis 1980) von Fr. 62 Mia/a auf Fr. 217 Mia/a, dh. auf das Dreieinhalbfache zugenommen. Die Bauinvestitionen machten in den letzten zwanzig Jahren jeweils ein Sechstel des Bruttoinlandproduktes aus und haben sich im gleichen Mass entwickelt [SBV 89], [SBV 91].

- Die *Überbauungsdichte* hat vor allem in den Agglomerationen wesentlich zugenommen, bis hin zu grossen Industriekonzentrationen.

- Die *Grossrisiken* sind mit der Entwicklung der Industrie stark gewachsen.

  Früher fanden überblickbare Technologien mit beschränkten Risiken für Mensch und Umwelt Verwendung (Muskelkraft von Mensch und Tier, Wasserräder, Dampfmaschinen). Heute verbreiten sich Grosstechnologien mit bedeutend höherer Komplexität und riesigem Schadenausmass im Ereignisfall. Das grössere Gefährdungspotential besteht auch bei Erdbeben, sei es im Bereich der Chemie (Raffinerien, Chemieanlagen) oder auch der Energieerzeugung (Kernkraftwerke, grosse Stauanlagen).

Das Risiko infolge von Erdbeben hat aus diesen Gründen stark zugenommen. Zudem wird heute die Lebensqualität bei grösserem *Risikobewusstsein* viel stärker gewichtet als früher. Konkret lassen sich deshalb für die hier interessierende *Erdbebensicherung* zwei Hauptfragen formulieren:

1. Wie gross ist das von der Gesellschaft *akzeptierte Risiko* infolge der Erdbebengefährdung?

2. Wie gross ist das *vorhandene Risiko* infolge der Erdbebengefährdung, und wie kann es allenfalls auf den akzeptierten Wert reduziert werden?

Die Antworten auf diese Fragen sind stark von der volkswirtschaftlichen Situation der betroffenen Gesellschaft abhängig. Sie können zu Gesetzen und technischen Normen führen.

1.3 Erdbebentauglichkeit

Bauwerke sollen deshalb zur Beurteilung der Erdbebensicherung auf ihre *Erdbebentauglichkeit* untersucht werden. Die Erdbebentauglichkeit schliesst sowohl die Erfüllung der Anforderungen an das Bauwerk bezüglich Starkbeben (Stand- und Tragsicherheit) als auch bezüglich schwächerer Beben (Gebrauchstauglichkeit) ein.

Als Grundlage für die ganzheitliche Beurteilung der Erdbebentauglichkeit von Bauwerken ist eine klare Beurteilungsgrösse erforderlich. In dieser Arbeit wird dafür das *Gebäudeschadenrisiko* infolge der Erdbebengefährdung vorgeschlagen. Dieses Gebäudeschadenrisiko bestimmt sich als Integral der gegen die Eintretenswahrscheinlichkeit aufgetragenen Schäden infolge von Erdbebeneinwirkung.

1.4 Problemstellung

Entwurf, Berechnung und Bemessung eines Bauwerks unter Gewährleistung der Erdbebentauglichkeit erfordern verschiedene Grundlagen:

Erdbebensicherung: Es ist festzulegen, für welche Erdbebenstärke der Stand- und Tragsicherheitsnachweis sowie der Nachweis des Verformungsvermögens (Duktilität) erbracht werden soll.

Erdbebentauglichkeit: Die erforderliche Erdbebentauglichkeit ist als akzeptiertes Gebäudeschadenrisiko festzulegen.

Falls dafür in den Normen keine Angaben enthalten sind oder daraus abgeleitet werden können, kann das Erdbebenrisiko mit Risiken infolge anderer Naturgefahren verglichen werden. Daraus lässt sich allenfalls das von der Gesellschaft akzeptierte Gebäudeschadenrisiko ableiten.

Erdbebengefährdung: Zur Bestimmung des Gebäudeschadenrisikos infolge von Erdbebeneinwirkung muss die Erdbebengefährdung am betrachteten Standort, d.h. die

Erdbebenstärke in Funktion der Eintretenswahrscheinlichkeit, bekannt sein.

Schadenberechnung: Der bei gegebener Erdbebenstärke erwartete Gebäudeschaden soll näherungsweise berechnet werden können. Dies erfordert entsprechende Grundlagen und Methoden zur Berechnung des Verhaltens der Tragwerke und der nichttragenden Elemente.

Gebäudeschadenrisiko: Das Gebäudeschadenrisiko infolge von Erdbeben soll aus den berechneten Gebäudeschäden und der Erdbebengefährdung bestimmt werden können.

Beurteilung: Die Erdbebentauglichkeit kann durch den Vergleich des vorhandenen Gebäudeschadenrisikos mit dem akzeptierten Gebäudeschadenrisiko beurteilt werden. Dies ermöglicht die Aussage, ob eine gewisse Erdbebensicherung genügt oder nicht. Auch der Einfluss von konzeptionellen und konstruktiven Massnahmen wird damit quantifizierbar.

Aus dieser Problemstellung leitet sich die im folgenden Abschnitt formulierte Zielsetzung dieser Arbeit ab.

1.5 Zielsetzung

Mit dieser Arbeit soll ein *Werkzeug zur Ermittlung und Beurteilung der Erdbebentauglichkeit von Stahlbetonhochbauten* bereitgestellt werden. Dieses Werkzeug basiert auf dem folgenden *Modell*:

Einerseits soll mit Hilfe von Schädigungsmodellen der für das gegebene Bauwerk zu erwartetende *Gebäudeschaden in Funktion der Erdbebenstärke* abgeschätzt und daraus das *vorhandene Gebäudeschadenrisiko* infolge von Erdbeben bestimmt werden. Andererseits werden *akzeptierte Gebäudeschadenrisiken* basierend auf akzeptierten Schäden ermittelt. Der Vergleich von vorhandenem und akzeptiertem Gebäudeschadenrisiko soll eine umfassende Beurteilung der Erdbebentauglichkeit des Bauwerks über den ganzen Beanspruchungsbereich ermöglichen.

Die Erdbebentauglichkeit einiger typischer Kombinationen von Tragwerk und nichttragenden Elementen soll anhand von Beispielen abgeklärt werden. Darauf aufbauend sollen Hinweise zu erdbebentauglichen Ausbildung von Stahlbetonhochbauten gegeben werden. Die Vorgehensweise soll klar und praktisch anwendbar sein und nicht zu einem allzu grossen Mehraufwand bei Entwurf, Berechnung und Bemessung von Hochbauten führen.

1.6 Abgrenzungen

Das in dieser Arbeit entwickelte Modell kann grundsätzlich bei allen Bauweisen und Konstruktionsarten von Stahlbetonhochbauten angewandt werden.

Bauwerke, die eine unregelmässige Geometrie oder einen über die Höhe diskontinuierlichen Massen- oder Steifigkeitsverlauf aufweisen, können jedoch mit dem vereinfachten Vorgehen zur Abschätzung von Verschiebungen und Beschleunigungen nicht erfasst werden. In diesen Fällen sind detaillierte Berechnungen zur Erfassung des komplexen dynamischen Verhaltens erforderlich. Darauf aufbauend kann jedoch dasselbe Modell angewandt werden, das die Erdbebentauglichkeit anhand des Gebäudeschadenrisikos beurteilt.

Der Erstellung dieser Arbeit ging die Erarbeitung des Buches: *Erdbebenbemessung von Stahlbetonhochbauten* [PBM 90] voraus. Der Inhalt dieses Buches, vor allem die Grundzüge der darin dargelegten Methode der Kapazitätsbemessung und die Ersatzkraftermittlung, wird für das Verständnis dieser Arbeit vorausgesetzt.

1.7 Inhaltsübersicht

Das zweite Kapitel diskutiert nach einem kurzen historischen Rückblick die heutigen Methoden der Erdbebenberechnung und -bemessung, vergleicht deren Vor- und Nachteile und erläutert ihre Verbreitung. Nach einer Beurteilung des heutigen Standes der Erdbebensicherung wird die Notwendigkeit einer Beurteilung der Erdbebentauglichkeit dargelegt.

Im dritten Kapitel wird das Modell zur Beurteilung der Erdbebentauglichkeit von Stahlbetonhochbauten dargestellt. Es wird sowohl die Ermittlung der Schadenfunktionen von Bauwerken erläutert, als auch die Abschätzung der akzeptierten Schadenfunktionen. Das mit Hilfe der Schadenfunktionen ermittelte vorhandene Gebäudeschadenrisiko wird mit dem mit Hilfe der akzeptierten Schadenfunktionen abgeschätzten akzeptierten Gebäudeschadenrisiko verglichen.

Das vierte Kapitel behandelt das Verhalten der Stahlbetontragwerke. Der erste Teil ist der Schädigung der Tragwerke selbst gewidmet. Der zweite Teil enthält einfache Modelle zur Abschätzung von Stockwerkverschiebungen und Stockwerkantwortbeschleunigungen, welche zur Beurteilung der nichttragenden Elemente benötigt werden.

Das fünfte Kapitel geht auf das Verhalten der nichttragenden Elemente unter Beschleunigungen und Zwängungen ein. Mit verschiedenen Modellen werden Schadenschwelle und Zerstörungsgrenze der gebräuchlichen Bauweisen ermittelt.

Das sechste Kapitel enthält Anwendungsbeispiele und eine Diskussion der Resultate. Im siebten Kapitel finden sich Folgerungen und Ausblick. Im Anhang A1 befindet sich eine Liste der Begriffsdefinitionen.

Kapitel 2

Entwicklung und Stand der Erdbebensicherung

In diesem Kapitel werden einige historische Versuche der Erdbebensicherung kurz besprochen und beurteilt. Anschliessend werden die heute bekannten und gebräuchlichen Ansätze der Berechnung und Bemessung zur Erdbebensicherung beschrieben. Nach einer Beurteilung des Standes der Erdbebensicherung und der Erdbebenschäden in Mitteleuropa werden Folgerungen für den Entwurf von Stahlbetonhochbauten gezogen. Dabei wird begründet, weshalb eine Beurteilung der Erdbebentauglichkeit erforderlich ist.

2.1 Historische Ansätze

2.1.1 Massive Bauweise

Zwei frühe, nach dem damaligen Stand des Wissens auf eine möglichst gute Erdbebensicherheit ausgelegte Bauwerke in Europa waren die „Torri Paraterremoto" in Rimini. Nach dem schweren Erdbeben vom 25. Dezember 1786, welches über 60% der Häuser der Stadt Rimini schwer beschädigte oder zerstörte, projektierte der Abt Vannucci zwei Türme (vgl. Bild 2.1). Sie sollten die angeblich erdbebenauslösenden elektrischen Felder ableiten. Die Türme waren gegen 40 m hoch, ihr runder Schaft wies einen Durchmesser von etwa 4 m auf und stand auf einem Sockel von rund 7 m Kantenlänge. Der relativ schlanke Schaft war, mit Ausnahme der darin enthaltenen Wendeltreppe, massiv gemauert.

Trotz der massiven Bauweise ist bei derartigen Türmen ein erdbebentaugliches Verhalten nur bedingt gewährleistet. Solange im Mauerwerk Druckbeanspruchungen herrschen, können diese bis zur relativ hohen Druckfestigkeit des Mauerwerks aufgenommen werden. Bei höherer Beanspruchung kann sich Mauerwerk aber recht spröde verhalten und relativ rasch versagen. Zudem weisen die Mörtelfugen im Mauerwerk eine relativ geringe und stark streuende Zugfestigkeit auf und sind damit für dynamische Wechselbeanspruchungen nicht geignet.

Bei den Torri di Rimini kann jedoch angenommen werden, dass sie bei mittleren Beben dank ihrer massiven Bauweise kaum über den elastischen Bereich hinaus beansprucht würden. Sie sind in diesem Sinne beschränkt erdbebentauglich.

Bild 2.1: Torri paraterremoto von Rimini nach Valadier 1787 (aus [Guid 83])

2.1.2 Leichte flexible Bauweise

In Japan und China haben sich seit jeher relativ viele Starkbeben ereignet. Die Erdbebenbeanspruchung fand deshalb auch ihren Niederschlag in den Bauweisen der traditionellen Wohn- und Sakralbauten.

a) Wohnbauten

In Japan wurden früher für Wohnzwecke praktisch nur Leichtkonstruktionen gebaut. Diese bestanden aus Holzrahmen, welche mit Papier, Schilf oder anderen Materialien bespannt wurden. Diese Bauweise hat verschiedene grosse Vorteile:

- Sie ist sehr duktil und kann Verschiebungen relativ gut aufnehmen.
- Dank der geringen Masse bleiben die Erdbebenkräfte klein.
- Die Holzbauweise erlaubt wirksame Zugverbindungen (vgl. Bild 2.2).
- Reparaturen können von den Bewohnern mit einfachen Hilfsmitteln selbst ausgeführt werden.

Ein grosser Nachteil, vor allem als noch mit offenen Kohlefeuern gekocht und geheizt wurde, war die grosse Feuergefahr. So kam es bei grossen Beben in städtischen Gebieten wie in Tokio zu Grossbränden, ähnlich demjenigen in San Francisco 1906. Dabei entstanden durch das Feuer wesentlich grössere Schäden als durch die direkte Einwirkung des Erbebens.

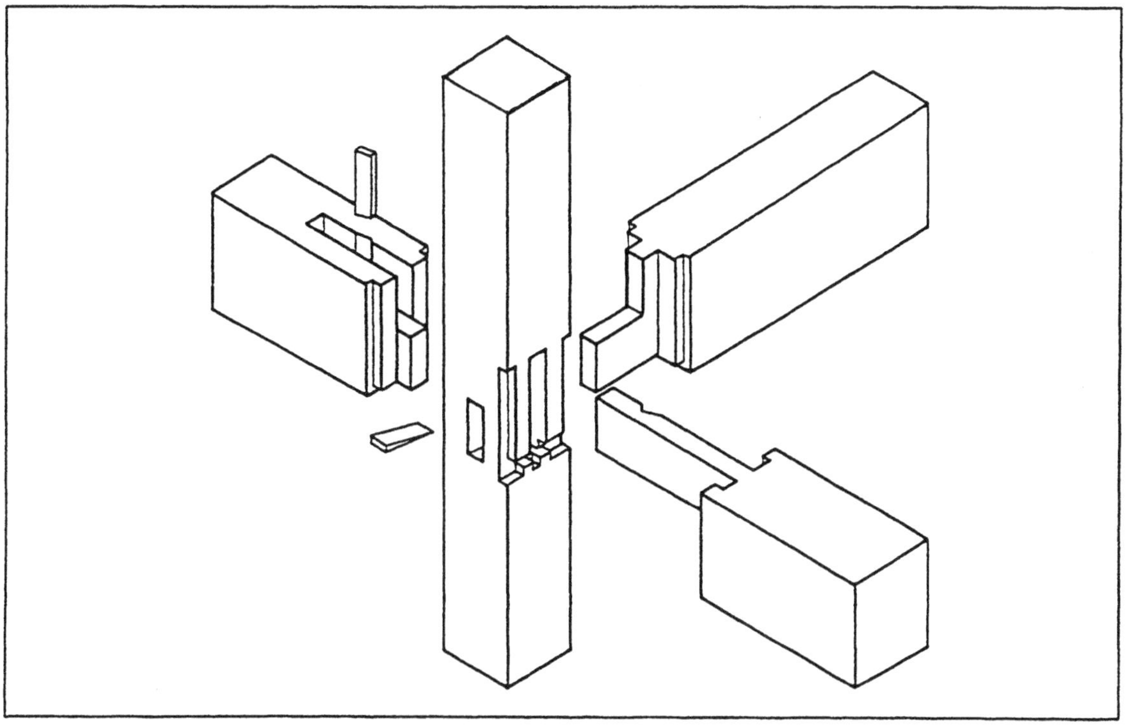

Bild 2.2: Detail einer typischen Zugverbindung bei einem traditionellen japanischen Wohnhaus (aus [Grau 86])

b) Grossbauten

Japan und China weisen jedoch auch viele alte und grosse Sakralbauten wie Tempel, Schreine und Pagoden in Holzbauweise auf. Bei den dabei auftretenden Dimensionen waren recht grosse Holzquerschnitte erforderlich. Die alten Baumeister konstruierten diese Bauten jedoch derart, dass mittlere bis grössere Verschiebungen ohne Schäden möglich sind. Zudem ist die innere Dämpfung dieser Bauten infolge von Reibung beträchtlich, da sich zwischen den hebelartig aufeinander gelegten Trägern bei Bauwerkverschiebungen viele dämpfende Relativverschiebungen ergeben. Bild 2.3 zeigt ein typisches Detail eines chinesischen Tempels.

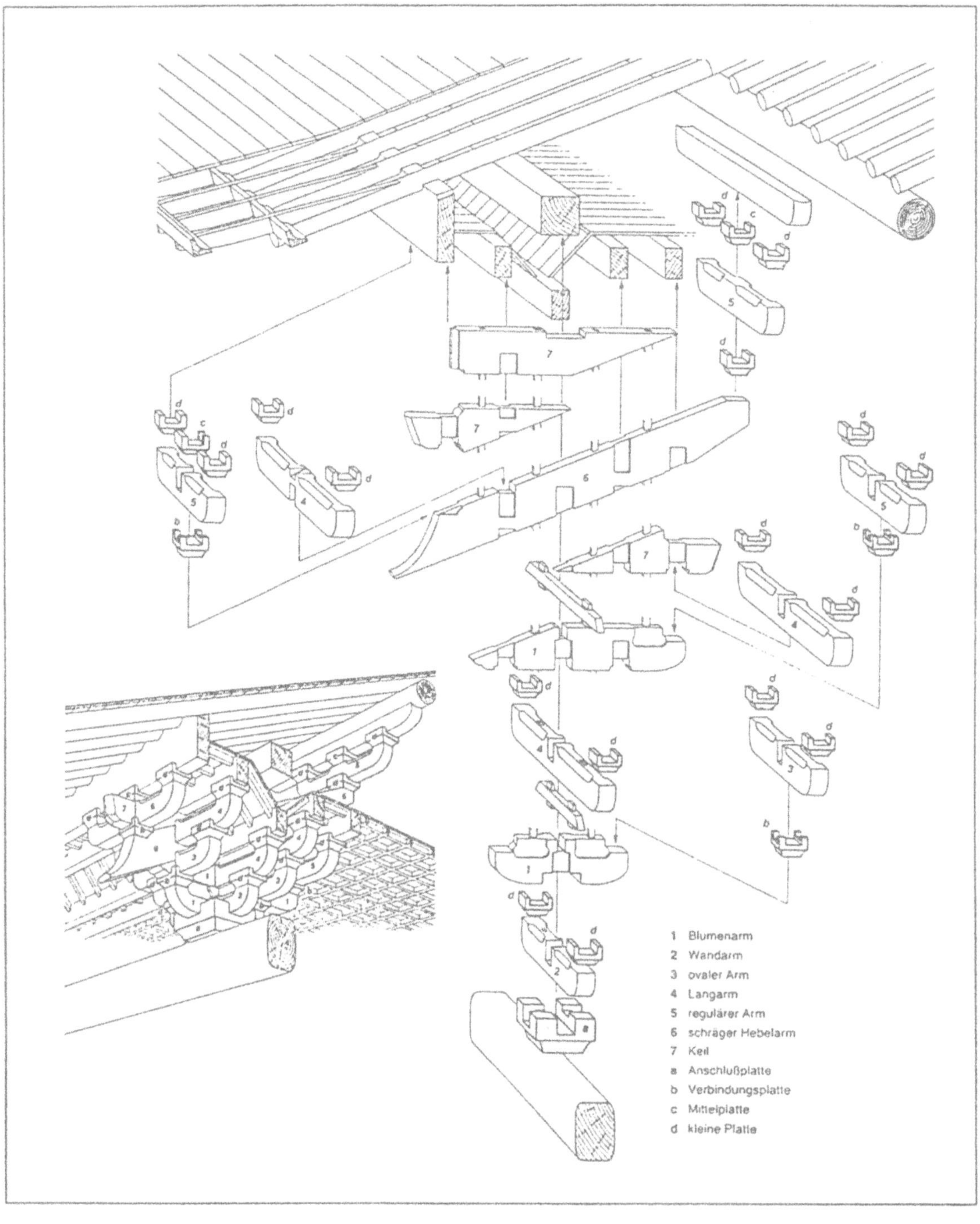

Bild 2.3: Holzbaudetails bei chinesischem Tempel (Konsolensystem, aus [Grau 86])

2.1.3 Beschränkung der Bauhöhe

Eine einfache Massnahme zur Schadenbegrenzung besteht in der Beschränkung der Bauhöhe, wie sie lange Zeit in Tokio bestand. Diese Massnahme beschränkt die erstellbare Geschossfläche und damit das Schadenpotential sehr direkt. Bei durch Strassenzüge begrenzten Grundstücken wird durch die Beschränkung der Bauhöhe auch erreicht dass die Bauwerke relativ gedrungen werden.

Vom ingenieurmässigen Standpunkt gesehen wären aber Beschränkungen in Abhängigkeit des Untergrundes eine weitaus geeignetere Massnahme. So könnte die Erstellung von Hochbauten verhindert werden, deren Grundfrequenzen im Bereich der maximalen Anregung liegen. Damit liessen sich gefährliche Resonanzeffekte vermeiden. Mittels genügend grosser Gebäudeabstände könnten diejenigen Schäden vermieden werden, welche beim Zusammenstossen von Gebäuden auftreten.

2.1.4 Spezielle Bauform

Bild 2.4: Kugelhaus in der Nähe von Teheran (aus [AmMe 82])

Ein etwas aussergewöhnliches Bauwerk ist das sogenannte Kugelhaus in Bild 2.4 (aus [AmMe 82]). Anstelle senkrechter Tragelemente für die Decken wurde eine auf dem Erdboden stehende Hohlkugel erstellt, welche bei Bodenbewegungen um relativ geringe Winkel um ihr Trägheitszentrum rotieren soll. Dadurch werden die Horizontalbeschleunigungen im Hausinneren relativ klein.

Die Sicherstellung der leckfreien Zuleitungen von Wasser und Gas sowie die Erhaltung der Abwasserableitung dürfte jedoch einige Anforderungen stellen, auch wenn das Kugelhaus nicht eigentlich ins Rollen kommt. Zudem ist die Erstellung einer Kugelschale relativ teuer und die Nutzung des Innenraumes infolge der in den unteren und oberen Geschossen stark geneigten Wände wesentlich eingeschränkt.

Die Zusatzkosten dieser Art Erdbebensicherung dürften damit, bezogen auf die nutzbare Fläche des Bauwerks, diejenigen moderner Methoden weit übersteigen.

2.2 Berechnung und Bemessung von Hochbauten

Die durch Erdbeben ausgelösten Bodenbewegungen bewirken in den Bauwerken Verschiebungen und Beanspruchungen. Bauwerke mit Grundfrequenzen im Bereich der stärksten Anregung werden zu Schwingungen angeregt, bei denen Beschleunigungen auftreten, die wesentlich grösser sind als die Bodenbeschleunigungen.

Die Bauwerke bestehen aus einer Vielzahl von Elementen, welche entweder dem Tragwerk oder den nichttragenden Elementen zugeordnet werden können. Das Verhalten von Systemen mit einer grossen Anzahl von Elementen ist aber sehr komplex, speziell unter Anregung durch eine instationäre Bodenbewegung. Auch ist der zeitliche Verlauf der Bodenbewegung zur Bemessung eines Bauwerks nicht exakt definiert, da sowohl die Lage der Erdbebenherde als auch die Eigenschaften des Untergrundes zwischen Herden und Bauwerk nicht genau bekannt sind.

Für die Bemessung von Bauwerken sind deshalb Vereinfachungen notwendig, um handhabbare Berechnungsmethoden zu erhalten. Da es bis vor verhältnismässig kurzer Zeit nicht möglich war, grössere Bauwerke unter dynamischer Beanspruchung realitätsnah zu berechnen, entstand eine Vielzahl dieser vereinfachenden Berechnungsmethoden.

Die bekanntesten Ansätze zur Berechnung und Bemessung auf Erdbebeneinwirkungen werden in den folgenden Abschnitten stichwortartig beschrieben und beurteilt. Eine ausführliche Darstellung findet sich in [Bach 92].

2.2.1 Schnittkraftberechnung

a) Ersatzkraftverfahren

Eine sehr verbreitetes Verfahren besteht darin, zur Abschätzung der Erdbebenbeanspruchungen statische horizontale Ersatzkräfte am Tragwerk angreifen zu lassen.

Bild 2.5b zeigt die Ersatzkräfte infolge einer gleichmässigen Horizontalbeschleunigung. Dieses Verfahren ist veraltet. Eine etwas geeignetere Verteilung, entsprechend den Windkräften, zeigt Bild 2.5c.

Heute wird die gesamte Erdbebenersatzkraft F_{tot} ausgehend von der Grundfrequenz des Bauwerks ermittelt und nach einfachen Regeln über dessen Höhe verteilt. Bei gleicher gesamter Erdbebenersatzkraft F_{tot} ergibt die Verteilung entsprechend der Grundschwingungsform (vgl. Bild 2.5d) das grösste Kippmoment. Mit den anderen Verteilungen wird das Kippmoment unterschätzt.

Gewisse Normen (zB. [NZS 4203], [UBC 88]) berücksichtigen zudem die Einflüsse höherer Eigenformen, indem sie zuoberst am Tragwerk eine zusätzliche Einzelkraft F_n' ansetzen.

Da bei dieser Art der Ersatzkraftbestimmung oft nur die Grundschwingungsform berücksichtigt wird, eignet sich die Methode nur für Bauwerke mit dominanter Grundschwingung.

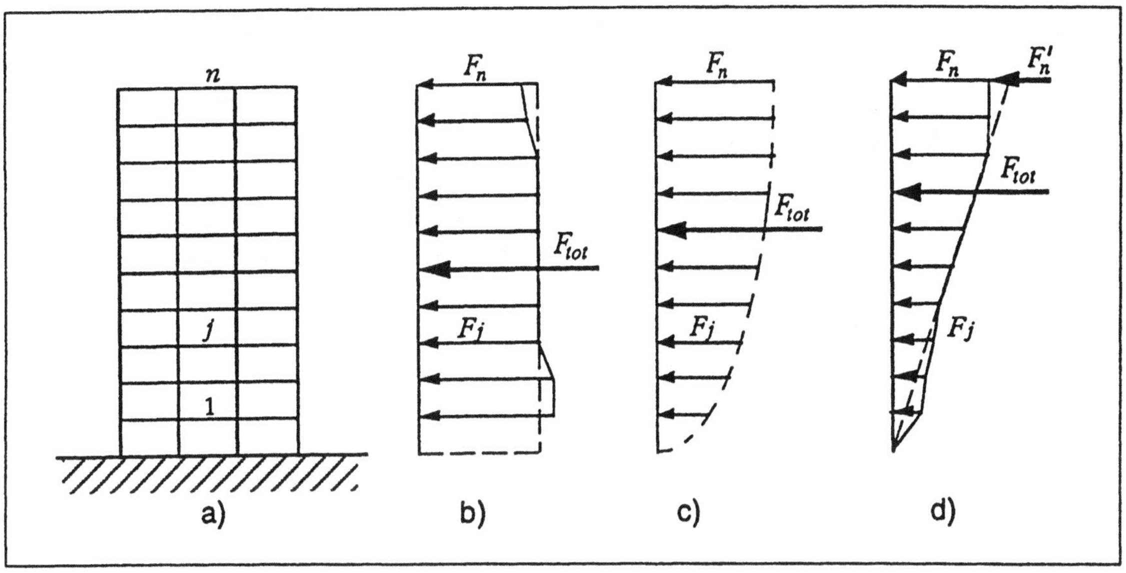

Bild 2.5: Berechnungsmodell (a) und Lage der gesamten Erdbebenersatzkraft F_{tot} für verschiedene Verteilungen der statischen horizontalen Ersatzkräfte (b-d)

b) Modales Antwortspektrenverfahren

Das modale Antwortspektrenverfahren berücksichtigt alle massgebenden Eigenschwingungsformen. Die Antwort jeder Eigenschwingungsform auf die Fusspunktanregung des Berechnungsmodelles kann unabhängig von den anderen Eigenschwingungsformen berechnet werden. Aus den Maximalantworten der Eigenschwingungsformen (Index k) für jeden Freiheitsgrad i können für Hochbauten mit dem Superpositionsgesetz $x_{i,tot} = \left(\sum \mid x_{i,max}^{(k)} \mid^2\right)^{1/2}$ ("Wurzel aus der Summe der Quadrate") die Maximalantworten des Berechnungsmodells mit guter Genauigkeit ermittelt werden. Die Schnittkräfte werden in gleicher Weise aus den modalen Beiträgen (elastische Kräfte) der Eigenschwingungsformen superponiert [Bach 92].

c) Zeitverlaufberechnungen

Detaillierte Berechnungen an Bauwerkmodellen, welche den Bodenbewegungen wirklicher oder künstlich generierter Beben unterworfen werden, ermöglichen die genauesten Aussagen über die Bauwerkverschiebungen und die Beanspruchungen.

Die dabei verwendeten Bauwerkmodelle können eben oder räumlich, das Baustoffverhalten linear oder nichtlinear sein. Räumliche Modelle, bei denen die potentiellen Fliessgelenke mit nichtlinearen Elementen modelliert werden, stellen etwa den heutigen Stand der Technik dar [BWL 91].

Die Zeitverlaufberechnungen weisen jedoch einige wesentliche Nachteile auf:

Das Bauwerk muss vorgängig entworfen und vollständig bekannt sein. Mindestens das Tragwerk mit allen Querschnitten und Tragwiderständen muss vor den Zeitverlaufberechnungen mit einer Hilfsmethode berechnet und bemessen werden.

Die Nachrechnungen eines Tragwerks mit einzelnen Bodenbeschleunigungsverläufen ergeben keine allgemein gültigen Aussagen über das Tragwerkverhalten. Bei Beben mit anderem Zeitverlauf, Frequenzgehalt, etc. können andere Eigenformen bevorzugt angeregt werden, und es können sich sogar an anderen Stellen Fliessgelenke bilden.

Ergibt die Berechnung Überbeanspruchungen oder übermässige Verschiebungen, so ist der Nachweis mit einem entsprechend modifizierten Tragwerkmodell vollständig neu zu beginnen.

Realistische Modelle mit höherem Detaillierungsgrad und nichtlinearem Verhalten bedingen einen grossen Rechenaufwand. Diese Berechnungsart kann deshalb nur für aussergewöhnliche Bauwerke oder zu Forschungszwecken sinnvoll sein. Für gewöhnliche Hochbauten sprengt sie heute den Rahmen des Sinnvollen bei weitem.

Zeitverlaufberechnungen ermöglichen im konkreten Einzelfall sehr detaillierte Aussagen über das Bauwerkverhalten, sie werden aber selten zur Bemessung von Bauwerken verwendet.

2.2.2 Querschnittsbemessung

a) Konventionelle Bemessung

Die konventionelle Bemessung verwendet die gleichen Modelle, Bemessungsverfahren und Regeln für die konstruktive Durchbildung wie sie für die Wind- und Schwerelastbeanspruchungen verwendet werden.

Wird unter Erdbebenbeanspruchung ein elastisches Tragwerkverhalten vorausgesetzt, führt dies zu massiven und teuren Bauwerken. Meist wird deshalb das plastische Verformungsvermögen (Duktilität) berücksichtigt, wodurch die Erdbebenersatzkräfte reduziert werden können.

b) Kapazitätsbemessung

Der Methode der Kapazitätsbemessung liegen folgende Prinzipien zu Grunde [PBM 90]:

Die im Bauwerk maximal möglichen Beanspruchungen werden über den ganzen Verformungsbereich durch entsprechende Massnahmen in tragbaren Grenzen gehalten. Die plastifizierenden Bereiche des Tragwerks werden eindeutig festgelegt und ihrer Beanspruchung entsprechend konstruktiv durchgebildet. Allfällige Bereiche mit sprödem Verhalten werden durch einen erhöhten Tragwiderstand vor Überbeanspruchung geschützt, damit sie immer elastisch bleiben und keine Schäden erleiden. Das gesamte Tragwerk weist damit trotz spröder Bereiche ein duktiles Verhalten mit grossem Verformungsvermögen auf. Für die Ermittlung der Erdbebenersatzkräfte kann deshalb die volle Duktilität berücksichtigt werden.

c) Anwendung der Bemessungsmethoden

Für schwache bis mittlere Erdbebeneinwirkung wird meist die konventionelle Bemessung in Verbindung mit natürlicher Duktilität verwendet. Bei stärkerer Erdbebeneinwirkung kann mit der Methode der Kapazitätsbemessung ein gutmütiges Tragwerkverhalten auch für grosse Verschiebungen gewährleistet, und der erdbebenbedingte Mehraufwand am Tragwerk kann relativ klein gehalten werden [Mose 91].

2.3 Stand der Erdbebensicherung

2.3.1 Übliches Vorgehen in Mitteleuropa

Das bei Entwurf, Berechnung und Bemessung in Mitteleuropa übliche Vorgehen kann wie folgt charakterisiert werden:

Entwurf
Beim Entwurf wird im allgemeinen nicht auf die speziellen Anforderungen aus den Erdbebenbeanspruchungen geachtet. Nur in ausgesprochenen Erdbebengebieten oder in Ausnahmefällen wird darauf Rücksicht genommen.

Berechnung
Bei Bauwerken mit wenigen Geschossen wird im allgemeinen ohne weitere Abklärungen auf eine Berechnung der Erdbebenbeanspruchungen verzichtet. (Die meisten Normen forderten, mindestens bis vor wenigen Jahren, auch keine Erdbebensicherung.)

Bei Bauwerken mit vielen Geschossen wird allgemein eine Berechnung mit dem Ersatzkraftverfahren vorgenommen (Forderung der modernen Normen).

Bemessung
Die aus der Berechnung erhaltenen Schnittkräfte werden wie Querschnittsbeanspruchungen infolge von Windkräften und Schwerelasten zur Bemessung verwendet.

Konstruktive Durchbildung
Die konstruktive Durchbildung erfolgt nach denselben Regeln wie für die Beanspruchungen infolge von Windkräften und Schwerelasten.

2.3.2 Erdbebenschäden in Mitteleuropa

Obwohl in Mitteleuropa nicht sehr viele starke Beben auftreten, sind die Schäden bei den gelegentlichen schwachen bis mittleren Beben trotzdem recht gross. In den folgenden Abschnitten werden die Tragwerke der Hochbauten kurz charakterisiert, dann wird auf die typischen Erdbebenschäden eingegangen.

a) Auf Erdbebeneinwirkung bemessene Hochbauten

Hochbauten, welche auf Erdbebeneinwirkungen bemessen sind, weisen ein Tragwerk auf, das den Beanspruchungen gewachsen ist. Im Falle von mittleren bis stärkeren Erdbeben kann deshalb das folgende Schadenbild beobachtet werden:

- Mit zunehmender Beanspruchung entstehen wesentliche bis grosse Schäden, vor allem an den nichttragenden Elementen.

- Auch bei starker Erdbebenbeanspruchung erfolgen im allgemeinen keine Bauwerkeinstürze.

b) Nicht auf Erdbeben bemessene Hochbauten

Hochbauten mit wenigen Geschossen, vor allem Wohnbauten, aber auch Läden, kleine Werkstätten, etc., dh. die meisten Hochbauten in ländlichen Gebieten, werden in Mitteleuropa oft ohne Erdbebenbemessung erstellt. Diese Hochbauten lassen sich wie folgt charakterisieren:

- Das Tragwerk ist nur auf Windbeanspruchungen und nicht auf Erdbebeneinwirkungen ausgelegt.
- Es werden keine erdbebenspezifischen Anforderungen an die nichttragenden Elemente gestellt. Diese werden nach den allgemein üblichen, oft stark lokal geprägten, traditionellen Bauweisen erstellt.
- Allfällige Fugen werden nach den Kriterien der Gebrauchstauglichkeit angeordnet, um Schwind-, Kriech- und Temperaturverformungen, oder – in selteneren Fällen – um Setzungen zu ermöglichen.

Nach Erdbeben können bei diesen Hochbauten Schäden der folgenden Art beobachtet werden:

- Schon bei kleiner bis mittlerer Erdbebenbeanspruchung entstehen relativ grosse Schäden, vor allem an den nichttragenden Elementen (Absturz von Kaminen und Giebelwänden, grosse Risse in Innenwänden), aber auch an tragenden Elementen (vor allem grosse, meist von den Fensteröffnungen ausgehende Risse in den Aussenwänden).
- Oft entstehen auch beträchtliche Schäden infolge von Kraftumlagerungen. Elemente, die als nichttragend konzipiert wurden (vor allem nachträglich zwischen die Stützen eingemauerte Trennwände), behindern die zur Aufnahme der Beanspruchungen erforderlichen Verschiebungen der Tragelemente und werden meist stark beschädigt. Die dabei von den nichttragenden Elementen auf die Stützen ausgeübten Kräfte können sogar zu deren Versagen führen. Stärkere Erdbeben bewirken deshalb bei derartigen Bauwerken häufig Teil- oder Totaleinstürze infolge unbeabsichtigter Kraftumlagerungen.

c) Hauptsächliche Schäden

Der grösste Teil der mitteleuropäischen Hochbausubstanz ist nicht auf Erdbebeneinwirkungen bemessen und schon bei mittleren Erdbebenbeanspruchungen treten erste Einstürze auf. Es treten jedoch auch bei Bauwerken, welche infolge der Erdbebeneinwirkung nicht einstürzen, wesentliche Schäden auf. Diese Schäden können nur schon an nichttragenden Elementen beträchtliche Ausmasse annehmen. Untersuchungen nach verschiedenen Erdbeben, vor allem nach dem Beben von Mexico-City 1985, zeigten, dass die Schäden an nichttragenden Elementen bis zu 80% des Gebäudeschadens ausmachen können [Tied 86].

2.3.3 Erdbebengefährdete Neubausubstanz

In dieser Arbeit werden Neubauten aus Stahlbeton in Mitteleuropa behandelt, wobei im besonderen von den Bauweisen in der Schweiz ausgegangen wird. Auf die etwas anderen, meist leichteren Bauweisen in den südlichen Ländern sind die dargelegten Methoden und Prinzipien ebenfalls anwendbar, auch die Vorgehensweise ist gleich.

Hochbauten sind nicht generell erdbebengefährdet. Niedrige Bauten weisen oft einen genügenden Tragwiderstand zur Aufnahme der Erdbebenkräfte auf, bei hohen Hochbauten werden meist die Windkräfte massgebend. Dazwischen liegen diejenigen Hochbauten, bei welchen die Erdbebenkräfte für die Beanspruchung massgebend werden.

a) Büro- und Gewerbebauten

Büro- und Gewerbebauten in der Schweiz können folgendermassen charakterisiert werden:

- Das Tragwerk ist in Stahlbeton ausgeführt.
- Für die Bemessung des Tragwerks auf horizontale Einwirkungen werden bei den üblichen Geschosszahlen die Erdbebenkräfte massgebend.
- Die Gefährdung von Personen kann wesentlich sein, da zB. Bürohochbauten relativ dicht belegt sind. (Bei Hochbauten mit Publikumsverkehr stellt deshalb beispielsweise die Schweizer Norm [SIA 160] höhere Anforderungen an das Tragwerk.)
- Das Schadenpotential kann gross sein, speziell wenn grössere Wertkonzentrationen vorhanden sind (Beispiele: Rechenanlagen, wertvolle Lagergüter wie elektronische Geräte, Labors mit aufwendigen Apparaturen, etc.)
- Das Bauvolumen ist meist relativ gross.

b) Wohnbauten

Wohnbauten, dh. Ein- und Mehrfamilienhäuser sowie Kleingewerbebauten weisen folgende gemeinsame Merkmale auf:

- Die Raumeinteilung ist fest und die Räume sind relativ klein. Dadurch ergeben sich zahlreiche Wände, welche meist auch zur Abtragung der horizontalen Kräfte herangezogen werden können.
- Die meisten Wände bestehen aus Backstein- oder Kalksandsteinmauerwerk.
- Wohnbauten weisen meist nur wenige Geschosse auf.

Die bei Wohnbauten zahlreichen Wände können die Erdbebenkräfte bei kleiner Bauwerkhöhe meist im elastischen Beanspruchungsbereich aufnehmen [Schw 90]. Damit ist bei derartigen, fachgerecht bemessenen Hochbauten nicht mit wesentlichen Erdbebenschäden zu rechnen.

c) Industriebauten

Die typischen Merkmale der Industriebauten sind in starkem Masse von ihrer Nutzung abhängig. Die Bemessung grosser Fabrikations- und Lagerhallen wird von Windkräften und Schneelasten, allenfalls von Krankräften dominiert. Bei mehrgeschossigen Bauten können auch Maschinenlasten massgebend werden.

Die Gebäudemassen sind verglichen mit den absoluten Abmessungen relativ klein und deshalb werden auch die Erdbebenkräfte nicht sehr gross. Industriehallen weisen die beiden folgenden charakteristischen Merkmale auf:

- Form und Abmessungen variieren stark.
- Aussparungen, Kanäle und Absätze, abgestimmt auf die spezielle Nutzung, können Entwurf und Bemessung dominieren.

Die Industriebauten weisen aber häufig ein relativ regelmässiges Tragwerk auf und können mit vereinfachten Methoden analysiert werden.

2.4 Folgerungen für die Erdbebensicherung

Ausgehend von der heutigen Situation ergeben sich verschiedene Folgerungen für die Erdbebensicherung von (Stahlbeton-) Hochbauten.

2.4.1 Erdbebengerechter Entwurf

Ein erdbebengerechter Entwurf des Bauwerks ist die Grundvoraussetzung einer guten Erdbebensicherung. Der erdbebengerechte Entwurf eines Hochbaues ist aber nur möglich, wenn die Anforderungen der Erdbebensicherung von Anfang an als ernstzunehmende Randbedingungen betrachtet werden, und wenn der entwerfende Architekt vom Projektierungsbeginn an mit dem Bauingenieur eng zusammenarbeitet.

Der Architekt entwirft das Bauwerk in seiner grundsätzlichen Gestalt. Der Bauingenieur entwirft das Tragwerk und führt eine Vorbemessung unter Berücksichtigung der Erdbebenbeanspruchung durch. Daraus ergeben sich verschiedene Modifikationen, unter Umständen sogar ein neuer Entwurf.

Die wichtigsten Kriterien beim Entwurf von Bauwerk und Tragwerk können wie folgt zusammengefasst werden (für weiterführende Hinweise mit Skizzen vgl. [PBM 90], Abschnitt 1.6.3 und, speziell für Architekten, [ArRe 82]):

a) Gestaltung im Grundriss

Der Grundriss soll möglichst symmetrisch ausgebildet sein. Einseitige Massenverteilungen bewirken Rotationen um die Vertikalachse, welche zu stark vergrösserten Beanspruchungen der am Bauwerkrand liegenden Tragelemente führen können.

Die Tragelemente, welche den Horizontalwiderstand erbringen, sollten über den Grundriss symmetrisch verteilt sein. Es sollte grundsätzlich angestrebt werden, dass in jedem Geschoss das Steifigkeitszentrum (Schubmittelpunkt der den Horizontalwiderstand aufbringenden Tragelemente unterhalb des betrachteten Horizontalschnittes) und der Massenschwerpunkt (der Massen oberhalb des betrachteten Horizontalschnittes) im Grundriss möglichst zusammenfallen.

b) Gestaltung im Aufriss

Das Tragwerk sollte im Aufriss möglichst stetig verlaufen. Die Gebäudesteifigkeit sollte nach oben linear abnehmen oder allenfalls konstant bleiben. Wesentliche Sprünge im Steifigkeitsverlauf, zB. bei stützenlosen Eingangshallen, oder bei gestalterischen Elementen wie Einschnitten und Absätzen in Fassaden, sind zu vermeiden.

c) Wahl des Tragwerks

Die Wahl des Tragwerks wird stark von den traditionell üblichen Bauweisen beeinflusst. Während in der Schweiz höhere Hochbauten normalerweise mit Stahlbetontragwänden (Erschliessungskerne, Wände) und auf Schwerelaststützen stehenden Flachdecken ausgeführt werden, steht in anderen Ländern die Skelettbauweise mit Rahmen aus Stützen und Riegeln im Vordergrund. Diese Unterschiede haben ihren Ursprung unter anderem im unterschiedlichen Verhältnis von Lohnkosten (dominierend bei der Schalung) zu Baustoffkosten (wichtig bei Beton und Bewehrung).

Tragwände bieten den Vorteil grosser Steifigkeit gegen Horizontalkräfte. Infolge dieser Steifigkeit (grosse Grundfrequenz) werden jedoch auch die Erdbebenersatzkräfte relativ gross und erreichen oft die Maximalwerte (Plateauwerte). Dadurch werden allenfalls entsprechend grosse Fundationen zur Einleitung der Reaktionen in den Untergrund erforderlich.

Rahmentragwerke bieten den Vorteil, dass sie vergleichsweise weich sind (kleine Grundfrequenzen), wodurch die Ersatzkräfte relativ klein werden. Nachteilig wirken sich dagegen die grösseren Verschiebungen auf die Wahl und Ausgestaltung der nichttragenden Elemente aus, bei denen dafür ein grösserer konstruktiver Aufwand bei den Bewegungsfugen erforderlich werden kann.

d) Wahl der nichttragenden Bauelemente

Die nichttragenden Elemente umfassen die nichttragenden Bauelemente, sowie Ausbau und Installationen. Bei den nichttragenden Bauelementen ist hauptsächlich zwischen Fassadenelementen und Trennwänden zu unterscheiden:

Die *Fassadenelemente* sind nichttragende Bauelemente, welche die Aussenhaut des Bauwerks bilden und dessen Wetterschutz gegen Wind, Regen, Kälte und Wärme sicherzustellen haben. An diese Bauelemente werden relativ hohe Anforderungen vor allem bezüglich Klimadichtigkeit und Dauerhaftigkeit gestellt.

Die *Trennwände* sind raumunterteilende Bauelemente, teilweise mit Verglasungen und mit unterschiedlich hohen Anforderungen an Feuerwiderstand und Schalldämmung.

Die Art der Trennwände wird primär von der Nutzung des Bauwerks bestimmt. Die Palette der Möglichkeiten geht dabei von mobilen Leichttrennwänden, zB. aus dämmstoffgefüllten Stahlblechen, bis zu massiven, zwischen die Tragelemente eingemauerten Backsteinwänden oder eingesetzten Betonelementen.

Es ist die Aufgabe des Bauingenieurs, die vorgeschlagenen nichttragenden Bauelemente bezüglich ihrer Erdbebentauglichkeit zu untersuchen.

Die Verbindungsdetails zwischen allen nichttragenden Elementen (nichttragende Bauelemente, Ausbau und Installationen) und dem Tragwerk sind von grösster Wichtigkeit, entscheiden sie doch darüber, ob unerwünschte Kräfte übertragen werden, welche das Tragwerk oder die nichttragende Elemente schädigen oder zerstören können.

2.4.2 Beurteilung der Erdbebentauglichkeit

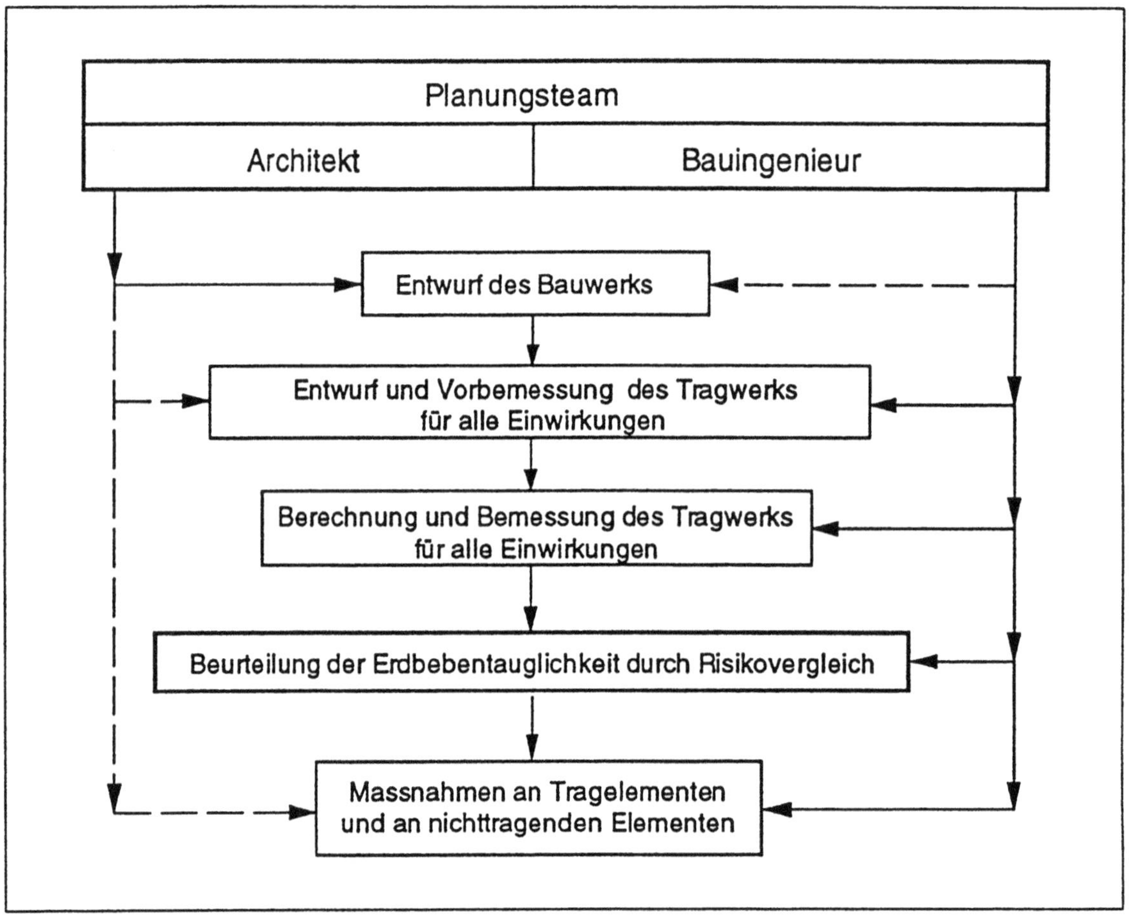

Bild 2.6: Erweiterter genereller Planungsablauf für erdbebentaugliche Hochbauten

Ein Bauwerk mit optimaler Erdbebensicherung kann auch bei Beachtung aller Entwurfs-, Berechnungs- und Bemessungsregeln nur durch eine gesamthafte Beurteilung der Erdbebentauglichkeit erreicht werden.

Die Erdbebentauglichkeit beinhaltet sowohl das Verhalten des Tragwerks als auch das Verhalten der nichttragenden Elemente und ihre Interaktion. Zur Ermittlung einer einfachen Beurteilungsgrösse der Erdbebentauglichkeit ist ein entsprechendes Modell mit den dazugehörigen Grundlagen erforderlich. Als

Beurteilungsgrösse wird das Gebäudeschadenrisiko infolge von Erdbebeneinwirkung gewählt.

Nebst dem Vergleich des vorhandenen Gebäudeschadenrisikos mit akzeptierten Werten kann mit Hilfe des Modells der Einfluss von konzeptionellen und konstruktiven Massnahmen ermittelt werden. Auch lässt sich damit beispielsweise der Einfluss verschiedener Arten von nichttragenden Elementen auf die Erdbebentauglichkeit klar beurteilen.

2.4.3 Erweiterter genereller Planungsablauf

Die Beurteilung der Erdbebentauglichkeit ist in den generellen Planungsablauf einzugliedern. Bild 2.6 zeigt den erweiterten generellen Planungsablauf für erdbebentaugliche Hochbauten.

Das Bauwerk wird vom Architekten entworfen. Das Tragwerk wird vom Bauingenieur gestaltet (Entwurf und Vorbemessung) und für alle Einwirkungen inklusive Erdbebeneinwirkungen berechnet und bemessen.

Neu folgt anschliessend die Beurteilung der Erdbebentauglichkeit nach dem Kriterium des Gebäudeschadenrisikos und dessen Vergleich mit akzeptierten Werten. Werden diese nicht eingehalten, so sind Massnahmen an den Tragelementen und an den nichttragenden Elementen zur Verringerung des Gebäudeschadenrisikos und damit zur Erreichung der Erdbebentauglichkeit zu ergreifen.

Sowohl aus der Berechnung und Bemessung als auch aus der Beurteilung der Erdbebentauglichkeit können Massnahmen an den Tragelementen und an den nichttragenden Elementen erforderlich werden. Unter Umständen müssen andere Bauweisen gewählt werden. Diese konstruktiven und konzeptionellen Verbesserungen sind von Bauingenieur und Architekt zusammen zu erarbeiten.

Kapitel 3

Modell zur Beurteilung der Erdbebentauglichkeit

In diesem Kapitel wird das in dieser Arbeit entwickelte Modell zur Beurteilung der Erdbebentauglichkeit von Stahlbetonhochbauten dargestellt. Es basiert auf einem Vergleich des vorhandenen Gebäudeschadenrisikos mit dem akzeptierten Gebäudeschadenrisiko.

3.1 Definitionen

Durch Erdbebeneinwirkungen können Schäden an Bauwerken, an deren Inhalt, an Personen (meist als Folge von Schäden an Bauwerken) sowie wirtschaftliche Folgeschäden, etc. entstehen. Diese Arbeit beschränkt sich auf die Schäden am Bauwerk selbst, welche im folgenden als Gebäudeschaden bezeichnet werden.

Als *Gebäudeschaden* K werden die Kosten zur Wiederherstellung des ursprünglichen baulichen Zustandes definiert. Es handelt sich dabei im allgemeinen um die Reparaturkosten, im Falle des *maximalen Schadens* K_{max} aber um die Summe der Abbruch-, Entsorgungs- und Neubaukosten entsprechend dem Ersatz des irreparablen Bauwerkes durch einen identischen Neubau.

Die Erdbebenstärke E_S, bei der am Bauwerk die ersten Schäden entstehen, wird als *Schadenschwelle* bezeichnet. Die Erdbebenstärke E_A, bei welcher am Bauwerk der maximale Schaden K_{max} auftritt, wird als *Abbruchgrenze* bezeichnet.

In einem sehr allgemeinen Sinne wird die Möglichkeit einen Schaden zu erleiden als Risiko bezeichnet. Bei technisch-wissenschaftlichen Anwendungen wird für das *Risiko* R das Produkt eines Schadens K mit dessen *Eintretenswahrscheinlichkeit* p verwendet [Schn 89]. Für das Gebäudeschadenrisiko infolge eines Erdbebens der Stärke E gilt daher:

$$R(E) = K(E) \cdot p_E \tag{3.1}$$

$R(E)$	:	Gebäudeschadenrisiko infolge eines Erdbebens der Stärke E
$K(E)$	:	Gebäudeschaden infolge eines Erdbebens der Stärke E
p_E	:	Eintretenswahrscheinlichkeit eines Erdbebens der Stärke E (wird meist pro Jahr angegeben $[a^{-1}]$)

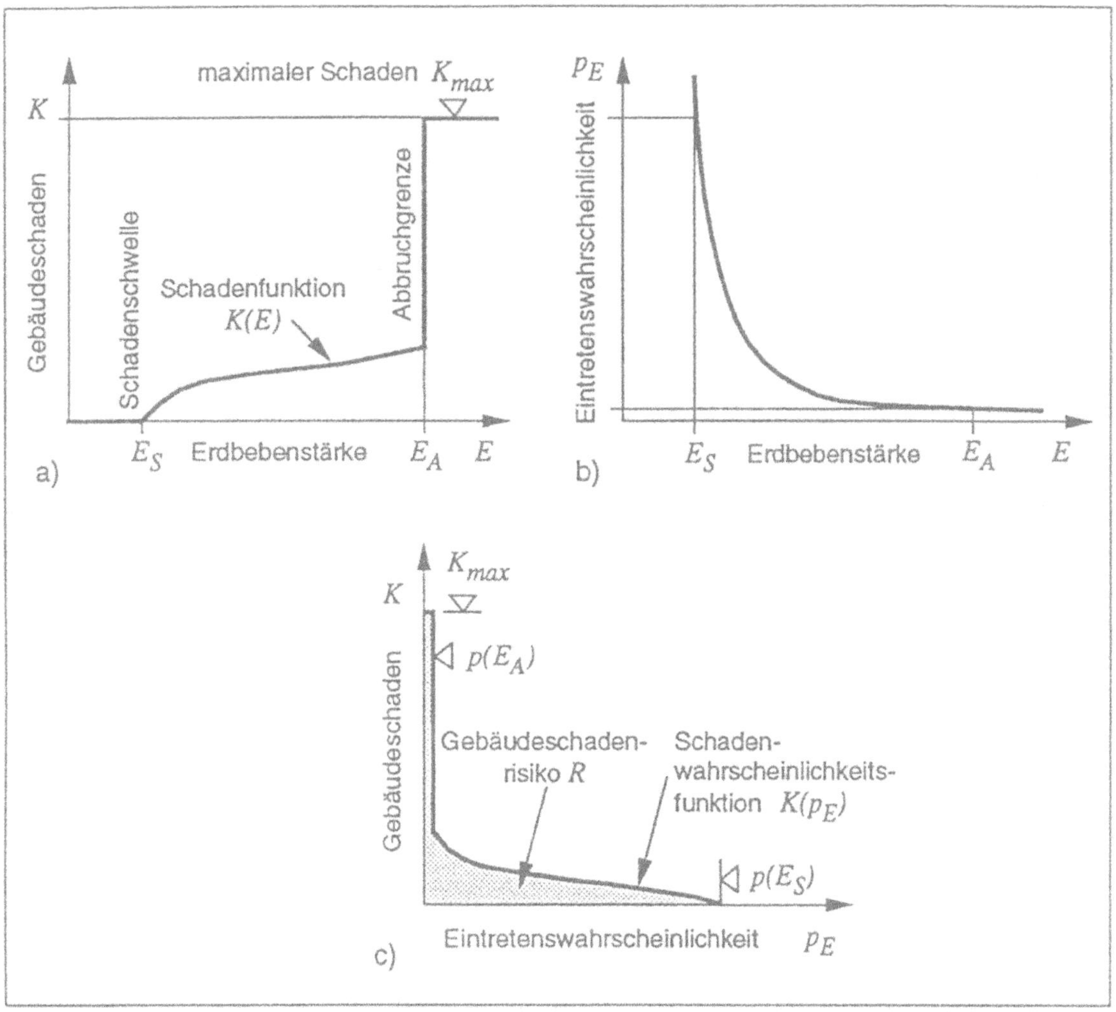

Bild 3.1: Ermittlung des Gebäudeschadenrisikos: a) Schadenfunktion des Bauwerks, b) Eintretenswahrscheinlichkeit gegen Erdbebenstärke, c) Schadenwahrscheinlichkeitsfunktion mit Gebäudeschadenrisiko R

Der Gebäudeschaden kann in Funktion der Erdbebenstärke dargestellt werden (vgl. Bild 3.1a). Diese Funktion wird als *Schadenfunktion* $K(E)$ bezeichnet. Sie ist nur von den Eigenschaften des Bauwerks abhängig, nicht aber von dessen Standort.

Für jeden Standort besteht zwischen der Erdbebenstärke und der Eintretenswahrscheinlichkeit eine spezifische Beziehung (vgl. Bild 3.1b). Die *Schadenwahrscheinlichkeitsfunktion* $K(p_E)$ in Bild 3.1c ergibt sich aus der Schadenfunktion, indem die Erdbebenstärke durch deren Eintretenswahrscheinlichkeit ersetzt wird. Diese Funktion ist bauwerk- und standortabhängig. Bei gleichem Bauwerk ergeben sich deshalb für verschiedene Standorte verschiedene Schadenwahrscheinlichkeitsfunktionen.

Die Integration der Schadenwahrscheinlichkeitsfunktion über der Eintretenswahrscheinlichkeit p_E ergibt das gesamte Gebäudeschadenrisiko R für ein Bauwerk an einem bestimmten Standort infolge aller in der betrachteten Richtung zu erwartenden Erdbebeneinwirkungen:

$$R = \int K(p_E)\, dp_E \tag{3.2}$$

R	:	Gebäudeschadenrisiko infolge von Erdbebeneinwirkung
$K(p_E)$	:	Schadenwahrscheinlichkeitsfunktion

Das Gebäudeschadenrisiko hat die Dimension von Kosten pro Zeit. Ausgehend von Kosten K in Franken [Fr.] und der Eintretenswahrscheinlichkeit p_E pro Jahr [a^{-1}], ergibt dies ein Gebäudeschadenrisiko in Franken pro Jahr [Fr./a]. Die Angabe in Prozent der Neubaukosten K_o pro Jahr [$\%K_o$/a] ist aber oft aussagekräftiger.

3.2 Grundsätzliches Vorgehen

Das grundsätzliche Vorgehen zur Beurteilung der Erdbebentauglichkeit eines Bauwerks besteht aus drei Phasen:

1. Für ein gegebenes Bauwerk wird das vorhandene Gebäudeschadenrisiko R_v infolge von Erdbeben ermittelt (vgl. linke Seite in Bild 3.2). Das *vorhandene Gebäudeschadenrisiko* R_v entspricht einem Mittelwert, der aus den entsprechenden Gebäudeschadenrisiken R_{vx} und R_{vy} für die Erdbebeneinwirkung entlang zweier orthogonaler Bauwerkachsen bestimmt wird (vgl. 3.3.4c).

   Die vorhandenen Gebäudeschadenrisiken R_{vx} und R_{vy} werden bestimmt, indem zuerst die entsprechenden Schadenfunktionen ermittelt werden. Diese stellen den zu erwartenden Gebäudeschaden in Funktion der Erdbebenstärke dar. Anschliessend können mit Hilfe der standortspezifischen Abhängigkeit der Erdbebenstärke von deren Eintretenswahrscheinlichkeit die Schadenwahrscheinlichkeitsfunktionen bestimmt werden. Diese stellen den zu erwartenden Gebäudeschaden in Funktion der Eintretenswahrscheinlichkeit dar. Die Integration der Schadenwahrscheinlichkeitsfunktionen ergibt die Gebäudeschadenrisiken R_{vx} und R_{vy} und daraus das vorhandene Gebäudeschadenrisiko R_v.

2. Das *akzeptierte Gebäudeschadenrisiko* R_a kann zB. vom Bauherrn direkt festgelegt oder ausgehend von Angaben zu den üblicherweise akzeptierten, als zulässig erachteten Schäden bestimmt werden. Daraus lässt sich, analog zum Vorgehen bei der Bestimmung des vorhandenen Gebäudeschadenrisikos, über die akzeptierte Schadenfunktion und die akzeptierte Schadenwahrscheinlichkeitsfunktion das akzeptierte Gebäudeschadenrisiko R_a ermitteln (vgl. rechte Seite in Bild 3.2).

3. Das vorhandene Gebäudeschadenrisiko R_v und das akzeptierte Gebäudeschadenrisiko R_a werden verglichen. Ein Bauwerk ist erdbebentauglich, wenn das vorhandene Gebäudeschadenrisiko R_v höchstens so gross ist wie das akzeptierte Gebäudeschadenrisiko R_a:

$$R_v \leq R_a \tag{3.3}$$

R_v : vorhandenes Gebäudeschadenrisiko infolge von Erdbeben
R_a : akzeptiertes Gebäudeschadenrisiko infolge von Erdbeben

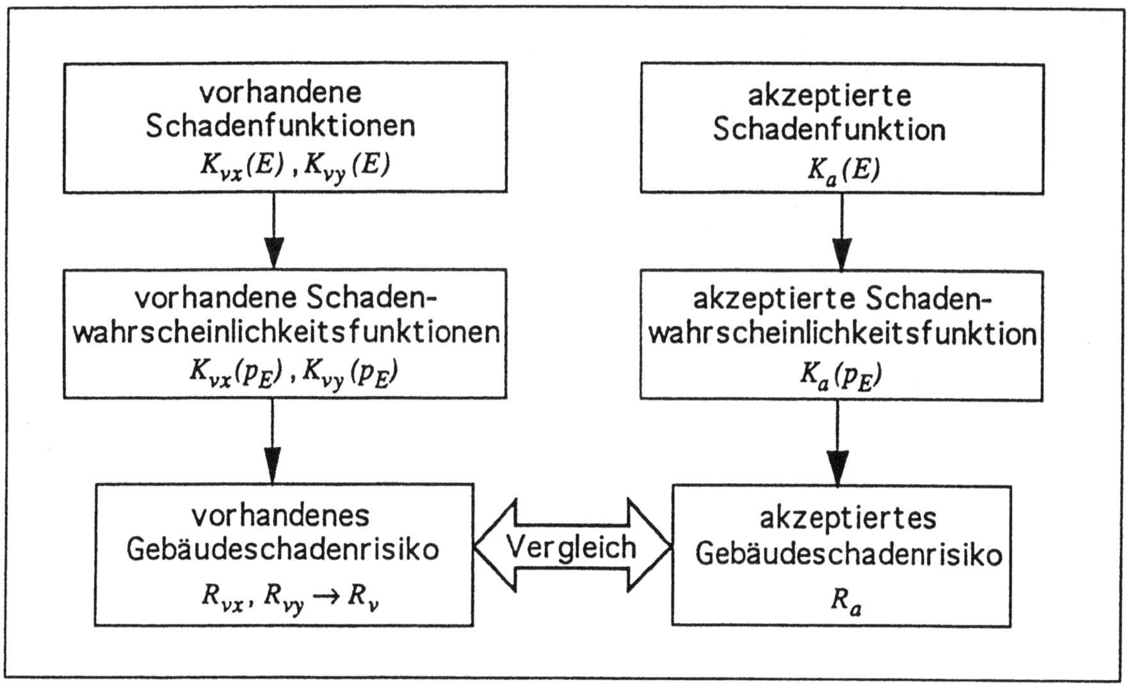

Bild 3.2: Beurteilung der Erdbebentauglichkeit durch Risikovergleich

3.3 Vorhandenes Gebäudeschadenrisiko

Dieser Abschnitt behandelt die Ermittlung des vorhandenen Gebäudeschadenrisikos mit Hilfe von Schadenfunktionen und Schadenwahrscheinlichkeitsfunktionen entsprechend der linken Seite von Bild 3.2.

3.3.1 Grundlagen für die Schadenfunktionen

Die Schadenfunktionen des Bauwerks sind die Summen der Schadenfunktionen aller Elemente des Bauwerks für die Erdbebeneinwirkung in der betrachteten Richtung.

Die folgenden Abschnitte beschreiben die Grundlagen zur Ermittlung der Schadenfunktionen.

a) Erdbebenstärke

Die Erdbebenstärke wird bei Schadenbeben international mit Hilfe verschiedener Intensitätskalen beurteilt. In Europa ist die sogenannte MSK-Skala nach Medvedev-Sponheuer-Karnik (vgl. zB. [Bach 92]) allgemein anerkannt.

Für technische und rechnerische Anwendungen sind jedoch Angaben über die Bodenbewegung wie die maximale effektive Bodenbeschleunigung oder allenfalls Antwortspektren besser geeignet. Die Bemessungs-Antwortspektren weisen meist einen normierten Verlauf auf und werden mit dem Bemessungswert der Bodenbeschleunigung des betrachteten Standortes oder der entsprechenden Erdbebenzone skaliert. Die zur Bemessung von Bauwerken verwendete maximale Antwortbeschleunigung wird im allgemeinen mit 5% der kritischen Dämpfung berechnet. Sie liegt maximal um den Amplifikationsfaktor 2.1 bis 2.5 höher als die maximale effektive Bodenbeschleunigung (vgl. [NeHa 82], [EC8 88] und [D044 89]).

Die maximale effektive Bodenbeschleunigung a_s ist als Grundgrösse zur Schadenermittlung gut geeignet. Sie kann im Antwortspektrum als Beschleunigung des praktisch starren Körpers (Grundfrequenz $f_1 \geq$ ca. 30 Hz) abgelesen werden.

b) Beanspruchungen der Elemente des Bauwerks

Zur Ermittlung der Schäden an den Elementen des Bauwerks werden für die Tragelemente die Beanspruchungen durch Biege- und Torsionsmomente, Normal- und Querkräfte benötigt. Für die nichttragenden Elemente sind die aufgebrachten Zwängungen und Beschleunigungen zu ermitteln. Diese Grössen können für gegebene Erdbebenstärken mit unterschiedlicher Genauigkeit und entsprechend mit verschieden grossem Aufwand ermittelt werden. Die im Abschnitt 2.2 besprochenen Berechnungsverfahren können folgendermassen zusammengefasst und hinsichtlich ihrer Eignung beurteilt werden:

1. Nichtlineare Zeitverlaufberechnungen
Die genaueste Methode besteht aus detaillierten nichtlinearen dynamischen Berechnungen mit skalierten Zeitverläufen der Bodenbeschleunigung und detaillierten Rechenmodellen. Meist basieren diese Modelle auf der Methode der finiten Elemente. Das Verformungsverhalten der nichttragenden Elemente und ihr Einfluss auf das Tragwerk kann direkt berücksichtigt werden.

Dieses Verfahren ist nur für Untersuchungen bei speziellen Bauwerken oder für Forschungsarbeiten geeignet.

2. Lineare Berechnungen
Für praktische Anwendungen werden oft nur lineare dynamische Berechnungen durchgeführt. Dies kann mit Zeitverlaufberechnungen geschehen, meist wird aber das einfachere modale Antwortspektrenverfahren zusammen mit abgeminderten, inelastischen Spektren verwendet (vgl. [Bach 92]).

Bei kleineren Schäden überwiegt der Schadenanteil der nichttragenden Elemente. Deren Beanspruchung wird häufig auf Grund von Stockwerkbeschleunigungen (Beschleunigungen der Geschossdecken), oder ausgehend von den Tragwerkauslenkungen abgeschätzt.

Dieses Verfahren kann beispielsweise bei der Berechnung von höheren Hochbauten angewendet werden. Dabei finden meist ziemlich einfache Modelle mit elastischen Stäben und mit Massepunkten Verwendung, da der Nachweis der Gebrauchstauglichkeit (Verschiebungen) unter Windkräften im Vordergrund steht.

3. Ersatzkraftverfahren
Das Ersatzkraftverfahren setzt am Bauwerk in Abhängigkeit des Verformungsvermögens statische Ersatzkräfte an, aus denen die Beanspruchungen der Tragelemente (Schnittkräfte) und die Tragwerkauslenkungen ermittelt werden können.

Dieses Verfahren ist nach der Schweizer Norm [SIA 160] für den Tragsicherheitsnachweis bei Hochbauten hinreichend genau.

4. Näherungsverfahren zur Ermittlung von Stockwerkbeschleunigungen und Stockwerkverschiebungen
Oft werden Näherungsverfahren zur Abschätzung der maximalen Stockwerkbeschleunigungen und Stockwerkverschiebungen verwendet. Diese lassen keine sehr differenzierte Beurteilung der Schädigung zu. Aussagen zu Schadenschwellen und Zerstörungsgrenzen der Elemente des Bauwerks sind aber dennoch möglich, womit die Schadenfunktionen meist ausreichend genau ermittelt werden können.

c) Schädigungsarten von Elementen

Es können verschiedene Schädigungsarten von Elementen unterschieden werden:

1. Direkte Schädigung
Ein Element kann durch darauf einwirkende Kräfte, Beschleunigungen oder Zwängungen direkt geschädigt werden. Der Schaden K_e eines direkt geschädigten Elementes kann in Funktion der Erdbebenstärke E wie folgt definiert werden:

$$K_e(E) = K_e\, s(E)\, r \tag{3.4}$$

$K_e(E)$	:	Schaden bei der Erdbebenstärke E
K_e	:	Neubaukosten des betrachteten Elementes
$s(E)$	:	Schädigungsgrad, abhängig von der Erdbebenbeanspruchung des betrachteten Elementes, vgl. Abschnitt 3.3.1d
r	:	Reparaturfaktor, vgl. Abschnitt 3.3.1g

Bild 3.3a zeigt den prinzipiellen Verlauf der Schadenfunktion eines direkt geschädigten Elementes. Die Erdbebenstärke beim Beginn der Schädigung wird wie beim Bauwerk als *Schadenschwelle* E_S bezeichnet. Der *maximale Schaden am Element*, $K_{e,max}$, ist definiert durch das Produkt $K_{e,max} = rK_{e,o}$ (Schädigungsgrad $s = 100\%$). Die Erdbebenstärke, die am Element diesen maximalen Schaden erzeugt, wird als *Zerstörungsgrenze* E_Z bezeichnet.

2. Indirekte Schädigung
Ein anderer Fall liegt vor, wenn vor dem Erreichen der Schadenschwelle des betrachteten Elementes ein Abbruch und Ersatz des gesamten Bauwerks nötig wird. In diesem Fall muss das noch ungeschädigte Element abgebrochen werden und der maximale Schaden tritt ein.

Ein Element kann auch infolge des Versagens anderer Elemente geschädigt werden, bevor es seine eigene Schadenschwelle erreicht hat: Das Umstürzen eines Bauelementes kann ein damit verbundenes Element zerstören.

Diese beiden Arten der Schädigung von Elementen werden als indirekte Schädigung bezeichnet.

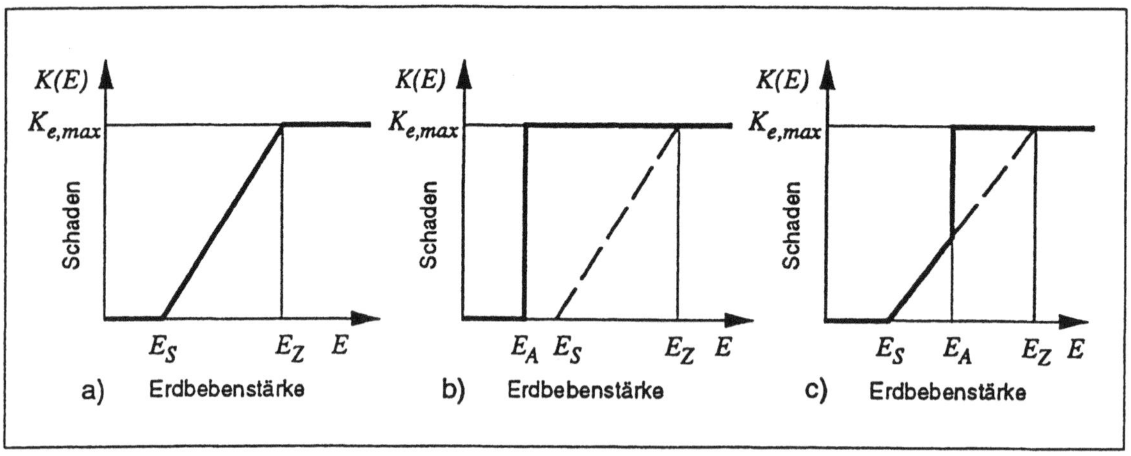

Bild 3.3: Schadenfunktionen von Elementen des Bauwerks (schematisch): a) direkt geschädigt, b) indirekt geschädigt, c) direkt und indirekt geschädigt

Bild 3.3b zeigt die entsprechende Schadenfunktion mit dem Anstieg auf den maximalen Schaden $K_{e,max}$ bei der Abbruchgrenze E_A. Die Schadenfunktion bei direkter Schädigung ist gestrichelt dargestellt. Typisch dabei ist, dass die Abbruchgrenze E_A unterhalb der Schadenschwelle E_S des betrachteten Elementes liegt.

3. Direkte und indirekte Schädigung
Ein Element kann teilweise direkt geschädigt werden, aber die Abbruchgrenze E_A wird vor der Zerstörungsgrenze E_Z des betrachteten Elementes erreicht (vgl. Bild 3.3c). In diesem Fall liegt die Abbruchgrenze E_A zwischen Schadenschwelle E_S und Zerstörungsgrenze E_Z des betrachteten Elementes. Das Element wird direkt und indirekt geschädigt.

d) Schädigungsgrad

Der *Schädigungsgrad* $s(E)$ ist das Mass der Schädigung von Bereichen von Elementen oder von ganzen Elementen als Anteil ihres unversehrten Wertes. Er wird als Zahlenwert zwischen 0 und 100% angegeben.

1. Schädigungsgrad $s = 0$: Keine Schädigung
Elemente oder Bereiche von Elementen, deren Beanspruchungen aus Erdbeben und übrigen Einwirkungen diejenigen des Gebrauchstauglichkeitsnachweises (vgl. [SIA 160]) nicht überschreiten, weisen einen Schädigungsgrad von auf $s = 0$ auf.

Bei Bauelementen aus Stahlbeton sind im Gebrauchszustand Risse zulässig. Rissweiten von zB. 0.1 mm bei bewitterten und 0.3 mm bei witterungsgeschützten Bauelementen stellen keine Abminderung des Wertes dar. Der Schädigungsgrad beträgt deshalb bei Rissen zulässiger Weite $s = 0$.

Die Querschnittsbeanspruchungen bleiben im Gebrauchszustand typischerweise unter den halben Querschnittswiderständen. (Das Produkt der Teilsicherheitsbeiwerte nach [SIA 160] beträgt 1.6 bis 1.8. Dazu kommt, dass die Kennwerte der Einwirkungen meist nicht erreicht werden.)

2. Schädigungsgrad $s = 100\%$: Maximale Schädigung
Bei *Tragelementen* entspricht ein Schädigungsgrad von $s = 100\%$ einem Zustand, in welchem die Tragfunktion nicht mehr erfüllt werden kann. Der Tragwiderstand ist erschöpft, und der Querschnitt kann versagen. Damit ist die Abbruchgrenze des Tragelementes erreicht.

Bei *nichttragenden Elementen* entspricht ein Schädigungsgrad von $s = 100\%$ dem Zustand, ab dem die ursprüngliche Funktion nicht mehr erfüllt werden kann (Umkippen, in Brocken zerfallen, etc.), und das Element zu ersetzen ist.

3. Schädigungsgrad zwischen 0 und 100%
Der Schädigungsgrad kann für jedes Element separat ermittelt werden. Es empfiehlt sich in praktischen Fällen, die Schädigungsgrade und Schäden für Gruppen gleichartiger Elemente zu ermitteln. Dies ermöglicht die einfache Identifikation der am meisten geschädigten Gruppen und ein gezieltes Vorgehen bei der Erhöhung der Erdbebentauglichkeit (vgl. Anwendungsbeispiele im 6. Kapitel).

Der Schädigungsgrad kann mit unterschiedlichem Berechnungsaufwand ermittelt werden:

- Die Beanspruchungen der Elemente werden mit Hilfe detaillierter, nichtlinearer Rechenmodelle direkt ermittelt. Anhand theoretischer Ansätze zu Rissebildung und Schädigung kann direkt der Schädigungsgrad für die über den Gebrauchszustand hinaus beanspruchten Bereiche bestimmt werden (vgl. zB. die Dissertation von Meyer [Meye 88] mit einem Schädigungsmodell für Fliessgelenke unter der Voraussetzung einer genau bekannten Beanspruchungsgeschichte).

  Dieses Vorgehen ist ausgesprochen arbeits- und rechenintensiv und deshalb nur in speziellen Fällen zu rechtfertigen.

- Die Schädigungsgrade werden anhand der mit dynamischen Berechnungen ermittelten Stockwerkbeschleunigungen und -verschiebungen durch den Vergleich mit Versuchsresultaten oder durch Abschätzungen bestimmt.

  Diese Vorgehensart ist für ingenieurmässige Abschätzungen geeignet, speziell, wenn schon für die Bemessung des Tragwerks ein entsprechendes Rechenmodell erstellt wurde.

- Die Schädigungsgrade können aufgrund der maximalen Stockwerkbeschleunigungen und der maximalen Stockwerkverschiebungen abgeschätzt werden. Zur Bestimmung dieser maximalen Werte können relativ einfache Näherungen verwendet werden.

  Diese Vorgehensart ist vor allem bei einfacheren Bauwerken für ingenieurmässige Abschätzungen geeignet.

- Der Schädigungsgrad kann für ganze Bauwerke aufgrund von Schadenerhebungen bei Schadenbeben global abgeschätzt werden.

  Diese Vorgehen ist vornehmlich zur Behandlung versicherungstechnischer Fragen geeignet.

e) Schädigungsbereiche bei Tragelementen

Die Tragelemente können in Bereiche gleicher Schädigungsgrade unterteilt werden (vgl. 4.2.2). Meist genügt eine Unterteilung in zwei Bereiche, womit der Rechenaufwand in Grenzen gehalten werden kann.

Im allgemeinen kann bei duktilen Tragelementen mit den folgenden zwei Schädigungsbereichen operiert werden:

1. Fliessgelenkbereiche
Fliessgelenkbereiche sind die am stärksten geschädigten Bereiche der Tragelemente. Je nach Geometrie des Tragwerks können die Rotationen in den verschiedenen Fliessgelenken recht unterschiedlich sein. Gegebenenfalls können Klassen von Fliessgelenkbereichen gleicher plastischer Beanspruchung gebildet werden.

2. Übrige Bereiche
Die Bereiche ausserhalb der Fliessgelenkbereiche werden als übrige Bereiche bezeichnet und sind nicht geschädigt.

f) Schädigungsbereiche bei nichttragenden Elementen

Bei nichttragenden Elementen kann zwischen zwei Verhaltensweisen unterschieden werden:

1. Spröde nichttragende Elemente
Das Verhalten der plötzlich versagenden, sich spröde verhaltenden nichttragenden Elemente wird bestimmt von den maximalen Werten der aufgebrachten Beschleunigungen oder Zwängungen. Schadenschwelle und Zerstörungsgrenze liegen nahe beieinander, oft ist mit der Schadenschwelle auch die Zerstörungsgrenze erreicht und meist wird das ganze Element gleich stark geschädigt.

2. Duktile nichttragende Elemente
Duktile nichttragende Elemente weisen unter zunehmender Beanspruchung entsprechend zunehmende Schäden auf. Diese werden ausgehend von den aufgebrachten Beschleunigungen bzw. Zwängungen abgeschätzt. Gegebenenfalls können Schädigungsbereiche unterschieden werden.

g) Reparaturfaktor

Der *Reparaturfaktor* r eines Schädigungsbereiches ist nach Gl.(3.4) definiert als das Verhältnis des Schadens $K(E)$ (Reparaturkosten) zum Produkt von Neubaukosten K_o des Schädigungsbereiches und Schädigungsgrad $s(E)$: $r = K(E)/(K_o \cdot s(E))$.

Die Reparaturkosten $K(E)$ eines Schädigungsbereiches können wesentlich höher sein als dessen Neubaukosten K_o. Dies kann hauptsächlich auf die folgenden Gründe zurückgeführt werden:

- Der Reparaturbereich ist grösser als der Schädigungsbereich.
- Die Reparaturarbeiten sind, verglichen mit den Arbeiten auf einer Neubaustelle, wesentlich erschwert.

1. Grösse der Reparaturbereiche
Bei der Reparatur muss ein grösserer Bereich als nur der eigentliche Schädigungsbereich einbezogen werden: Während sich das Entfernen loser Teile noch auf den eigentlichen Schädigungsbereich beschränkt, müssen das Ausbetonieren und Injizieren von Rissen und Spalten und vor allem die Oberflächenreparaturen (verputzen, streichen, etc.) auf wesentlich grössere Bereiche, manchmal sogar auf das ganze Bauelement, ausgedehnt werden.

2. Erschwernisse bei Reparaturarbeiten
Reparaturarbeiten in bestehenden und genutzten Bauwerken bedingen meist einen wesentlichen Mehraufwand verglichen mit den Neubaukosten des betroffenen Reparaturbereiches:

- Die Zugänglichkeit ist wesentlich eingeschränkt, da nur die vorhandenen Treppen und Lifte benützt werden können und diese gleichzeitig oft noch dem Betrieb des Bauwerkes dienen müssen. Ein für die Reparaturarbeiten aussen installierter Aufzug erleichtert wohl die Zugänglichkeit, führt aber ebenfalls zu grösseren Reparaturkosten.

- Für die Bauarbeiten ergeben sich Erschwernisse, da die Arbeitsetappen nicht nur nach den Bedürfnissen der Reparatur, sondern nach denjenigen der Bauwerknutzung angesetzt werden müssen.

- Arbeiten mit grossen Lärm- und Staubemissionen müssen oft auf Randstunden oder Wochenenden verlegt werden.

- Die Zugänglichkeit zu den Räumen des Bauwerks ist oft aus betrieblichen Gründen jederzeit zu gewährleisten.

3. Grösse des Reparaturfaktors r
Verglichen mit dem reinen Produkt von Schädigungsgrad und Neubaukosten des Schädigungsbereiches, $K_o \cdot s(E)$, ergeben sich aus diesen Gründen wesentlich erhöhte Reparaturkosten. Bedingt durch die zahlreichen Parameter schwanken sie in weiten Grenzen und sind schwierig abzuschätzen.

Vereinfachenderweise kann der Reparaturfaktor jedoch als Produkt aus einem Teilfaktor von 1.5 bis 2.0, für die Grösse des Reparaturbereiches verglichen mit dem Schädigungsbereich, sowie einem Teilfaktor von 1.5 bis vielleicht 3.0 für die Erschwernisse der Reparaturarbeiten, angenommen werden. Er liegt damit zwischen $r = 2.3$ und $r = 6.0$.

Bei Bauwerken mit relativ guter Vertikalerschliessung (ausreichende Treppen, Personen- und Warenlifte) kann der Reparaturfaktor etwa zu $r = 3.0$ angesetzt werden.

h) Schadenfunktionen des Bauwerks

Die Schadenfunktionen des Bauwerks stellen den Gebäudeschaden in Funktion der Erdbebenstärke dar.

Der Gebäudeschaden $K(E)$ ergibt sich aus der Summe der Schäden an allen Tragelementen und an allen nichttragenden Elementen:

$$K(E) = \sum_{i=1}^{n_t} K(E)_{t,i} + \sum_{i=1}^{n_n} K(E)_{n,i} \leq K_{max} \tag{3.5}$$

$K(E)$	:	Gebäudeschaden bei der Erdbebenstärke E
$K(E)_{t,i}$	:	Schaden am Tragelement i bei der Erdbebenstärke E
$K(E)_{n,i}$	:	Schaden am nichttragenden Element i bei der Erdbebenstärke E
n_t	:	Anzahl der Tragelemente
n_n	:	Anzahl der nichttragenden Elemente
K_{max}	:	maximaler Schaden am gesamten Bauwerk (nach Abschnitt 3.3.2d und 3.4.3c)

Der Gebäudeschaden $K(E)$ nach Gl.(3.5) wird für verschiedene Erdbebenstärken E ermittelt und gegen diese aufgetragen (vgl. Bild 3.1a). Bei genügend Stützstellen ergibt sich eine glatte Schadenfunktion. In praktischen Fällen wird meist mit einer ungeglätteten, polygonalen Schadenfunktion gearbeitet.

Da für die betrachtete Richtung der Erdbebeneinwirkung nur ein Teil der Elemente direkt geschädigt wird, ist der Gebäudeschaden beim Erreichen der Abbruchgrenze wesentlich kleiner als der maximale Schaden K_{max} oberhalb der Abbruchgrenze (vgl. Bild 3.1a).

3.3.2 Praktische Ermittlung der Schadenfunktionen

a) Vorgehen

Zur praktischen Ermittlung der Schadenfunktionen genügt meist ein vereinfachtes Vorgehen. Dabei werden für jedes Element die Schadenschwelle und die Zerstörungsgrenze ermittelt. Zwischen der Schadenschwelle und der Zerstörungsgrenze kann linear interpoliert werden (vgl. Bild 3.3a).

Die Abbruchgrenze wird von den Tragelementen bestimmt (vgl. 4.2.3c). Bei Elementen, deren Schadenschwelle oberhalb der Abbruchgrenze liegt, muss die Zerstörungsgrenze nicht bestimmt werden. Diese Elemente werden indirekt geschädigt (vgl. Bild 3.3b) und leisten nur einen Beitrag an den maximalen Schaden des Bauwerks.

Ein Bauwerk besteht aus einer grösseren Zahl von Elementen, welche unterschiedlichen Beanspruchungen, Beschleunigungen, Verschiebungen und Zwängungen unterworfen sind. Die Schadenschwelle und die Zerstörungsgrenze sind deshalb für jedes Element oder mindestens für jede Gruppe von Elementen verschieden. Aus der Überlagerung der polygonalen Schadenfunktionen der einzelnen Elemente, oder Gruppen von Elementen, ergeben sich für die Schadenfunktionen der Tragelemente, der nichttragenden Elemente und damit des gesamten Bauwerks bis zur Abbruchgrenze relativ stetige Funktionen.

b) Schadenschwelle

Die Schadenschwelle E_S des Bauwerks entspricht der niedrigsten Schadenschwelle aller Bauelemente, dh. der Schadenschwelle des zuerst geschädigten Elementes.

c) Zerstörungsgrenze und Abbruchgrenze

Die Zerstörungsgrenze E_Z eines Elementes ist diejenige Erdbebenstärke, die am Element den maximalen Schaden $K_{e,max}$ verursacht. Die Zerstörungsgrenze des Bauwerks, dh. die höchste Zerstörungsgrenze der Elemente des Bauwerks, ist im allgemeinen nicht relevant, da die Abbruchgrenze tiefer liegt. Die Schadenfunktionen des Bauwerks steigen deshalb bei der Abbruchgrenze sprunghaft auf den maximalen Schaden des Bauwerks K_{max} an (vgl. Bild 3.1a).

d) Maximaler Schaden

Ein Element erreicht den maximalen Schaden $K_{e,max}$ bei seiner Zerstörungsgrenze E_Z. Der maximale Schaden des Bauwerks K_{max} tritt oberhalb der Abbruchgrenze ein

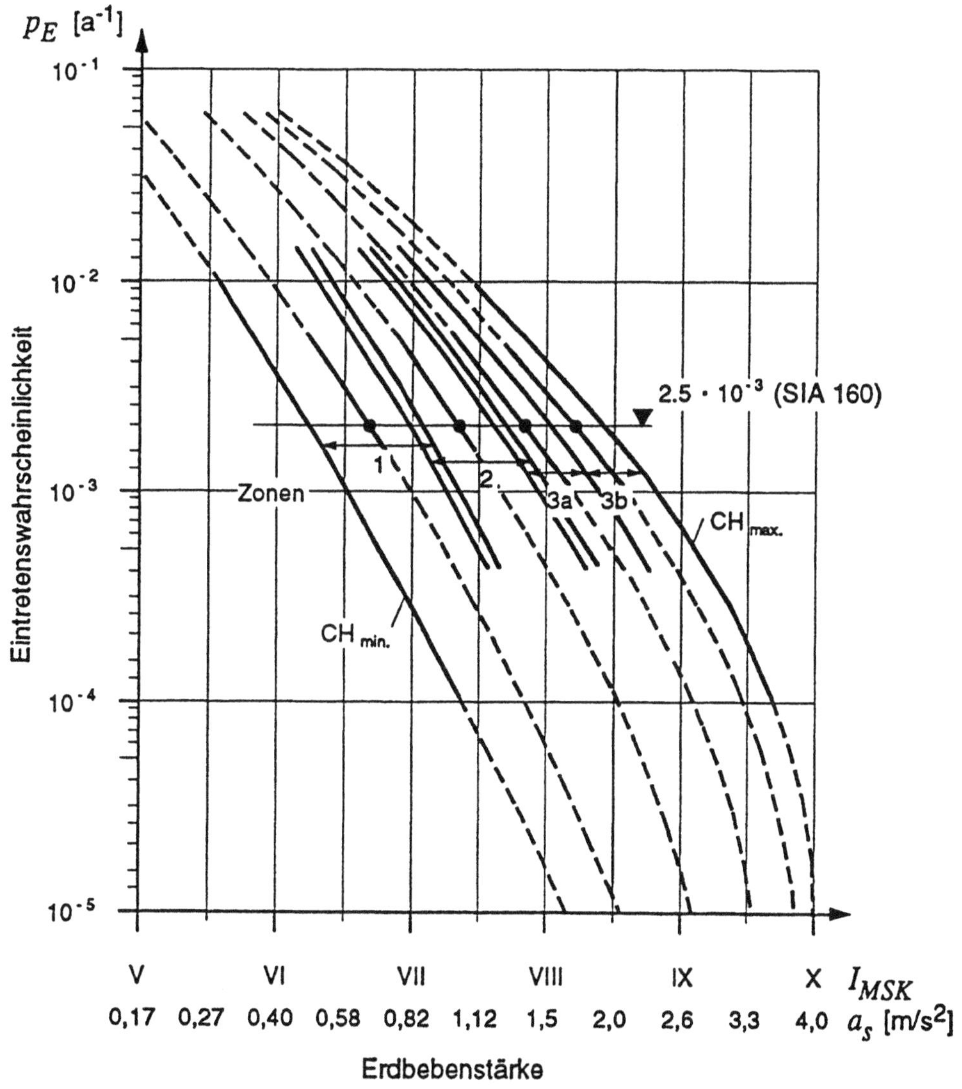

Bild 3.4: Eintretenswahrscheinlichkeiten von Erdbeben in der Schweiz in Funktion der Intensität I_{MSK}

und ist definiert als die Summe der Abbruch- und Entsorgungskosten des Bauwerks zuzüglich der Kosten für einen identischen Neubau.

3.3.3 Ermittlung der Schadenwahrscheinlichkeitsfunktionen

In den Schadenfunktionen $K(E)$ wird der Gebäudeschaden bauwerkspezifisch in Funktion der Erdbebenstärke dargestellt (vgl. Bild 3.1a). Als Parameter für die Erdbebenstärke eignen sich vor allem die Intensität oder die maximale effektive Bodenbeschleunigung.

Im letzteren Fall wird zur Ermittlung der Schadenwahrscheinlichkeitsfunktionen $K(p_E)$ eine Beziehung zwischen der maximalen effektiven Bodenbeschleunigung und der standortspezifischen Eintretenswahrscheinlichkeit benötigt (vgl. Bild 3.1b).

In der Dokumentation [D044 89] finden sich Hinweise zu den der Norm [SIA 160] zu Grunde liegenden Beziehungen zwischen Intensität und jährlicher Eintretenswahrscheinlichkeit (vgl. Bild 3.4). Die dort gegebenen Kurven wurden unter Berücksichtigung der Grundlagen von Sägesser und Mayer-Rosa [SäMa 78] auf einen Bereich der Eintretenswahrscheinlichkeiten von $p_E = 10^{-5}/a$ bis $5 \cdot 10^{-2}/a$ erweitert. Die Kurvenerweiterungen sind in Bild 3.4 gestrichelt dargestellt.

Die Beziehung zwischen Intensität und maximaler effektiver Bodenbeschleunigung (vgl. Bild 3.5: „Korrelation Schweiz") wurde ebenfalls der Dokumentation [D044 89] entnommen und erweitert auf den Bereich der Intensitäten von $I_{MSK} = V$ bis X. Ausgehend von diesen Angaben können für die Erdbebenzonen der Schweiz Beziehungen zwischen der maximalen effektiven Bodenbeschleunigung und der Eintretenswahrscheinlichkeit ermittelt werden. Zur Ermittlung dieser Funktionen in

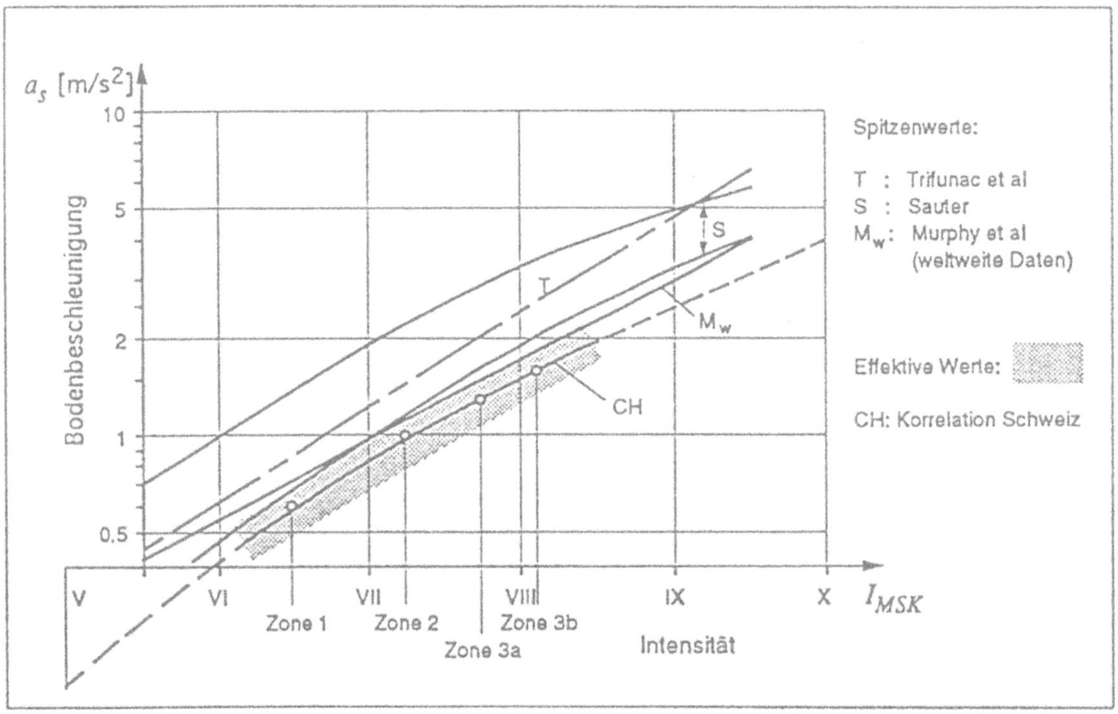

Bild 3.5: Maximale effektive Bodenbeschleunigung in Funktion der Intensität I_{MSK}

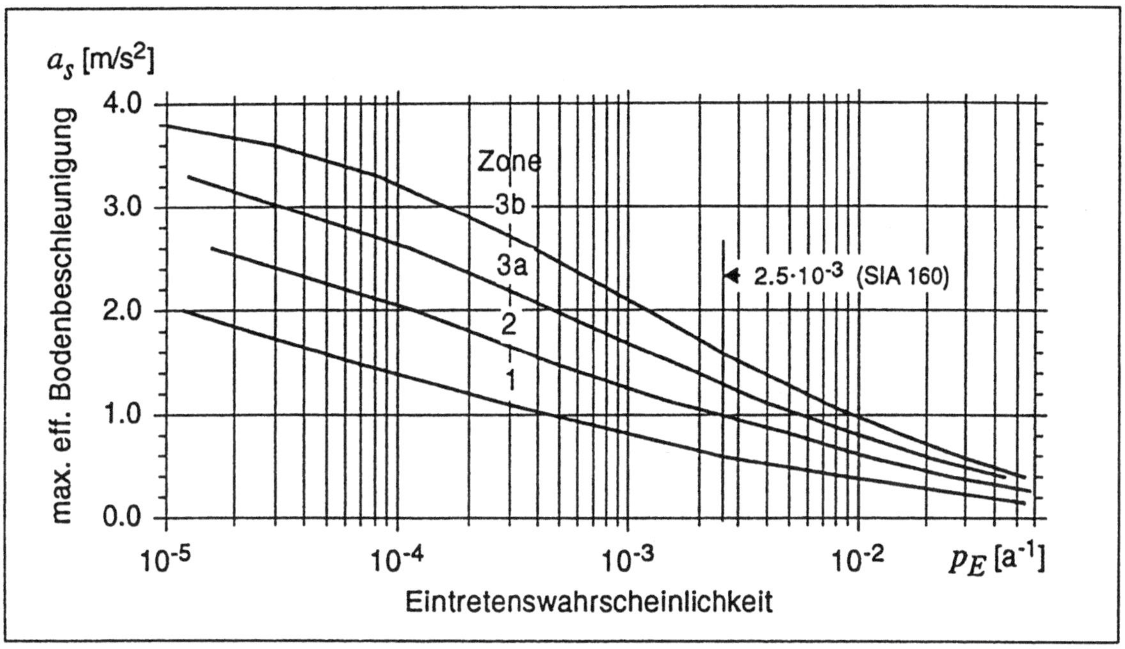

Bild 3.6: Maximale effektive Bodenbeschleunigung in Funktion der Eintretenswahrscheinlichkeit für die vier Erdbebenzonen der Schweiz

Bild 3.6 wurden die Kurven in Bild 3.4 im Abstand einer halben Intensitätsstufe ausgewertet.

Die Schadenwahrscheinlichkeitsfunktion wird ausgehend von der Schadenfunktion bestimmt, indem die Erdbebenstärke durch deren Eintretenswahrscheinlichkeit ersetzt wird. Bild 3.1c zeigt eine derartige standort- und bauwerkspezifische Schadenwahrscheinlichkeitsfunktion.

Oberhalb der Abbruchgrenze, dh. bei kleinen Eintretenswahrscheinlichkeiten, ist das Bauwerk derart geschädigt, dass es abgebrochen werden muss. Der Gebäudeschaden nimmt den Wert K_{max} an (waagrechtes Teilstück in Bild 3.1c).

Bei der Eintretenswahrscheinlichkeit der Abbruchgrenze fällt der Gebäudeschaden sprunghaft auf denjenigen Schaden ab, welcher der Summe der Schäden der Elemente entspricht. Mit zunehmender Eintretenswahrscheinlichkeit sinkt der Gebäudeschaden laufend und erreicht bei der Eintretenswahrscheinlichkeit der Schadenschwelle den Wert Null.

3.3.4 Ermittlung der vorhandenen Risiken

a) Integration der Schadenwahrscheinlichkeitsfunktionen

Die vorhandenen Gebäudeschadenrisiken eines bestimmten Bauwerks infolge von Erdbeben können gemäss Gl.(3.2) durch Integration der Schadenwahrscheinlichkeitsfunktionen ermittelt werden. Das vorhandene Gebäudeschadenrisiko R entspricht dabei der Fläche unter der Schadenwahrscheinlichkeitsfunktion $K(p_E)$ (in Bild 3.1c gerastert dargestellt).

b) Vereinfachte Risikoermittlung

Anstelle der exakten Integration der Schadenwahrscheinlichkeitsfunktionen kann auch eine vereinfachte Integration vorgenommen werden. Dazu wird in der in p_E linearen Darstellung der Schadenwahrscheinlichkeitsfunktion durch Berechnung und Addition der Teilflächen direkt die von der Funktion und den beiden Koordinatenachsen umschlossene Fläche bestimmt. Die erforderliche Genauigkeit von wenigen Prozenten kann meist problemlos erreicht werden (für eine typische Schadenwahrscheinlichkeitsfunktion vgl. Bild 6.10).

c) Berücksichtigung der Einwirkungsrichtung

In den vorangehenden Abschnitten wurde die Ermittlung der vorhandenen Gebäudeschadenrisiken für festgelegte Einwirkungsrichtungen beschrieben. Meist werden dazu die Achsrichtungen des Bauwerks verwendet.

Einwirkungsrichtung von Erdbeben
Die Bodenbewegung eines Erdbebens erfolgt nicht in einer festen Richtung. Die Bodenbeschleunigung bewegt sich vielmehr mit variierendem Betrag relativ unsystematisch im ganzen Winkelbereich von 360°, wie z.B. aus der Auswertung der Aufzeichnungen von Tolmezzo in Bild 3.7 ersichtlich ist.

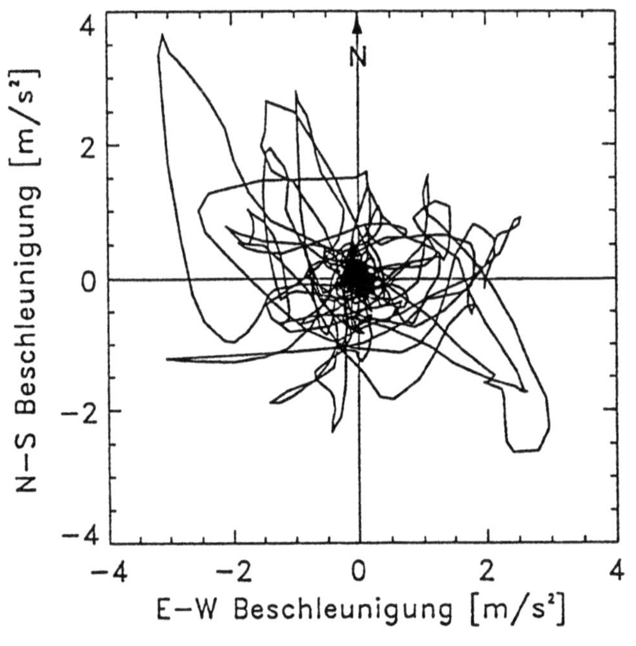

Bild 3.7: Zeitlicher Verlauf des Vektors der horizontalen Bodenbeschleunigung (Friaul-Tolmezzo 1976 [Wenk 92])

Bild 3.7 zeigt jedoch auch, dass die grösseren Werte der Bodenbeschleunigung stark gerichtet sind, in diesem Fall etwa in der Richtung NW-SE. Der maximale Wert tritt nur in einer Richtung auf, in den anderen Richtungen, vor allem quer zu den grössten Werten, sind die Bodenbeschleunigungen wesentlich kleiner.

Die Bemessungsbeben sind in den Normen als Bodenbewegungen in einer Richtung gegeben. Diese Richtung kann jedoch, bezogen auf ein Bauwerk, grundsätzlich beliebig orientiert sein, dh. die Eintretenswahrscheinlichkeit ist für jeden Winkel φ gleich gross.

Vorhandenes Gebäudeschadenrisiko
Bei im Grundriss rechteckigen Bauwerken und Tragelementen wird der Tragsicherheitsnachweis meist für zwei Einwirkungsrichtungen in Richtung der Bauwerkachsen durchgeführt. Analog dazu können mit der vorgängig beschriebenen Berechnung die Werte des vorhandenen Gebäudeschadenrisikos für die Richtungen der Bauwerkachsen x und y, R_{vx} und R_{vy}, ermittelt werden. Diese Werte sind von einander abhängig. Wenn einer der beiden Werte auftritt (Erdbebeneinwirkung in Richtung der betrachteten Bauwerkachse), ist der Wert für die jeweils quer dazu liegende Richtung gleich Null.

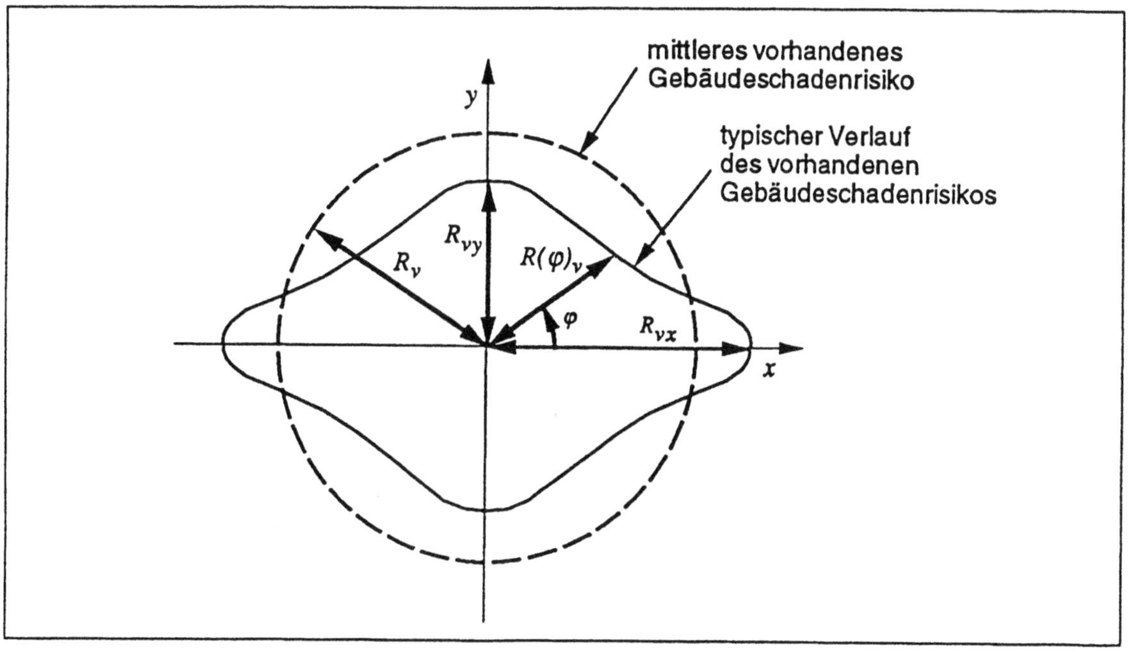

Bild 3.8: Bestimmung des mittleren Gebäudeschadenrisikos aus den Risikowerten der beiden Achsrichtungen

In Bild 3.8 sind die Werte R_{vx} und R_{vy} sowie ein typischer Verlauf des Gebäudeschadenrisikos $R(\varphi)_v$ dargestellt.

Unter der Annahme eines stetigen und regelmässigen Verlaufes des Gebäudeschadenrisikos in Funktion des Winkels φ, zB. als Cosinusfunktion, ergeben sich die Anteile in den Achsrichtungen zu:

$$R(\varphi)_{vx} = \frac{R_{vx}}{2}(1 + \cos 2\varphi) \qquad \text{und} \qquad R(\varphi)_{vy} = \frac{R_{vy}}{2}(1 - \cos 2\varphi) \tag{3.6}$$

$R(\varphi)_{vx}$, $R(\varphi)_{vy}$: Risikoanteile für die Erdbebeneinwirkung in φ-Richtung

R_{vx} : vorhandenes Gebäudeschadenrisiko für Erdbebeneinwirkung nur in x-Richtung

R_{vy} : vorhandenes Gebäudeschadenrisiko für Erdbebeneinwirkung nur in y-Richtung

φ : Winkel zwischen x-Achse und betrachteter Richtung

Durch Addition der beiden Risikoanteile $R(\varphi)_{vx}$ und $R(\varphi)_{vy}$ ergibt sich für $R(\varphi)_v$ die Funktion

$$R(\varphi)_v = \frac{R_{vx} + R_{vy}}{2} + \frac{R_{vx} - R_{vy}}{2} \cos 2\varphi, \tag{3.7}$$

$R(\varphi)_v$: vorhandenes Gebäudeschadenrisiko für die Erdbebeneinwirkung in φ-Richtung

welche im Betrag zwischen den Werten R_{vx} und R_{vy} variiert. Als Mittelwert über alle Winkel φ ergibt sich damit das (mittlere) vorhandene Gebäudeschadenrisiko R_v zu:

$$R_v = \frac{R_{vx} + R_{vy}}{2} \tag{3.8}$$

R_v : vorhandenes Gebäudeschadenrisiko infolge von Erdbeben

Ein Bauwerk mit den Gebäudeschadenrisiken R_{vx} und $R_{vy} \neq R_{vx}$ weist das gleich grosse vorhandene Gebäudeschadenrisiko auf wie ein rotationssymmetrisches Bauwerk mit dem für alle Winkel φ konstanten Gebäudeschadenrisiko $R(\varphi)_v = R_v$ entsprechend dem gestrichelten Kreis in Bild 3.8.

Aufgrund des konservativen Ansatzes für den Verlauf des Gebäudeschadenrisikos in Funktion der Einwirkungsrichtung ist zu erwarten, dass auf diese Weise das vorhandene Gebäudeschadenrisiko R_v eher überschätzt wird.

3.4 Akzeptiertes Gebäudeschadenrisiko

Zur Beurteilung des vorhandenen Gebäudeschadenrisikos sind Vergleichswerte für das akzeptierte Gebäudeschadenrisiko festzulegen, welche sowohl von der Art des Bauwerks als auch von dessen Standort abhängig sind. Für die Begriffsdefinitionen wird auf Abschnitt 3.1 verwiesen.

3.4.1 Direkte Festlegung

Bei genügendem Wissensstand und mit einiger Erfahrung kann das von der Gesellschaft akzeptierte, als zulässig erachtete Gebäudeschadenrisiko direkt abgeschätzt, bzw. in Übereinkunft mit dem Bauherrn festgelegt werden. Wichtig ist dabei der Quervergleich mit Risiken infolge anderer Naturgefahren wie Lawinen, Überschwemmungen, usw.

3.4.2 Allgemeine Bestimmung

Im allgemeinen wird das akzeptierte Gebäudeschadenrisiko gemäss Bild 3.2 analog zum vorhandenen Gebäudeschadenrisiko ermittelt. Dabei werden der Berechnung anstelle der erwarteten Schäden *akzeptierte Schäden*, dh. für die betrachtete Erdbebenstärke als zulässig erachtete Schäden zugrunde gelegt. Damit kann die akzeptierte Schadenfunktion aufgestellt und über die akzeptierte Schadenwahrscheinlichkeitsfunkion das akzeptierte Gebäudeschadenrisiko berechnet werden (vgl. Bild 3.1).

Die akzeptierten Schäden können aus Angaben zum Tragsicherheits- bzw. Gebrauchstauglichkeitsnachweis unter Erdbebeneinwirkung abgeleitet werden. Am einfachsten wird dazu von bestehenden Normen ausgegangen.

a) Angaben in Einwirkungsnormen und Intensitätsbeschreibungen

In den Einwirkungsnormen werden nicht zulässige Gebäudeschadenrisiken, sondern Nachweiszustände festgelegt, welche die Tragsicherheit und, bei wichtigen Bauten der Infrastruktur, die Gebrauchstauglichkeit gewährleisten sollen. Aufgrund solcher Angaben können einzelne Punkte der akzeptierten Schadenfunktion abgeschätzt werden. Diese Abschätzungen sind abhängig von Art und Standort des Bauwerks (Bauwerksklasse und Erdbebenzone).

Weitere Angaben finden sich in den Beschreibungen von Erdbebenintensitäten, zB. der MSK-Skala. Dabei ist zu beachten, dass die Schäden an der vorhandenen durchschnittlichen Bausubstanz beschrieben werden. Deren Verhalten unter Erdbebeneinwirkung entspricht aber nicht genau den minimalen Anforderungen der Bemessungsnormen.

Der vollständige Verlauf des akzeptierten Gebäudeschadens in Funktion der Erdbebenstärke, die akzeptierte Schadenfunktion, ist im allgemeinen nicht bekannt.

b) Akzeptierte Schadenfunktion

Die akzeptierte Schadenfunktion eines bestimmten Bauwerks ist an sich eine kontinuierliche Funktion. Im allgemeinen resultieren aus den verfügbaren Angaben jedoch nur einzelne Punkte dieser Funktion. Durch deren Verbindung ergibt sich eine polygonale akzeptierte Schadenfunktion.

Bild 3.9 zeigt gestrichelt eine durch drei Punkte definierte akzeptierte Schadenfunktion. Die drei Punkte sind die Schadenschwelle E_S, die Abbruchgrenze E_A sowie ein Zwischenpunkt. Die Abbruchgrenze wird erreicht, wenn der Gebäudeschaden den Betrag der Neubaukosten K_o erreicht. In diesem Punkt fallen die Abbruchkosten an, und die Schadenfunktion steigt direkt auf den maximalen Schaden K_{max} an.

Ein Zwischenpunkt lässt sich bestimmen, wenn weitere Angaben zum akzeptierten Gebäudeschaden, wie etwa ein definierter Zustand der Gebrauchstauglichkeit (Grad der Funktionstüchtigkeit des geschädigten Bauwerks), vorhanden sind. Ist dies nicht der Fall, so resultiert der im Bild ausgezogen dargestellte Verlauf der Funktion.

Der maximale Schaden des Bauwerks K_{max} entspricht, wie vorgängig definiert, den Kosten für Abbruch, Entsorgung und Neubau.

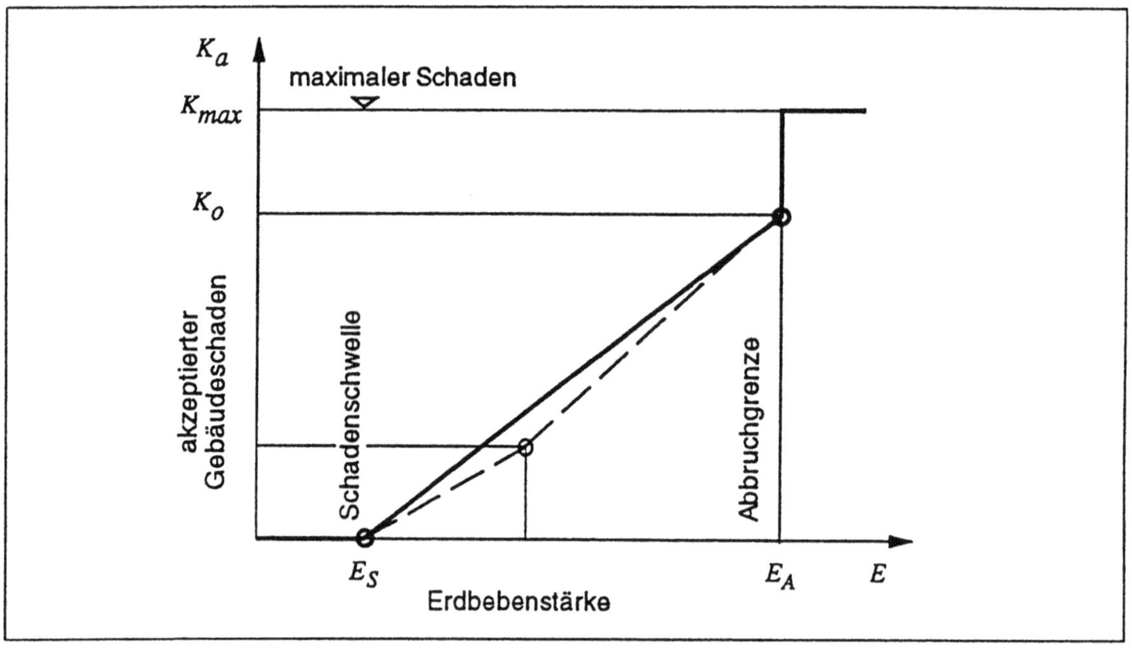

Bild 3.9: Akzeptierte Schadenfunktion eines Bauwerks (schematisch)

c) Akzeptierte Schadenwahrscheinlichkeitsfunktion

Die akzeptierte Schadenwahrscheinlichkeitsfunktion für ein bestimmtes Bauwerk an einem bestimmten Standort wird ermittelt, indem bei der akzeptierten Schadenfunktion die Erdbebenstärke durch deren Eintretenswahrscheinlichkeit ersetzt wird. Dazu ist die standortspezifische Beziehung zwischen Erdbebenstärke und Eintretenswahrscheinlichkeit erforderlich.

d) Akzeptiertes Gebäudeschadenrisiko

Die Integration der akzeptierten Schadenwahrscheinlichkeitsfunktion ergibt das akzeptierte Gebäudeschadenrisiko R_a (vgl. Abschnitt 3.3.4a oder b).

3.4.3 Akzeptierte Gebäudeschadenrisiken nach Schweizer Norm

In diesem Abschnitt werden ausgehend von den Schadenbeschreibungen nach MSK, vor allem aber mit den in der Schweizer Norm [SIA 160] enthaltenen Angaben für die verschiedenen Bauwerksklassen und Erdbebenzonen der Schweiz, die akzeptierten Gebäudeschadenrisiken ermittelt. Es wird dabei von einem Bauwerk ausgegangen, dessen Tragwerk genau den nach [SIA 160] für Erdbebeneinwirkungen minimal erforderlichen Tragwiderstand aufweist.

a) Schadenschwellen

Die Bauwerke der Bauwerksklasse BWK I (gewöhnliche Hochbauten ohne grössere Menschenansammlungen und ohne Gefährdung der Umwelt), umfassen das Gros der Hochbauten und sind deshalb im Rahmen dieser Arbeit von vorrangigem Interesse.

In der Schweizer Norm [SIA 160] finden sich keine Hinweise zur Schadenschwelle für diese Bauwerksklasse und es wird deshalb die MSK-Skala (vgl. zB. [D044 89], Anhang B) zur Abschätzung der Schadenschwelle beigezogen. Dabei ist zu beachten, dass die MSK-Skala die Schäden an der vorhandenen durchschnittlichen Gebäudesubstanz beschreibt. Die zu den Intensitäten VI bis X gehörenden Beschreibungen der Schäden an Stahlbetonskelettbauten („Kategorie C: verstärkte Bauten") sind in Bild 3.10 zusammengefasst. Die in der letzten Kolonne aufgeführten Werte a_s entsprechen den maximalen effektiven Bodenbeschleunigungen gemäss der „Korrelation Schweiz" in Bild 3.5.

I_{MSK}	Anteile	Schäden an Gebäuden Kategorie C	a_s [m/s²]
X	50%	Zerstörung (Spalten, Bauteileinstürze)	4.0
IX	5%	Zerstörung (Spalten, Bauteileinstürze)	2.6
	50%	starke Beschädigung (grosse, tiefe Mauerrisse)	
VIII	5%	starke Beschädigung (grosse, tiefe Mauerrisse)	1.5
	50%	mässige Beschädigung (kleine Mauerrisse, grosse Verputzteile fallen ab)	
VII	50%	leichte Beschädigung (feine Verputzrisse)	0.8
VI	100%	keine Schäden	0.4

Bild 3.10: Schadenbeschreibung nach MSK und zugehörige maximale effektive Bodenbeschleunigungen a_s für die Schweiz

Bis zur Intensität I_{MSK} = VI entstehen keine Schäden. Für die Intensität I_{MSK} = VII ist mit „leichter Beschädigung" zu rechnen. Die Schadenschwelle für die vorhandenen Stahlbetonhochbauten liegt also zwischen den zugehörigen maximalen effektiven Bodenbeschleunigungen $a_s = 0.4$ m/s² und $a_s = 0.8$ m/s².

Die Schadenschwelle eines Bauwerks, das genau den nach [SIA 160] erforderlichen Tragwiderstand aufweist, dürfte etwas über der unteren Grenze dieses Bereiches liegen. Für die Bauwerksklasse BWK I („gewöhnliche Hochbauten") in der Zone 1 wird deshalb die Schadenschwelle auf $a_S = 0.5$ m/s² angesetzt.

Die Angaben zu den Erdbebeneinwirkungen in der Norm [SIA 160] basieren auf sogenannten Norm-Schadenbildern (vgl. Bild 3.11), welche für jede der drei Bauwerksklassen die bei einer bestimmten Eintretenswahrscheinlichkeit als zulässig erachteten Schäden beschreiben. Nach der Beschreibung des Norm-Schadenbildes III für die Bauwerksklasse BWK III dürfen infolge der Einwirkung des Bemessungsbebens an den für die Schadenschwelle massgebenden nichttragenden Elementen nur „unwesentliche Schäden (dünne Risse in nichttragenden Wänden)" bzw. „unbedeutende Schäden (keine Beeinträchtigung der Funktionstüchtigkeit von Fassaden, Fenstern, etc.)" entstehen.

Die Stärke des Bemessungsbebens kann darum für diese Bauwerksklasse gleich der Schadenschwelle gesetzt werden. Die maximalen effektiven Bodenbeschleunigungen der vier Erdbebenzonen sind deshalb in Bild 3.12 für die Bauwerksklasse BWK III als Schadenschwellen eingetragen.

	Norm-Schadenbild I	Norm-Schadenbild II	Norm-Schadenbild III
Tragwerk	Grosse Schäden, jedoch ohne offensichtliche Einsturzgefahr (übersteht Nachbeben ähnlicher Stärke)	Mittlere Schäden (bleibende Verformungen an zahlreichen Stellen)	Geringfügige Schäden (nur geringe bleibende Verformungen an vereinzelten Stellen)
Zwischenwände (nichttragend)	Stark beschädigt (breite Risse, häufig herausgebrochen)	Ziemlich beschädigt (stark zerrissen, vereinzelt herausgebrochen)	Unwesentlich beschädigt (dünne Risse)
Fassaden, Fenster, betriebliche Einrichtungen	Sehr grosse Schäden	Wesentliche Schäden	Unbedeutende Schäden (dürfen Funktionstüchtigkeit nicht beeinträchtigen)
Funktionstüchtigkeit	Keine, aber noch evakuierbar	Stark beeinträchtigt	Unbeeinträchtigt
Reparatur	Mit sehr grossem Aufwand eventuell möglich	Mit grossem Aufwand möglich (Risse injizieren, in Gebäuden Zwischenwände und Fenster, usw. ersetzen, bei Brücken Lager ersetzen, etc.)	Mit kleinem Aufwand möglich (Risse sanieren, neu verputzen, etc.)

Bild 3.11: Norm-Schadenbilder zu [SIA 160] (aus [D044 89], Tabelle 2)

Für die Schadenschwellen der Bauwerksklasse BWK I werden die Werte für die Zonen 2 bis 3b, vom Wert der Zone 1 ausgehend, im gleichen Verhältnis wie bei der Bauwerksklasse BWK III angesetzt.

Für die Schadenschwellen der Bauwerksklasse BWK II wird auf die bei der Bemessung verwendeten K-Werte (Verschiebeduktilitäten) zurückgegriffen. Der erforderliche Tragwiderstand verhält sich umgekehrt proportional zum Verhältnis der K-Werte. Dieses Verhältnis kann auch als grobe Näherung zur Festsetzung der Schadenschwellen verwendet werden. Die Schadenschwellen für die BWK II werden deshalb im Verhältnis K_I/K_i nach Bild 3.13 zwischen diejenigen der Bauwerksklassen BWK I und BWK III gelegt (Werte auf 0.05 m/s^2 gerundet).

Die Schadenschwellen für die Bauwerksklasse BWK I in den Zonen 3a und 3b liegen relativ nahe beim Wert von a_s = 1.5 m/s^2 für I_{MSK} = VIII nach Bild 3.10 („50% der Gebäude mit mässiger Beschädigung"). Diese Beschreibung gilt jedoch für durchschnittliche Bauwerke ohne spezielle Erdbebensicherung. Die nach

	Schadenschwellen a_S [m/s^2]			Abbruchgrenzen a_Z [m/s^2]		
Zone	BWK I	BWK II	BWK III	BWK I	BWK II	BWK III
1	0.50	0.55	0.6	0.6	0.70	1.0
2	0.85	0.90	1.0	1.0	1.20	1.7
3a	1.10	1.15	1.3	1.3	1.55	2.2
3b	1.35	1.40	1.6	1.6	1.90	2.7

Bild 3.12: Schadenschwellen und Abbruchgrenzen für die Bauwerksklassen und Erdbebenzonen der Schweiz

BWK i	K_i	K_I/K_i
I	2.0 bzw. 2.5	1.0
II	1.7 bzw. 2.0	1.2
III	1.3 bzw. 1.4	1.7

Bild 3.13: Verhältnisse der K-Werte zur Bestimmung von Schadenschwellen und Abbruchgrenzen

[SIA 160] in diesen Zonen zu verwendenden Ersatzkräfte betragen dagegen das 2.2 bzw. 2.7fache derjenigen für Zone 1, womit die Schadenschwelle gegenüber der durchschnittlichen Bausubstanz der MSK-Beschreibung wesentlich angehoben werden dürfte. Die Schadenschwellen in Bild 3.12 erscheinen deshalb plausibel.

b) Abbruchgrenzen

Die Norm-Schadenbilder in Bild 3.11 beschreiben die bei einem Bauwerk, das genau den nach [SIA 160] erforderlichen Tragwiderstand gegen Erdbebeneinwirkung aufweist, als zulässig erachteten Schäden. Der Erdbebeneinwirkung (Bemessungsbeben) ist dabei eine Eintretenswahrscheinlichkeit von $p_E = 1/400$ Jahre $= 2.5 \cdot 10^{-3}\mathrm{a}^{-1}$ zugeordnet.

Bei den Bauwerken der Bauwerksklasse BWK I sind unter dem Bemessungsbeben am Tragwerk „grosse Schäden" und an den nichttragenden Elementen „sehr grosse Schäden" zugelassen. Es soll aber keine Einsturzgefahr bestehen und das Bauwerk soll noch evakuierbar sein. Eine Reparaturfähigkeit wird nicht gefordert (vgl. Norm-Schadenbild in Bild 3.11). Die Bauwerke der Bauwerksklasse BWK I, welche den minimal erforderlichen Tragwiderstand aufweisen, müssen nach einem Bemessungsbeben also auch bei normgemässen Verhalten abgebrochen werden. Das Norm-Schadenbild für den Tragsicherheitsnachweis entspricht daher schadenmässig mindestens der Abbruchgrenze, es dürfte sogar noch leicht darüber liegen.

Ein Vergleich mit den Schadenbeschreibungen der MSK-Skala zeigt gewisse Unterschiede. Danach erreichen die Bauwerke der vorhandenen Bausubstanz unter Erdbebeneinwirkung zwischen den Intensitäten I_{MSK} = VIII und IX die Abbruchgrenze. Die Schäden an den nichttragenden Elementen sind in der MSK-Beschreibung nicht näher umschrieben. Diese können aber schon bei mässigen Beben den grösseren Teil an den Gebäudeschaden beitragen [Tied 87]. Die Abbruchgrenze wird deshalb im allgemeinen erreicht, bevor das Tragwerk einstürzt, wie dies bei I_{MSK} = IX der Fall ist. Die Abbruchgrenze (maximale effektive Bodenbeschleunigung a_A) liegt deshalb für nach [SIA 160] bemessene Bauwerke tiefer als die maximale effektive Bodenbeschleunigung $a_s = 2.6\ \mathrm{m/s^2}$ für I_{MSK} = IX in Bild 3.10.

Die maximalen effektiven Bodenbeschleunigungen des Bemessungsbebens nach [SIA 160] können deshalb für die Bauwerke der Bauwerksklasse BWK I als Abbruchgrenzen eingesetzt werden (vgl. Bild 3.12). Die Eintretenswahrscheinlichkeit dieses Bebens beträgt $p_E = 2.5 \cdot 10^{-3}\mathrm{a}^{-1}$.

Die Tragwerke der Bauwerke der Bauwerksklassen BWK II und III müssen einen höheren Tragwiderstand aufweisen, da sie beim Bemessungsbeben nur wesentlich geringere Schäden aufweisen dürfen. Die dem maximalen Schaden entsprechenden Bebenstärken können über die in der Norm [SIA 160] gegebenen K-Werte (Verschiebeduktilitäten) abgeschätzt werden. Die K-Werte für Stahlbetontragwerke mit Tragwänden bzw. Rahmen zur Abtragung der Erdbebenkräfte sind in Bild 3.13 zusammengestellt.

Ein kleinerer K-Wert ist gleichbedeutend mit einer höheren Abbruchgrenze. Da die zur Bemessung des Tragwerks zu verwendenden Ersatzkräfte sich proportional zu K_I/K_i verhalten, kann angenommen werden, dass die Abbruchgrenzen ebenfalls diesem Verhältnis entsprechen.

Die Abbruchgrenzen für die Bauwerksklassen BWK II und BWK III werden deshalb ausgehend von denjenigen der Bauwerksklasse BWK I mit dem Verhältnis K_I/K_i ermittelt. Diese Werte sind ebenfalls in Bild 3.12 eingetragen.

c) Maximaler Schaden

Der maximale Schaden am Bauwerk setzt sich zusammen aus den Abbruch- und Entsorgungs- sowie den Neubaukosten. Reiner Bauschutt aus Mauerwerk oder Betonbauteilen kann relativ günstig entsorgt werden (Wiederaufbereitung zu Zuschlagstoff oder Schüttmaterial). Bei Abbruchmaterial mit starker Durchmischung verschiedenartiger Baustoffe (Holz, Gips, Kunststoffe, Metalle, etc.) können jedoch höhere Kosten entstehen. Zum einen zieht der Sortiervorgang Kosten nach sich, zum anderen sind, vor allem bedingt durch die in der Schweiz gültigen gesetzlichen Auflagen zum Schutz der Umwelt, die Deponiekosten für unsortierte reaktionsfähige Materialien um Grössenordnungen höher als für reinen Bauschutt.

Die Abbruch- und Entsorgungskosten betragen für Stahlbetonskelettbauten etwa 15.- bis 25.- Fr./m^3 SIA [Mose 92]. Die Neubaukosten von Stahlbetonskelettbauten liegen für Gewerbenutzung durchschnittlich bei rund Fr. 400.-/m^3 SIA, für Büronutzung betragen sie bis 600.- Fr./m^3 SIA (Preisbasis 1991). Für Abbruch plus Neubau ergibt sich deshalb bezogen auf den Preis der Stahlbetonskelettbauten für Gewerbenutzung: $K_{max} \approx 1.05\ K_n$.

Dieser Wert erscheint relativ niedrig. Zudem erfordert der Abbruch von stark geschädigten Hochbauten zusätzliche Aufwendungen: Das nach Baustoffen getrennte Ausweiden von geschädigten Bauwerken mit geringer Resttragsicherheit ist nur beschränkt möglich. Dies kann zu erheblichem Sortieraufwand beim Bauschutt führen. Zudem sind beim Abbruch des Tragwerks Vorsichtsmassnahmen zu ergreifen, welche den Arbeitsfortschritt meist verlangsamen.

Zur Berechnung der akzeptierten Gebäudeschadenrisiken für Hochbauten wird deshalb der maximale Schaden K_{max} etwas höher angesetzt:

$$K_{max} = 1.2K_o \qquad (3.9)$$

K_{max} : maximaler Schaden am Bauwerk
K_o : Neubaukosten des Bauwerks

Das Gesetz über die "Versicherung der Gebäude gegen Unwetter und Elementarschäden" des Landes Baden-Württemberg legt denn auch fest, dass neben den

Kosten für die Wiederherstellung des Gebäudes auch „Abbruch- und Aufräumungskosten bis zu einer Höhe von 10% der Versicherungssumme" erstattet werden [BaWü 87].

Der hier bestimmte maximale Schaden am Bauwerk tritt beim Erreichen der Abbruchgrenze ein und nimmt auch bei stärkeren Erdbeben, wenn das Bauwerk allenfalls einstürzt, nicht mehr zu.

d) Akzeptierte Schadenfunktionen

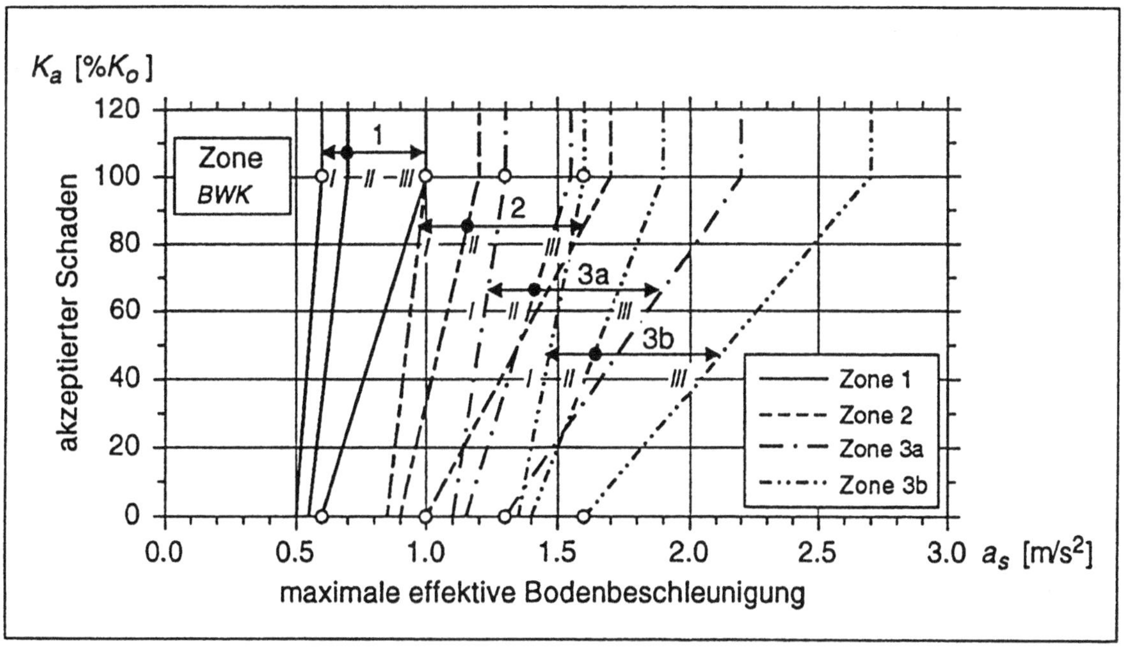

Bild 3.14: Akzeptierte Schadenfunktionen für die Bauwerksklassen und Erdbebenzonen der Schweiz

Mit den Werten für die Schadenschwellen, die Abbruchgrenzen und den maximalen Schaden sind die akzeptierten Schadenfunktionen bestimmt. Dabei wird von der Schadenschwelle bis zur Abbruchgrenze ein linearer Anstieg des akzeptierten Gebäudeschadens bis auf $K_a = 100\%K_o$ angesetzt. Bei diesem Schaden muss das Bauwerk in der Regel abgebrochen werden, und die zusätzlichen Kosten von $20\%K_o$ fallen an. Die in Bild 3.14 gezeigten akzeptierten Schadenfunktionen steigen deshalb bei der Abbruchgrenze direkt auf $K_{max} = 1.2K_o$ an.

Infolge der Multiplikationen mit festen Faktoren entsteht eine Schar affiner Geraden, wobei sich die akzeptierten Schadenfunktionen der verschiedenen Erdbebenzonen zum Teil überlappen.

e) Akzeptierte Schadenwahrscheinlichkeitsfunktionen

Die akzeptierten Schadenwahrscheinlichkeitsfunktionen ergeben sich aus den Schadenfunktionen in Bild 3.14 mit Hilfe der Beziehungen zwischen maximaler effektiver Bodenbeschleunigung und Erdbebenstärke für die vier Erdbebenzonen der Schweiz in Bild 3.6. Die zwölf Funktionen sind in Bild 3.15 dargestellt. Die (mittlere)

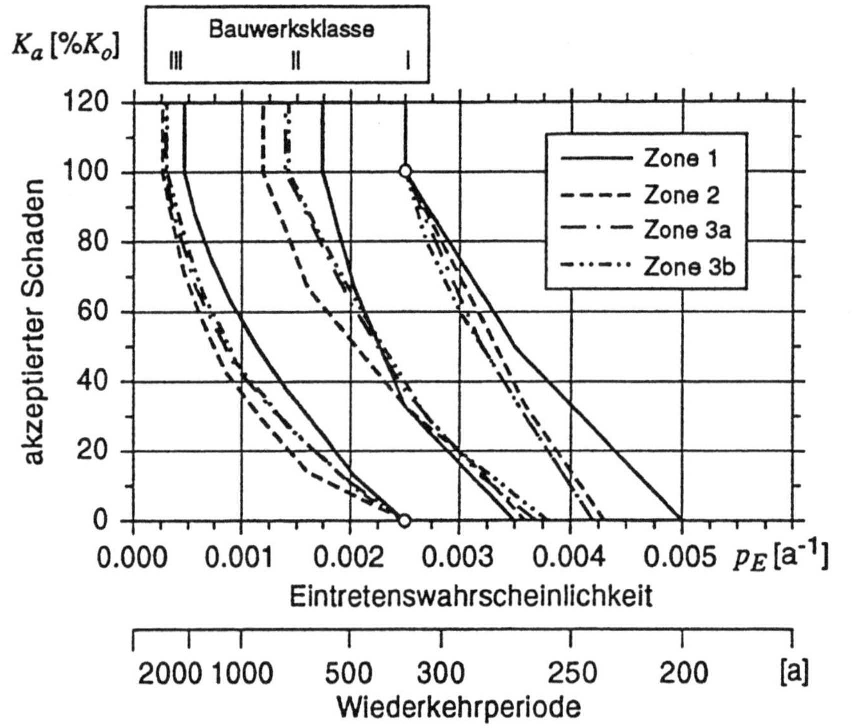

Bild 3.15: Akzeptierte Schadenwahrscheinlichkeitsfunktionen für die Bauwerksklassen und Erdbebenzonen der Schweiz

Wiederkehrperiode in Jahren, der Kehrwert der Eintretenswahrscheinlichkeit p_E, ist unten im Bild aufgetragen.

Die akzeptierten Schadenwahrscheinlichkeitsfunktionen der gleichen Bauwerksklasse liegen relativ nahe beieinander. Der akzeptierte Gebäudeschaden bei der Bauwerksklasse BWK I sinkt, wie im Abschnitt b) definiert, in allen Zonen ab einer Eintretenswahrscheinlichkeit von $p_E = 0.0025$ a^{-1} (entsprechend einer Wiederkehrperiode von 400 Jahren) von 100%K_o gegen Null ab.

Bei der Bauwerksklasse BWK III sinkt der Gebäudeschaden für alle Zonen bei $p_E = 0.0025$ a^{-1} auf Null, wie im Abschnitt a) definiert.

Bei der Bauwerksklasse BWK II liegen die Schadenwahrscheinlichkeitsfunktionen, bedingt durch den nichtlinearen Zusammenhang zwischen Bodenbeschleunigung und Eintretenswahrscheinlichkeit, teilweise etwas weiter auseinander als bei den anderen Bauwerksklassen.

f) Akzeptierte Gebäudeschadenrisiken

Nach Gl.(3.2) ergeben sich durch Integration der akzeptierten Schadenwahrscheinlichkeitsfunktionen die in Bild 3.16 zusammengestellten akzeptierten Gebäudeschadenrisiken R_a.

R_a $[\%K_o/a]$	Erdbebenzone			
	1	2	3a	3b
BWK I	0.41	0.39	0.38	0.38
BWK II	0.27	0.24	0.26	0.27
BWK III	0.13	0.10	0.11	0.11

Bild 3.16: Akzeptierte Gebäudeschadenrisiken R_a für die drei Bauwerksklassen und die vier Erdbebenzonen der Schweiz [Prozent der Neubaukosten pro Jahr]

3.4.4 Diskussion der akzeptierten Gebäudeschadenrisiken

a) Grösse der berechneten Werte

Die akzeptierten Gebäudeschadenrisiken sind pro Bauwerksklasse in allen vier Zonen praktisch gleich. Die Bauwerksklasse BWK I weist mit $R_a = 0.41\%K_o/a$ den grössten Wert auf. Dieses Gebäudeschadenrisiko entspricht einer Wiederkehrperiode des maximalen Schadens $K_{max} = 120\%K_o$ von rund 300 Jahren.

Für den Tragsicherheitsnachweis wird das Beben mit der Wiederkehrperiode von 400 Jahren verwendet. Diese Bedingung entspricht nur einem einzelnen Punkt auf der Schadenwahrscheinlichkeitsfunktion. Die Beiträge aller zu erwartenden Beben ergeben grössere Gebäudeschadenrisiken und damit kleinere Wiederkehrperioden für den maximalen Schaden.

In [Mose 91] wurden die anhand der historischen Beben der Schweiz zu erwartenden mittleren Erdbebenschäden an der heutigen Hochbausubstanz der Schweiz auf Fr. 90 Mio./a geschätzt. Bei einem Wert K_o der Hochbausubstanz der Schweiz von rund Fr. 10^6 Mio. entspricht dies einem mittleren Gebäudeschaden von $K = 0.01\%K_o/a$, dh. etwa 40mal weniger als nach den obigen Abschätzungen für das akzeptierte Gebäudeschadenrisiko der Bauwerksklasse I in der Zone 1. Die Diskrepanz zwischen den berechneten akzeptierten Werten und den anhand historischer Daten abgeschätzten Werten kann auf folgende Gründe zurückgeführt werden:

- Die vorhandene Stahlbeton-Bausubstanz weist vor allem in der Zone 1 oft einen wesentlich höheren Tragwiderstand auf als nach der Norm [SIA 160] minimal erforderlich ist. Die vorstehend ermittelten akzeptierten Gebäudeschadenrisiken basieren jedoch auf dem minimal erforderlichen Tragwiderstand.

  Der Hauptgrund für den höheren vorhandenen Tragwiderstand, auch bei Bauwerken mit vielen Geschossen, liegt einerseits darin, dass aus anderen Gründen (Entwurf, Erschliessung, Steifigkeit im Gebrauchszustand, etc.) häufig mehr Stahlbetontragelemente, vor allem Tragwände, vorhanden sind als für die Abtragung der Erdbebenkräfte nach [SIA 160] erforderlich wären. Andererseits werden bei Bauwerken mit wenigen Geschossen in der Zone 1 die Erdbebenkräfte gegenüber den Windkräften meist gar nicht massgebend.

  Da sich rund 80% der Bausubstanz der Schweiz in der Zone 1 befinden, wird dadurch das im Mittel vorhandene Gebäudeschadenrisiko stark vermindert.

- Bei der Bemessung von Tragwerken werden jegliche Beiträge nichttragender Elemente wie Trennwände, Fassaden, Einbauten, etc. vernachlässigt. Der Tragwiderstand wird als unterer Grenzwert an einem idealisierten Tragwerkmodell bestimmt. Durch die Mitwirkung der nichttragenden Elemente und durch im Modell nicht berücksichtigte Tragwiderstände kann der vorhandene Tragwiderstand des Bauwerks aber wesentlich höher liegen.

Die Bauwerksklasse BWK II weist akzeptierte Gebäudeschadenrisiken von rund 60 bis 70%, die Bauwerksklasse BWK III von 25% bis 30% desjenigen der Bauwerksklasse BWK I auf.

b) Risikoanteile

Die Schadenwahrscheinlichkeitsfunktionen der Bauwerksklasse BWK I in Bild 3.15 fallen ab der Eintretenswahrscheinlichkeit $p_E = 0.0025$ a^{-1} mit leicht unterschiedlichem Gefälle gegen Null ab. Das von der Zone unbeeinflusste Gebäudeschadenrisiko ($p_E < 0.0025$ a^{-1}) beträgt: $R_a^o = 120\% K_o \cdot 0.0025$ a^{-1} $= 0.30\% K_o$/a. Dies entspricht rund 75% des akzeptierten Gebäudeschadenrisikos der Bauwerksklasse BWK I und stammt von Beben mit Wiederkehrperioden von über 400 Jahren. Die restlichen 25% des akzeptierten Gebäudeschadenrisikos stammen von Beben mit Wiederkehrperioden von 200 bis 400 Jahren.

Bei der Bauwerksklasse BWK II ist eine Reduktion des von der Zone unbeeinflussten Gebäudeschadenrisikos auf rund $R_a^o = 120\% K_o \cdot 0.0013$ a^{-1}= 0.16% K_o/a festzustellen. Dieses akzeptierte Gebäudeschadenrisiko wächst je nach Zone bis zu Wiederkehrperioden von rund 260 Jahren noch an.

Die Bauwerksklasse BWK III weist ein wesentlich geringeres akzeptiertes Gebäudeschadenrisiko auf als die beiden anderen. Gemäss dem Ansatz in Abschnitt a) entstehen nur Schäden bei Beben mit Eintretenswahrscheinlichkeiten $p_E < 0.0025$ a^{-1}, entsprechend Wiederkehrperioden von über 400 Jahren. Etwa ein Drittel dieses akzeptierten Gebäudeschadenrisikos entsteht infolge des maximalen Schadens bei Wiederkehrperioden von mehr als 2000 Jahren.

c) Beurteilung der akzeptierten Gebäudeschadenrisiken

Sowohl die absoluten Grössen der akzeptierten Gebäudeschadenrisiken als auch deren Abstufung nach Bauwerksklassen erscheinen vernünftig und angemessen. Damit wird eine durchgehende Beurteilung der Erdbebentauglichkeit anhand des Gebäudeschadenrisikos über alle Erdbebenzonen und Bauwerksklassen möglich.

3.4.5 Vergleich mit Werten der Gebäudeversicherungen

In der Schweiz ist die Erdbebenversicherung nicht obligatorisch. Verschiedene Gebäudeversicherungen speisen eigene Fonds zur begrenzten Deckung von Erdbebenschäden. Achtzehn kantonale Gebäudeversicherungen haben sich zu einem Pool zusammengeschlossen und äufnen einen gemeinsamen Fonds.

a) Gebäudeversicherung des Kantons Zürich

Im Kanton Zürich wurde mit einem Teil der Prämie der Gebäudeversicherung, nämlich mit 0.005% des Versicherungswertes pro Jahr, ein eigener Fonds zur Deckung von Erdbebenschäden gespiesen. Dieser Fonds soll bei einem Selbstbehalt von Fr. 500.- pro Schadenfall die Gebäudeschäden infolge derjenigen Erdbeben decken, welche eine Intensität $I_{MSK} \geq$ VII erreichen (§21 des Gesetzes und §39 der Verordnung [GeZu 75]).

Damit sind nach Bild 3.10 alle Beben mit maximalen effektiven Bodenbeschleunigungen von $a_s < 0.8$ m/s^2 von der Deckung ausgeschlossen. Dies betrifft nach Bild 3.6 die Beben mit einer Eintretenswahrscheinlichkeit von $p_E \geq 1.1 \cdot 10^{-3}$ a^{-1} (Zone 1, Kanton Zürich), entsprechend Wiederkehrperioden bis zu 900 Jahren.

Das mit diesem Deckungsumfang vergleichbare akzeptierte Gebäudeschadenrisiko beträgt deshalb nach Bild 3.15 für die Bauwerksklasse BWK I in der Zone 1 (Kanton Zürich) nur noch $R_a = 120\%K_o \cdot 1.1 \cdot 10^{-3}$ a^{-1} $= 0.13\%K_o$/a, also nur noch 30% des gesamten akzeptierten Gebäudeschadenrisikos in Bild 3.16.

Für den Verwaltungsaufwand der Versicherungsgesellschaft wird für diese Abschätzung ein Kostenfaktor von $f_k = 1.5$ verwendet. Für den Versicherungswert werden die Neubaukosten K_o eingesetzt. Damit ergibt sich aus dem Prämienanteil von $0.005\%K_o$/a ein Risikoanteil von $0.005\%K_o/(1.5$ a$) = 0.0033\%K_o$/a, also 40mal weniger als das entsprechende akzeptierte Gebäudeschadenrisiko.

Die Deckung der Erdbebenschäden ist deshalb auch auf das Fondsvermögen begrenzt. Die Prämie wurde gemäss Angaben der Versicherung [GeZu 93] pragmatisch festgelegt und nicht auf der Basis der vorhandenen Gebäudeschadenrisikos. Das Fondsvermögen von zur Zeit 0.063% des Versicherungswertes entspricht denn auch nur 1/1900 des maximal möglichen Gebäudeschadens $K_{max} = 120\%K_o$ (ohne Berücksichtigung des Kostenfaktors).

b) Entwurf für eine gesamtschweizerische Erdbebenversicherung

Im Jahre 1988 wurde von der Schweizer Rückversicherungsgesellschaft ein Entwurf für eine Erdbebenversicherung für die ganze Schweiz erarbeitet [Scha 93]. Danach betrug der Nettoprämienansatz (ohne den Kostenfaktor f_k für den Aufwand der Versicherungsgesellschaft) für Gebäude mit Stahlbetontragwerken und nichttragenden Mauerwerkwänden ab Baujahr 1980 in den Zonen 1, 2 und 3: 0.011%, 0.021% und 0.042% der Versicherungssumme. Zusätzlich war ein Selbstbehalt von Fr. 20'000.-, mindestens aber von 10% des Gebäudeschadens vorgesehen.

Bei diesen Bedingungen dürfte ein mittlerer Selbstbehalt von rund 5% resultieren. Ein mittlerer Selbstbehalt von 5% würde nach Schaad [Scha 93] eine Prämienreduktion von 50% erlauben oder umgekehrt, die effektiv gedeckten Gebäudeschadenrisiken sind damit doppelt so hoch wie die obigen Nettoprämien, nämlich $R = 0.022\%K_o$/a, $0.042\%K_o$/a und $0.084\%K_o$/a. Diese Werte sind stark zonenabhängig. Von der Zone 1 zur Zone 2 und wiederum zur Zone 3 findet je eine Verdoppelung des Wertes statt.

Die akzeptierten Gebäudeschadenrisiken in Bild 3.16 sind im Gegensatz dazu praktisch nicht von der Zone abhängig. Dagegen ist eine starke Abhängigkeit von der Bauwerksklasse festzustellen. Diese Abhängigkeit erscheint angesichts der zur

Bemessung zu verwendenden stark abgestuften Ersatzkräfte (Bestimmung mit K - Werten) für neue Hochbauten plausibler.

Die Werte des Versicherungsentwurfes sind 19mal, 10mal und 5mal kleiner als das akzeptierte Gebäudeschadenrisiko der Bauwerksklasse BWK I in der Zone 1 von $R_a = 0.41\% K_o/\text{a}$ (vgl. Bild 3.16).

Diese grossen Unterschiede dürften vor allem darauf zurückzuführen sein, dass die akzeptierten Gebäudeschadenrisiken für Bauwerke mit dem von der Norm geforderten minimalen Tragwiderstand gegen Erdbebenkräfte ermittelt wurden. Die vorhandenen Bauwerke weisen aber vor allem in der Zone 1, wie im Abschnitt 3.4.4 bereits erläutert, aus anderen Anforderungen als denjenigen der Erdbebensicherung wesentlich höhere Tragwiderstände gegen Erdbebenkräfte auf als nach der Norm [SIA 160] erforderlich wären. Dies kann beim einzelnen Bauwerk durchaus zu einem vorhandenen Gebäudeschadenrisiko führen, das 5mal bis 20mal kleiner ist als das entsprechende akzeptierte Gebäudeschadenrisiko in Bild 3.16.

Deshalb kann aus diesem Vergleich der Schluss gezogen werden, dass die in diesem Kapitel auf der Basis der minimalen Anforderungen der Baunormen abgeschätzten (maximalen) akzeptierten Gebäudeschadenrisiken für einzelne Hochbauten die richtige Grössenordnung aufweisen. Auch die Werte des Versicherungsentwurfes für die effektive Bausubstanz erscheinen plausibel, bei der Abstufung der Werte sollten jedoch für neuere Bauwerke die Bauwerksklassen berücksichtigt werden.

3.5 Erdbebentauglichkeit

3.5.1 Beurteilung der Erdbebentauglichkeit

Ein Bauwerk ist grundsätzlich erdbebentauglich, wenn nach der Bedingung (3.3) das vorhandene Gebäudeschadenrisiko R_v kleiner ist als das akzeptierte Gebäudeschadenrisiko R_a. Das Gebäudeschadenrisiko ist wohl nur ein einfacher Zahlenwert, da er aber aus einer Integration gewonnen wird, erfasst er den ganzen Beanspruchungsbereich des Bauwerks und ist deshalb sehr aussagekräftig.

Ist das vorhandene Gebäudeschadenrisiko zu gross, so empfiehlt sich eine direkte Beurteilung der Schadenfunktionen. Daraus ergeben sich wertvolle Hinweise zum bauwerkspezifischen Schadenverhalten und für geeignete Verbesserungmassnahmen.

3.5.2 Verbesserung der Erdbebentauglichkeit geplanter Bauwerke

Ist die Bedingung (3.3) nicht erfüllt, so ist das Erdbebenverhalten des geplanten Bauwerks zu verbessern. Anhand der Schadenfunktion können Grundsätze für Verbesserungsmassnahmen unterschieden werden:

- *Anhebung der Schadenschwelle:* Die Schadenschwelle wird im allgemeinen von den nichttragenden Elementen dominiert. Ausgehend von den in der Schweiz üblichen Konstruktionsweisen lassen sich die nichttragenden Elemente relativ leicht konstruktiv verbessern, damit sie bewegungstoleranter werden. Dies bedingt Befestigungsdetails und allenfalls Bewegungsfugen, welche die erwarteten Bewegungen schadenfrei ermöglichen.

- *Anhebung der Abbruchgrenze:* Die Abbruchgrenze kann angehoben werden, indem der Tragwiderstand gegen Erdbebenkräfte erhöht wird. Dadurch nimmt meist auch die Steifigkeit des Tragwerks zu und die Schadenschwelle wird ebenfalls angehoben.

  Die Abbruchgrenze kann auch angehoben werden, indem das Tragwerk etwa nach der Methode der Kapazitätsbemessung bemessen und konstruktiv durchgebildet wird. Dadurch erhöht sich die Anzahl der vom Tragwerk aufnehmbaren elastisch-plastischen Schwingungszyklen, und die Abbruchgrenze steigt an.

- *Generelle Senkung der Schadenfunktion:* Die meisten Massnahmen senken generell die gesamte Schadenfunktion. Speziell eine Versteifung des Tragwerks ist in den Zonen mit kleinen Erdbebenersatzkräften die einfachste und kostengünstigste Massnahme und senkt die Schadenfunktion über alle Erdbebenstärken bis zur Abbruchgrenze.

Nach der Art der Bauelemente können folgende Grundsätze für kostengünstige Verbesserungsmassnahmen festgehalten werden:

- Bei den *nichttragenden Elementen* ergeben bewegungstolerante Konstruktionen mit Bewegungsfugen und geeigneten Befestigungen die grössten Gebäudeschaden- und damit Risikoverminderungen.

  Bei verschiedenartigen nichttragenden Elementen besteht die einfachste Verbesserung darin, dass die weniger geeigneten Elemente durch geeignetere ersetzt werden. Dies ist etwa der Fall, wenn eingemauerte Backsteinwände durch Leichttrennwände mit Tragelementen ersetzt werden (vgl. 6. Kapitel).

- Beim *Tragwerk* kann durch die Verwendung von Tragwänden anstelle von Rahmen eine Versteifung des Tragwerks und damit eine wesentliche Verminderung der Stockwerkverschiebungen resultieren. Damit nimmt vor allem der Schaden an den nichttragenden Elementen stark ab.

  Die gleiche Wirkung hat die Herabsetzung der zur Tragwerkbemessung verwendeten Verschiebeduktilität μ_Δ bzw. des K-Wertes.

Hinweise über die geeignete Art der Verbesserungen können allgemein den Verläufen der Schadenfunktionen der einzelnen Gruppen von Elementen entnommen werden. Sie zeigen, welche Elemente die grössten Schadenanteile beitragen und wo deshalb die kostenwirksamsten Verbesserungen möglich sind.

3.5.3 Beurteilung von Verbesserungsmassnahmen

Die kostenwirksamsten Verbesserungen können durch Vergleich der Zusatzkosten verschiedener Verbesserungsmassnahmen mit der zugehörigen Abnahme des

Gebäudeschadenrisikos ermittelt werden. Anhand des Verbesserungsquotienten

$$q_v = \frac{\Delta R_v}{\Delta K_j} \tag{3.10}$$

q_v	:	Verbesserungsquotient
ΔR_v	:	Abnahme des vorhandenen Gebäudeschadenrisikos R_v
ΔK_j	:	Jährliche Zusatzkosten

lassen sich die Verbesserungsmassnahmen eindeutig und relativ einfach beurteilen. Die kostenwirksamste Massnahme weist den grössten Verbesserungsquotienten q_v auf. Ist der Verbesserungsquotient grösser als eins, so handelt es sich um eine lohnende Massnahme, und die Abnahme des Gebäudeschadenrisikos übertrifft die jährlichen Zusatzkosten.

Die jährlichen Zusatzkosten ΔK_j können mit der folgenden Gleichung berechnet werden:

$$\Delta K_j = \Delta K \frac{q-1}{q^{n_j}-1} \quad \text{wobei} \quad q = 1 + \frac{p[\%]}{100\%} \tag{3.11}$$

ΔK	:	Kosten der Verbesserungsmassnahme
q	:	Zinsfaktor
p	:	rechnerischer Zinsfuss [%]
n_j	:	Nutzungsdauer in Jahren [a]

Der rechnerische Zinsfuss wird meist etwa in der Grössenordnung der Differenz zwischen dem Kapitalzinsfuss (meist der Hypothekarzinsfuss) und der Teuerung angesetzt. So ergäbe sich bei einem Hypothekarzinsfuss von etwa 6 bis 7% und einer Teuerung von etwa 3 bis 4% ein rechnerischer Zinfuss von $p \approx 3\%$. Oft wird auch angenommen, dass die Teuerung und der Hypothekarzinsfuss im langjährigen Mittel gleich gross sind ($\rightarrow p = 0\%$). In diesem Fall ergeben sich die jährlichen Zusatzkosten einer Verbesserungmassnahme aus dem einfachen Quotienten:

$$\Delta K_j = \Delta K / n_j \tag{3.12}$$

3.5.4 Praktisches Vorgehen

Meist ist eine derart genaue Beurteilung einzelner Massnahmen nicht erforderlich, da einfach realisierbare Verbesserungmassnahmen, welche die Nutzungsmöglichkeiten des geplanten Bauwerks nicht oder nur wenig beeinträchtigen, relativ direkt bestimmbar sind.

Bei mässiger Erdbebengefährdung, wie sie in der Schweiz vorherrscht, senkt eine Versteifung des Tragwerks das vorhandene Gebäudeschadenrisiko in der Regel unter das akzeptierte Gebäudeschadenrisiko. Bei erhöhter Erdbebengefährdung bieten bewegungstolerante nichttragende Elemente die günstigste Risikoverminderung.

Kapitel 4

Verhalten von Stahlbetontragwerken unter Erdbebeneinwirkung

Das Verhalten der Stahlbetontragwerke unter Erdbebeneinwirkung ist für die Erdbebentauglichkeit von grosser Bedeutung. Einerseits leisten die Tragwerke einen Beitrag an die Schadenfunktionen des Bauwerks, andererseits bestimmt das Verschiebungsverhalten der Tragwerke die Schäden an den nichttragenden Elementen und die Abbruchgrenze des Bauwerks.

4.1 Allgemeines

4.1.1 Definitionen

Stahlbetontragwerke zur Abtragung der horizontalen Kräfte bestehen aus Tragwänden oder aus Rahmen mit Riegeln und Stützen. Tragwände übernehmen dazu einen Teil, Rahmen meist die gesamten vertikalen Lasten.

Die *Tragelemente* bilden das Tragwerk zur Abtragung der horizontalen und der vertikalen Einwirkungen.

Geschossdecken übertragen die auf sie einwirkenden Lasten und Kräfte auf das Tragwerk (Tragwände oder Rahmen) und auf die Schwerelaststützen.

Schwerelaststützen sind Stützen, welche nur der Abtragung vertikaler Lasten dienen. Sie leisten keinen Beitrag an den Widerstand gegen horizontale Einwirkungen.

Als *Fliessgelenkbereich* wird der Bereich eines Tragelementes bei einem Fliessgelenk bezeichnet.

Die *Schadenfunktionen* der Tragelemente beschreiben den Schaden infolge von Erdbebeneinwirkung in Funktion der Erdbebenstärke.

Die *Schadenschwelle* des Tragwerks ist die Erdbebenstärke beim Auftreten der ersten Schäden am Tragwerk.

Die *Abbruchgrenze des Bauwerks* ist die Erdbebenstärke, bei welcher der Tragwiderstand des am stärksten beanspruchten Querschnittes erschöpft ist. Gleichbedeutend ist sie erreicht, wenn der Schädigungsgrad im am stärksten beanspruchten Querschnitt s = 100% beträgt.

4.1.2 Tragelemente von Stahlbetonskelettbauten

Die Stahlbetonhochbauten werden im allgemeinen als Stahlbetonskelettbauten erstellt. Bei Stahlbetonskelettbauten besteht praktisch nur das Tragwerk aus Stahlbeton. Es lassen sich dabei folgende Tragelemente unterscheiden:

- Geschossdecken,
- Tragwände,
- Riegel und
- Stützen.

In den folgenden Abschnitten werden die Eigenschaften dieser Tragelemente näher erläutert.

a) Geschossdecken

Die Geschossdecken von Stahlbetonskelettbauten werden meist in Ortbeton ausgeführt. Es können folgende Arten von Stahlbetondecken zur Anwendung kommen:

- Flachdecken,
- Unterzugsdecken,
- Vorgespannte Decken,
- Decken mit vorfabrizierten Elementen.

Flachdecken bieten den Vorteil einer ebenen Untersicht und sind sehr verbreitet.

Unterzugsdecken werden vor allem in Verbindung mit Rahmentragwerken verwendet. Dabei bilden die Rahmenriegel zugleich die Unterzüge. Diese Decken können relativ dünn ausgeführt werden. In Ländern mit niedrigen Lohnkosten fällt der Arbeitsaufwand zur Schalung der Unterzüge wenig ins Gewicht. Dort sind diese Decken die kostengünstigste Bauweise.

Vorgespannte Decken finden Anwendung bei hohen Nutzlasten, grossen Spannweiten oder hohen Anforderungen an die Durchbiegungen.

Decken mit vorfabrizierten Elementen wie Deckentafeln, verlorenen Schalungen oder Plattenelementen, kommen vornehmlich bei Skelettbauten mit relativ engem Stützenraster zum Einsatz.

Die Geschossdecken dienen der Übertragung der auf sie einwirkenden Lasten und Kräfte auf das Tragwerk und die Schwerelaststützen. Sie werden durch die Erdbebenkräfte im allgemeinen wenig beansprucht.

Geschossdecken, die mit Tragwänden zusammenwirken, verschieben sich unter Erdbebeneinwirkung im wesentlichen horizontal. Im Hinblick auf die geringen Verdrehungen der mit den Geschossdecken monolithisch verbundenen Tragwände können sie als biegeweich angesehen werden. Es treten deshalb erst bei grösseren Tragwandauslenkungen relativ geringe Schäden auf, welche bei der Ermittlung der Schadenfunktion im allgemeinen vernachlässigt werden können.

Geschossdecken, die mit Rahmenriegeln zusammenwirken, bilden im Bereich der Riegel einen Teil des infolge von Rahmenwirkung beanspruchten Riegelquerschnittes. Der Anteil der Geschossdecken innerhalb der mitwirkenden Breite der Rahmenriegel ist deshalb für die Ermittlung der Schäden am Tragwerk als Bestandteil des Riegels zu betrachten. Die übrigen Bereiche der Decke werden auch bei Rahmentragwerken infolge der horizontalen Kräfte wenig beansprucht. Die daraus allenfalls resultierenden Schäden sind gering und können bei der Ermittlung der Schadenfunktion im allgemeinen vernachlässigt werden.

b) Tragwände

Tragwände aus Stahlbeton sind vor allem bei Erschliessungskernen mit Treppenhäusern, Liften und Kabelschächten sehr verbreitet.

Sie weisen eine grosse Biegesteifigkeit auf. Dadurch bleiben die Stockwerkverschiebungen infolge der Horizontalkräfte relativ klein. Oft sind aus erschliessungstechnischen, konstruktiven oder gestalterischen, Gründen relativ viele Tragwände vorhanden und die Horizontalkräfte können elastisch oder mit nur geringen plastischen Auslenkungen abgetragen werden.

c) Riegel

Die Riegel, oft auch Unterzüge genannt, tragen die Geschossdecken. Im Fall von Rahmentragwerken bilden sie zusammen mit den Stützen biegesteife Rahmen. Dabei erfordert die Abtragung der Biegemomente und Querkräfte meist kräftige Stützen. Rahmen sind relativ flexibel, und die Stockwerkverschiebungen infolge der Horizontalkräfte sind grösser als bei Tragwänden.

d) Stützen

Bei Stützen lassen sich zwei Arten unterscheiden, die Stützen als Elemente von biegesteifen Rahmen und die Schwerelaststützen (vgl. [PBM 90]). Die Stützen von Rahmen werden durch Biegemomente, Normal- und Querkräfte wesentlich beansprucht und sind deshalb relativ gedrungen auszubilden. Die Schwerelaststützen dienen praktisch nur der Abtragung der vertikalen Lasten und können deshalb im Vergleich zu Rahmenstützen wesentlich schlanker ausgebildet werden. Sie werden meist zusammen mit Tragwänden verwendet.

4.2 Schadenfunktionen der Tragelemente

Die Schadenfunktionen der Tragelemente werden zur Ermittlung der Schadenfunktionen des Bauwerks benötigt. Die Tragelemente leisten einerseits einen mit der Erdbebenstärke zunehmenden Beitrag an die Schadenfunktionen, andererseits sind sie bestimmend für die Abbruchgrenze des Bauwerks. Deshalb ist ihrem Verhalten besondere Beachtung zu schenken.

4.2.1 Tragwerkverhalten unter Erdbebeneinwirkung

a) Grundsätzliches

Die Bodenbewegungen von Erdbeben bewirken Verschiebungen des Bauwerks bzw. des Tragwerks. Das Tragwerk hat dabei die aus den Trägheitskräften resultierenden Beanspruchungen aufzunehmen.

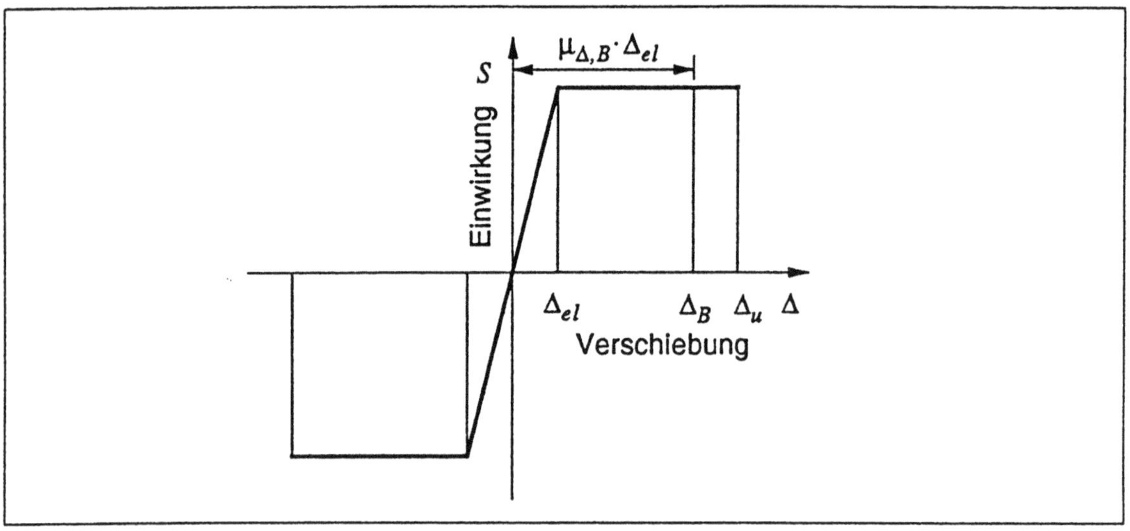

Bild 4.1: Bilineares Verschiebungsverhalten

Da wesentliche Erdbebeneinwirkungen relativ selten auftreten, wird bei der Tragwerkbemessung ein plastisches Verhalten unter Bildung von Fliessgelenken im allgemeinen zugelassen. Während der mehrfachen plastischen Beanspruchungen entstehen in den Fliessgelenkbereichen Schäden.

Unter der Einwirkung des Bemessungsbebens soll das Tragwerk nicht einstürzen. Der Tragwiderstand in den Fliessgelenken darf deshalb nicht erschöpft werden. Die durch die Erschöpfung des Tragwiderstandes in einem Tragelement definierte Abbruchgrenze muss also über der Erdbebenstärke des Bemessungsbebens liegen.

b) Elastisch-plastisches Verhalten von Tragwerken

Bei der Bemessung von Tragwerken auf Beanspruchungen bis in den plastischen Beanspruchungsbereich wird das Mass der als zulässig erachteten Plastifizierung festgelegt. Dieses Mass ist im allgemeinen die Verschiebeduktilität oder ein davon abgeleiteter Wert.

Als *Verschiebeduktilität* μ_Δ wird das Verhältnis der beobachteten Tragwerkverschiebung Δ zur maximalen elastischen Verschiebung (Fliessbeginn) Δ_{el} bezeichnet:

$$\mu_\Delta = \frac{\Delta}{\Delta_{el}} \quad \text{wobei} \quad \Delta < \Delta_u \tag{4.1}$$

Die Verschiebung Δ wird am höchsten Punkt des Tragwerks beobachtet. Die maximal mögliche Verschiebung wird mit Δ_u bezeichnet. Für die Tragwerkbemessung wird in den Normen ein Bemessungswert der Verschiebeduktilität, d.h. die *Bemessungsduktilität* $\mu_{\Delta,B}$ festgelegt. Die entsprechende Verschiebung Δ_B ist kleiner als Δ_u.

Das Tragwerkverhalten wird für einfachere Berechnungen meist als bilineares Verschiebungsverhalten erfasst (vgl. Bild 4.1).

Dabei wird die Verschiebung Δ in Funktion der Einwirkung S aufgetragen. Die Verschiebung im Bemessungszustand beträgt dabei:

$$\Delta_B = \mu_{\Delta,B}\Delta_{el} < \Delta_u \tag{4.2}$$

4.2.2 Schädigungsmodell

Zur Bestimmung der Schadenfunktionen ist die Schädigung der Tragelemente in Funktion der Erdbebenstärke zu bestimmen. Dazu können verschiedenste Schädigungsansätze verwendet werden. Als Beurteilungsgrösse dienen dabei die maximale Verschiebeduktilität, die kumulierte Verschiebeduktilität, Schädigungsindikatoren, etc.

a) Schädigungsansätze

Maximale Verschiebeduktilität
Ein einfaches Kriterium zur Beurteilung der plastischen Beanspruchung eines Tragelementes ist die maximale Verschiebeduktilität. Der maximal auftretende Wert wird dabei mit einem Grenzwert verglichen. Ist dieser überschritten, so ist der Tragwiderstand erschöpft und der Querschnitt kann versagen.

Diese Beurteilungsart erfasst die einzelnen Auslenkungen nicht. Sie stützt sich nur auf den maximalen Wert der grössten Auslenkung und ist deshalb zur Ermittlung einer Schadenfunktion nicht geeignet.

Kumulierte Verschiebeduktilität $\sum \mu_\Delta$
Die sogenannte kumulierte Verschiebeduktilität addiert die Werte der Verschiebeduktilität aller Auslenkungen, die bis in den plastischen Beanspruchungsbereich führen. Die Werte können nach Auslenkungsrichtungen getrennt addiert werden. Meist werden die Beiträge jedoch zu einer einzigen Grösse zusammengefasst [Meye 88] [PaPa 84].

Ein Schwingungszyklus eines Tragwerks besteht aus einer Auslenkung auf die eine und einer Auslenkung auf die andere Seite der Ruhelage (entsprechend einer Sinusfunktion von 0 bis 2π). Dabei kann nach beiden Seiten die maximale elastische Auslenkung Δ_{el} überschritten werden. Sind die beiden Verschiebeduktilitäten von gleicher Grösse ($\mu_\Delta^+ = \mu_\Delta^-$), so ergibt sich aus dem einen Schwingungszyklus die kumulierte Verschiebeduktilität von $\sum \mu_\Delta = 2\mu_\Delta$.

Die kumulierte Verschiebeduktilität gewichtet alle Schwingungszyklen gleich stark.

Schädigungsindikator nach Meyer
In der Dissertation von Meyer [Meye 88] wird für elastisch-plastische Querschnittsbeanspruchungen ein auf der dissipierten Energie basierender neuartiger Schädigungsindikator vorgeschlagen. (Die dissipierte Energie ist die während einer elastisch-plastischen Schwingung durch Formänderungsarbeit freigesetzte Energie.) Der Schädigungsindikator nimmt Werte zwischen 0 und 100% an, wobei 100% der Zerstörung des Querschnittes entsprechen. Bei der Berechnung des Schädigungsindikators wird die dissipierte Energie jeder elastisch-plastischen Auslenkung auf die bereits in diese Beanspruchungsrichtung dissipierte Energie bezogen. Dadurch wird die erste elastisch-plastische Schwingung stark gewichtet, während die darauf folgenden mit immer kleiner werdendem Gewicht in den Schädigungsindikator eingehen. Die starke Gewichtung der ersten elastisch-plastischen Schwingung ergibt nach [Meye 88] eine gute Übereinstimmung mit Versuchsresultaten.

Der Aufwand für die genaue Berechnung des Schädigungsindikators ist aber beträchtlich, und er eignet sich deshalb nicht zur Beurteilung der Schädigung von Tragelementen im Rahmen dieser Arbeit.

b) Vorgeschlagenes Schädigungsmodell

Die einfacheren der besprochenen Ansätze sind zur Ermittlung von Schadenfunktionen nicht geeignet. Die Anwendung des Schädigungsindikators ist für die Beurteilung der Erdbebentauglichkeit ganzer Hochbauten zu aufwendig. Vom Prinzip des Schädigungsindikators ausgehend wird deshalb ein einfach handhabbares Schädigungsmodell auf der Basis der kumulierten Verschiebeduktilität vorgeschlagen.

Abschätzung der kumulierten Verschiebeduktilität
Bild 4.2 zeigt drei Verschiebungszeitverläufe von Tragwerken infolge des künstlich

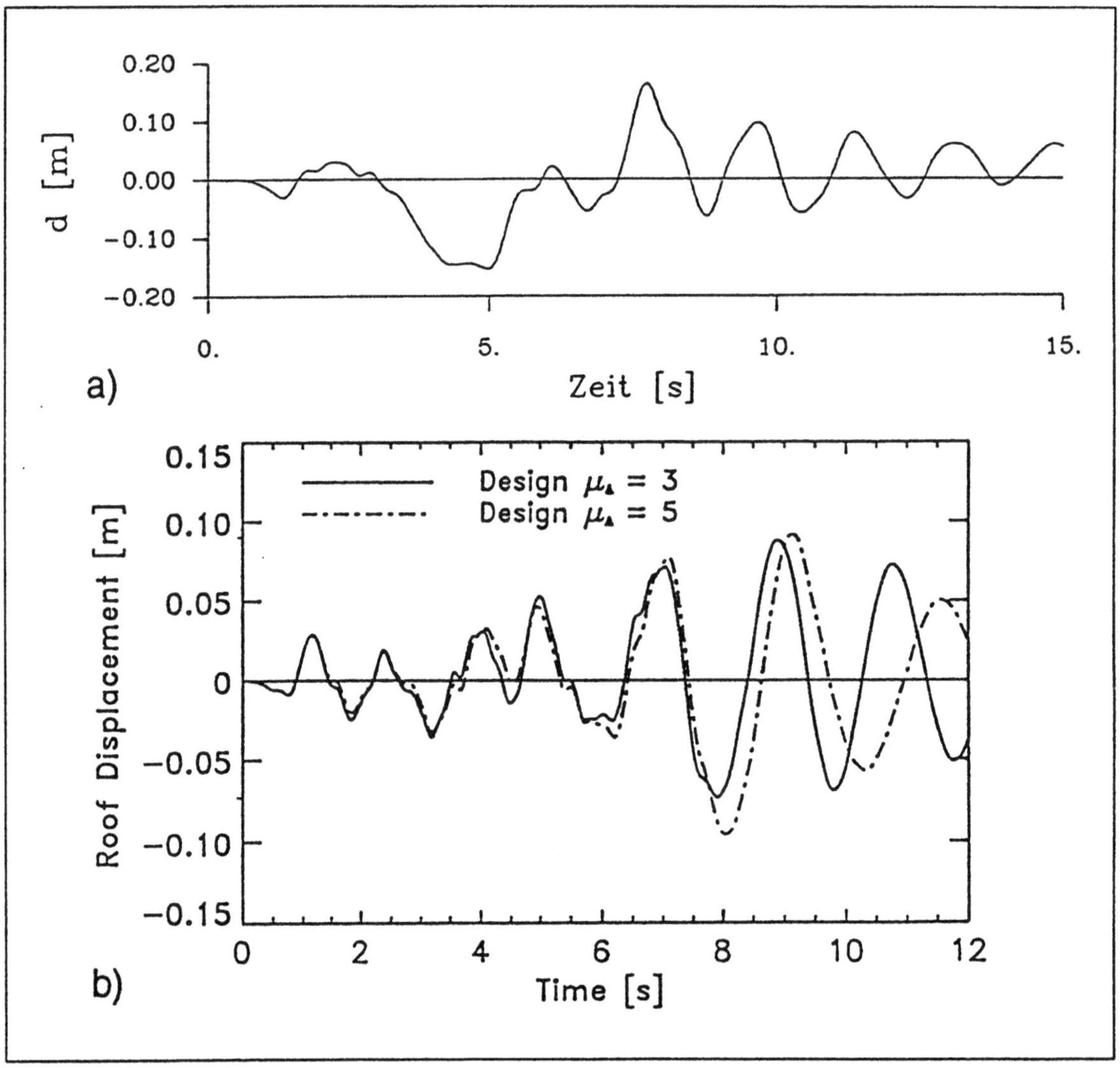

Bild 4.2: Verschiebungszeitverläufe: a) sechsgeschossiges Rahmentragwerk [Wenk 91], b) achtgeschossige Tragwände [Lind 93]

generierten Bebens in Bild 4.3. Sie weisen, verglichen mit anderen Verschiebungszeitverläufen aus der Literatur (zB. [BWL 91]) relativ viele plastische

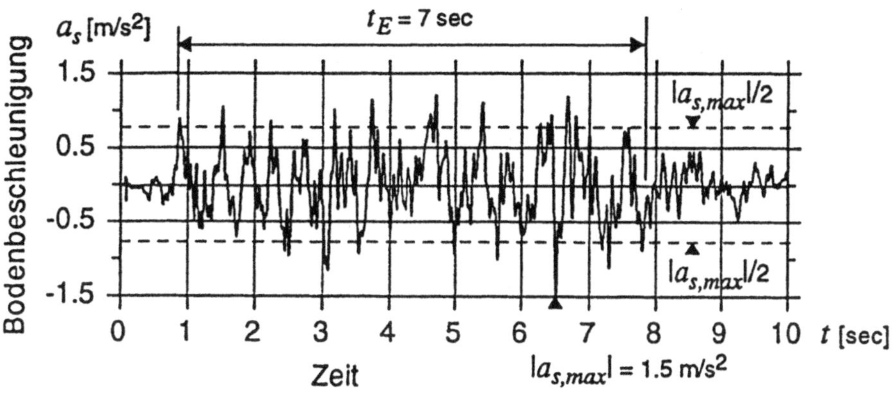

Bild 4.3: Künstlich generierter Beschleunigungszeitverlauf (nach dem elastischen Bemessungsspektrum in [SIA 160], aus [BWL 91])

Beanspruchungszyklen auf. Dies ist bei den Näherungsansätzen zu berücksichtigen, damit sich keine allzu konservativen Ansätze ergeben. Alle Verschiebungszeitverläufe weisen nach elastischen Auslenkungen ($\mu_\Delta < 1.0$) einige plastische Auslenkungen mit $\mu_\Delta > 1.0$ auf.

Die maximale elastische Verschiebung beträgt beim sechsgeschossigen Rahmentragwerk in Bild 4.2a $\Delta_{el} = 65$ mm [Wenk 91]. Damit ergibt sich für den gezeigten Verlauf eine kumulierte Verschiebeduktilität von $\sum \mu_\Delta = 2.1 + 2.0 + 1.0 = 5.2$. Die Bemessungsduktilität beträgt $\mu_{\Delta,B} = 2.5$.

Bei den achtgeschossigen Tragwänden in Bild 4.2b beginnt das Fliessen gemäss der Dissertation von Linde [Lind 93] bei rund 7 Sekunden. Die maximalen Auslenkungen vor diesem Zeitpunkt sind deshalb elastisch. Im Sinne einer konservativen Näherung kann jeweils die grösste dieser Auslenkungen als unterer Grenzwert der maximalen elastische Auslenkung Δ_{el} betrachtet werden. Die Werte betragen

$\Delta_{el} \geq 0.052$ m für die Bemessungsduktilität $\mu_{\Delta,B} = 3$, bzw.

$\Delta_{el} \geq 0.048$ m für die Bemessungsduktilität $\mu_{\Delta,B} = 5$.

Damit ergeben sich obere Grenzwerte für die kumulierten Verschiebeduktilitäten von

$\sum \mu_\Delta \leq 1.4 + 1.4 + 1.7 + 1.3 + 1.4 = 7.2$, bzw.

$\sum \mu_\Delta \leq 1.6 + 2.0 + 1.9 + 1.2 + 1.1 = 7.8$.

Die kumulierten Verschiebeduktilitäten der beiden Zeitverläufe unterscheiden sich nur um 8%, obwohl sich die Bemessungsduktilitäten und damit die Tragwiderstände um den Faktor 1.67 unterscheiden.

Die elastischen Schwingungen vor und nach der Phase der elastisch-plastischen Schwingungen sind für die Schädigung nicht von Bedeutung.

Die auftretenden Verschiebeduktilitäten sind durchwegs kleiner als die Bemessungsduktilitäten. Ihre Mittelwerte betragen bei den drei betrachteten konservativen Beispielen 69%, 48% bzw. 31% der entsprechenden Bemessungsduktilitäten.

Während der Starkbebenphase von $t_E = 7$ sec (vgl. Bild 4.3) sind $n_{max} = t_E \cdot f_1$ elastische Grundschwingungen möglich. Beim Rahmen ($f_1 = 0.6$ s^{-1}) ergibt dies $n_{max} = 7 \cdot 0.6 = 4.2$, es treten jedoch nur $n = 2.5$ elastisch-plastische Schwingungen auf. Bei den beiden Tragwänden ($f_1 = 0.45$ s^{-1}) ergibt sich $n_{max} = 3.2$, es treten aber ebenfalls nur $n = 2.5$ auf. Die Anzahl der elastisch-plastischen Schwingungen erreicht damit 60% bis 78% der maximal möglichen Anzahl der Grundschwingungen.

Die Grössenordnung der (beanspruchten) kumulierten Verschiebeduktilität $\sum \mu_\Delta$ wird aufgrund der vorangegangenen konservativen Abschätzungen etwas tiefer angesetzt:

$$\sum \mu_\Delta = t_E \; f_1 \; \mu_{\Delta,B}/5 \tag{4.3}$$

$\sum \mu_\Delta$	:	(beanspruchte) kumulierte Verschiebeduktilität
t_E	:	Dauer der Starkbebenphase
f_1	:	Grundfrequenz des Bauwerkes
$\mu_{\Delta,B}$	:	Bemessungsduktilität

Für die drei Verschiebungszeitverläufe ergeben sich aus dieser Gleichung:

$\sum \mu_\Delta = 7 \cdot 0.60 s^{-1} \cdot 2.5/5 = 2.1$,
$\sum \mu_\Delta = 7 \cdot 0.45 s^{-1} \cdot 3.0/5 = 1.9$, bzw.
$\sum \mu_\Delta = 7 \cdot 0.45 s^{-1} \cdot 5.0/5 = 3.2$.

Die Werte der kumulierten Verschiebeduktilitäten nach Gl.(4.3) erreichen knapp die Hälfte der Werte aus den Zeitverläufen. Dieser Unterschied erscheint angesichts der als Grundlage verwendeten konservativen Zeitverläufe und Abschätzungen als angemessen.

Mit Hilfe der kumulierten Verschiebeduktilität kann nun der Schädigungsgrad bestimmt werden.

Bestimmung des Schädigungsgrades

Die Schädigung eines Querschnittes beginnt mit dem Erreichen der Fliessgrenze. Die kumulierte Verschiebeduktilität beträgt in diesem Moment $\sum \mu_\Delta = 1.0$. Dieser Punkt definiert mit einem Schädigungsgrad von $s = 0\%$ den Anfang des Verlaufes des Schädigungsgrades in Bild 4.4.

Eine wesentliche Schädigung wird erst erreicht, wenn in beiden Auslenkungsrichtungen die mittlere Fliessgrenze des Bewehrungsstahles überschritten wird. Nach [PBM 90] liegt diese bei rund 120% des Rechenwertes der Fliessgrenze. Eine etwas über diesem Wert liegende Verschiebeduktilität von $\mu_\Delta = 1.5$ dürfte einer Auslenkung entsprechen, welche eine erste wesentliche Schädigung bewirkt. Der Schädigungsgrad wird deshalb nach einer elastisch-plastischen Grundschwingung mit einer kumulierten Verschiebeduktilität von $\sum \mu_\Delta = 2 \cdot 1.5 = 3.0$ auf $s = 50\%$ angesetzt. Dieser Ansatz entspricht der starken Gewichtung der ersten elastisch-plastischen Grundschwingung wie sie bei Verwendung des Schädigungsindikators auftritt.

Die kumulierte Verschiebeduktilität für einen Schädigungsgrad von $s = 100\%$ ist stark von der konstruktiven Durchbildung der Fliessgelenkbereiche abhängig.

Schädigungsgrad bei voller Duktilität

Bei spezieller konstruktiver Durchbildung für *volle Duktilität* gemäss [PBM 90] (Bemessungsduktilität $\mu_{\Delta,B} = 5$ bis 6), kann die verfügbare kumulierte Verschiebeduktilität für $s = 100\%$, z.B. mit Hilfe der neuseeländischen Regeln zur Prüfung von Tragelementen festgelegt werden. Nach Paulay/Park [PaPa 84] wird für Versuche ein Wert von $\sum \mu_\Delta = 32$ als Prüfbedingung verwendet (4 Beanspruchungszyklen mit Auslenkungen entsprechend $\mu_\Delta = 4$ nach beiden Seiten; ergibt $\sum \mu_\Delta = 4 \cdot 4 \cdot 2 = 32$). Dabei darf der Tragwiderstand nicht mehr als 30% abnehmen.

Für einen Schädigungsgrad von $s = 100\%$ wird deshalb für volle Duktilität eine (verfügbare) kumulierte Verschiebeduktilität von

$$\sum \mu_\Delta = 32 \quad (s = 100\%) \tag{4.4}$$

$\sum \mu_\Delta$: (verfügbare) kumulierte Verschiebeduktilität

angesetzt. Zwischen $s = 50\%$ bei $\sum \mu_\Delta = 3$ und $s = 100\%$ bei $\sum \mu_\Delta = 32$ wird ein linearer Verlauf angenommen (vgl. Bild 4.4). Für diesen Bereich ergibt sich für volle Duktiliät die Beziehung

$$s = 50\% + \left(1 + \frac{\sum \mu_\Delta - 3}{29}\right) \tag{4.5}$$

s : Schädigungsgrad

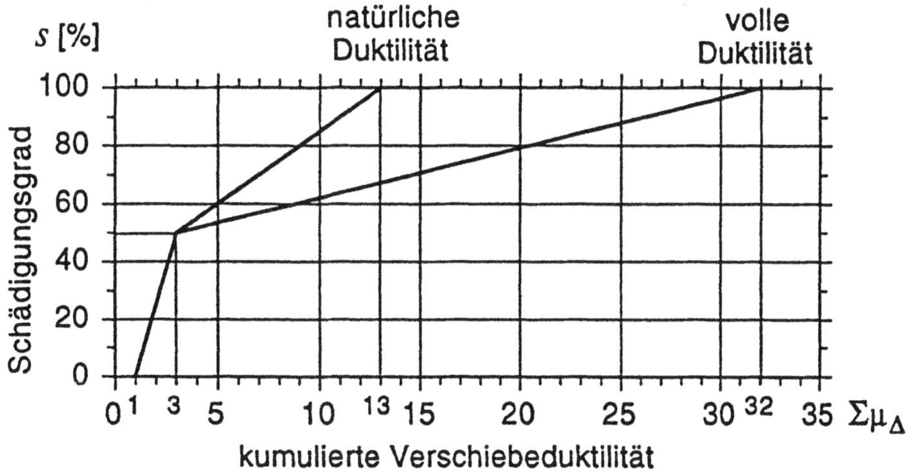

Bild 4.4: Schädigungsgrad in Funktion der kumulierten Verschiebeduktilität

Schädigungsgrad bei natürlicher Duktilität

Bei konstruktiver Durchbildung nach den üblichen Regeln resultiert die sogenannte *natürliche Duktilität* (zB. gemäss [SIA 160] und [SIA 162], Bemessungsduktilität $\mu_{\Delta,B} = 2.0$ bis 2.5).

Ausgehend von der verfügbare kumulierten Verschiebeduktilität bei konstruktiver Durchbildung für volle Duktilität ist diese für natürliche Duktilität mindestens im Verhältnis der Bemessungsduktilitäten abzumindern. Damit ergibt sich für natürliche Duktilität für $s = 100\%$ höchstens eine kumulierte Verschiebeduktilität von

$$\sum \mu_\Delta = 13 \quad (s = 100\%) \tag{4.6}$$

Der Verlauf des Schädigungsgrades für natürliche Duktilität ist in Bild 4.4 ebenfalls dargestellt. Zwischen $s = 50\%$ und $s = 100\%$ gilt die Beziehung

$$s = 50\% + \left(1 + \frac{\sum \mu_\Delta - 3}{10}\right) \tag{4.7}$$

c) Vorgehen bei der Ermittlung des Schädigungsgrades

Zur Ermittlung des Schädigungsgrades infolge des Bemessungsbebens ist wie folgt vorzugehen:

1. Die Grundfrequenz des Bauwerkes wird bestimmt.

2. Die beanspruchte kumulierte Verschiebeduktilität $\sum \mu_\Delta$ wird mit Gl.(4.3) bestimmt.

3. Der Schädigungsgrad s wird nach der Art der konstruktiven Durchbildung, für natürliche bzw. für volle Duktilität, in Funktion der beanspruchten kumulierten Verschiebeduktilität $\sum \mu_\Delta$ nach Bild 4.4 bzw. nach den Gleichungen (4.5) bzw. (4.7) ermittelt.

d) Bestimmung der Schädigungsbereiche

Für die Schadenermittlung wird angenommen, dass die Tragelemente nur in den Fliessgelenkbereichen geschädigt werden.

Bei Biegeversuchen ergeben sich effektive Fliessgelenklängen von $0.5h$ bis $1.0h$ (vgl. [PBM 90], S. 100). Die Schädigung kann über die Fliessgelenklänge l_p gleich gross angenommen werden. Die Schädigungsbereiche bei Fliessgelenken werden als *Fliessgelenkbereiche* bezeichnet. Ihre Länge l_p wird in Riegeln und Stützen zur Schadenermittlung angenommen zu:

$$l_p = h \tag{4.8}$$

Die Länge der Fliessgelenkbereiche bei Tragwänden wird angenommen zu:

$$l_p \geq l_w \quad \text{und} \quad l_p \geq \Delta h_j \tag{4.9}$$

l_p : Länge des Fliessgelenkbereiches
h : Tragelementhöhe (Riegelhöhe bzw. Stützenbreite)
l_w : Wandlänge im Grundriss
Δh_j : Geschosshöhe

Die übrigen Bereiche der Tragelemente werden als ungeschädigt betrachtet.

4.2.3 Ermittlung der Schadenfunktion

a) Schaden beim Bemessungsbeben

Der Schaden beim Bemessungbeben wird mit Hilfe des Schädigungsgrades s und der Länge des Fliessgelenkbereiches l_p ermittelt. Für ein Tragelement mit konstantem Querschnitt, den Kosten K_t und der Länge l_t ergibt sich der Schaden beim Bemessungsbeben zu:

$$K_B = K_t \; s_B \; r \; l_p/l_t \tag{4.10}$$

K_B : Schaden beim Bemessungsbeben
K_t : Kosten des Tragelementes
s_B : Schädigungsgrad beim Bemessungsbeben
r : Reparaturfaktor
l_t : Länge des Tragelementes

b) Schadenschwelle

Die Schadenschwelle bei einem Tragelement ist diejenige Erdbebenstärke, welche zu einer Verschiebeduktilität $\mu_\Delta = 1.0$ führt. Zur Bestimmung der Schadenschwelle wird vom Bemessungsbeben ausgegangen. Unter der vereinfachenden Annahme eines linearen Zusammenhanges zwischen Verschiebeduktilität und Erdbebenstärke ergibt sich die Schadenschwelle a_S als:

$$a_S = a_B \frac{1}{\mu_{\Delta,B}} \tag{4.11}$$

a_S : Schadenschwelle (maximale effektive Bodenbeschleunigung)
a_B : maximale effektive Bodenbeschleunigung des Bemessungsbebens
$\mu_{\Delta,B}$: Bemessungsduktilität

c) Abbruchgrenze

Die Abbruchgrenze eines Tragelementes wird erreicht, wenn der Schädigungsgrad im Fliessgelenkbereich $s = 100\%$ beträgt. Der dazu gehörige Schaden ergibt sich aus Gl. (4.10) mit $s = 100\%$ zu:

$$K_A = K_t \; r \; l_p/l_t \tag{4.12}$$

K_A : Schaden bei der Abbruchgrenze

Gemäss Bild 4.5 kann für eine lineare Schadenfunktion die Abbruchgrenze a_A bestimmt werden zu

$$a_A = a_S + (a_B - a_S)\frac{K_A}{K_B} \tag{4.13}$$

a_A : Abbruchgrenze

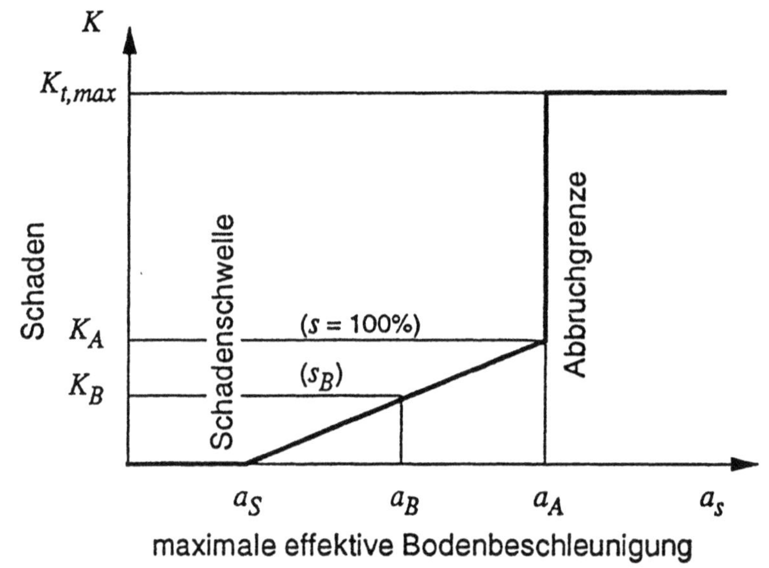

Bild 4.5: Schadenfunktion eines Tragelementes

d) Schadenfunktion

Die Schadenfunktion ist bestimmt durch die Schadenschwelle, die Abbruchgrenze, den Schaden beim Erreichen der Abbruchgrenze und den maximalen Schaden des Tragelementes oberhalb der Abbruchgrenze.

Bild 4.5 zeigt eine typische Schadenfunktion eines Tragelementes. Oberhalb der Abbruchgrenze tritt der maximale Schaden des Tragelementes $K_{t,max}$ auf:

$$K_{t,max} = r\ K_t \tag{4.14}$$

$K_{t,max}$: maximaler Schaden des Tragelementes
K_t : Kosten des Tragelementes

4.3 Verschiebungsverhalten der Tragwerke

Das Verschiebungsverhalten der Tragwerke ist für die Schäden an den nichttragenden Elementen bestimmend. Das Verschiebungsverhalten kann mit den zeitlichen Verläufen der Auslenkungen, der Stockwerkverschiebungen und der Stockwerkbeschleunigungen beschrieben werden. Zur Bestimmung der Schäden an den nichttragenden Elementen werden die Stockwerkverschiebungen und die Stockwerkantwortbeschleunigungen benötigt.

4.3.1 Definitionen

Die primäre Grösse zur Beschreibung des Verschiebungsverhaltens ist die *Auslenkung des Tragwerkes*, d.h. die horizontale Verschiebung x aus der Ruhelage. Unter Erdbebeneinwirkung ergibt sich eine Tragwerkbewegung und damit ein Auslenkungszeitverlauf $x(t)$ für jeden Punkt des Tragwerks. Die rechnerische Behandlung beschränkt sich meist auf die *Stockwerkauslenkungen*, d.h. auf die Auslenkungen des Tragwerkes auf der Höhe der Geschossdecken $x(h_j)$.

Die *Stockwerkverschiebung* ist die Differenz der Auslenkungen der obereren $(j+1)$ und der unteren Geschossdecke (j) des Stockwerkes. Sie wird als absoluter Wert Δx_j oder als (auf die Stockwerkhöhe) bezogene Stockwerkverschiebung $\Delta x_j/\Delta h_j$ angegeben.

Die *Stockwerkbeschleunigung* $a_{f,j}$ ist die horizontale Beschleunigung der unter dem betrachteten Stockwerk liegenden Geschossdecke j.

Die *Stockwerkantwortbeschleunigung* ist die Antwortbeschleunigung eines Einmassenschwingers auf der Geschossdecke unter dem betrachteten Geschoss. Für Einmassenschwinger beliebiger Eigenfrequenz wird die Antwortbeschleunigung oft in Funktion dieser Eigenfrequenz als *Stockwerkantwortspektrum* dargestellt.

Die *Ersatzbeschleunigung* a_e ist ein mit vereinfachten Regeln ermittelter Wert der horizontalen Beschleunigung zur Bestimmung der Erdbebenersatzkraft.

Die gesamte *Erdbebenersatzkraft* F_{tot} wird durch Multiplikation der Masse des Bauwerks mit der Ersatzbeschleunigung erhalten. Sie wird in Form von *Ersatzkräften* F_j, welche an den Geschossdecken angreifen, über die Höhe des Tragwerkes verteilt.

4.3.2 Stockwerkauslenkungen

a) Zeitverlauf der Stockwerkauslenkungen

Der Zeitverlauf der Stockwerkauslenkungen jedes Stockwerkes kann für eine Erdbebeneinwirkung bei gegebenem Beschleunigungszeitverlauf mit einer Zeitverlaufberechnung ermittelt werden. Dieses Verfahren ist vor allem angezeigt bei speziellen Hochbauten mit wesentlich ungleichförmiger Steifigkeit oder Massenverteilung sowie bei unregelmässiger Geometrie.

b) Stockwerkauslenkung infolge der Ersatzkräfte

Allgemeine Ermittlung
Gewöhnliche Hochbauten können mit dem Ersatzkraftverfahren berechnet und bemessen werden. Deshalb können auch die elastischen Stockwerkauslenkungen mit Hilfe der Ersatzkräfte abgeschätzt werden. Dazu können die üblichen Rechenprogramme der Stabstatik verwendet werden. Die plastischen Anteile der Stockwerkauslenkungen können, wie im folgenden Abschnitt für regelmässige Tragwerke gezeigt, separat ermittelt und zu den elastischen Auslenkungen addiert werden.

Für die Ermittlung der Ersatzkraft wird die Grundfrequenz des Bauwerkes benötigt. Diese kann mit den Schätzformeln in der Norm [SIA 160] bestimmt werden. Allenfalls kann eine Abschätzung nach Rayleigh [Bach 92] oder eine Berechnung mit einem Rechenprogramm am vollständig und diskret modellierten Bauwerk erfolgen. Die genauere Bestimmung ist bei Bauwerken wesentlich, deren Grundfrequenz in den stark variablen Bereich des Bemessungsspektrums fällt (beim Bemessungsspektrum in [SIA 160] für $f < 2$ Hz). Die Ersatzkräfte F_j ergeben sich aus der Verteilung der gesamten Ersatzkraft F_{tot} (vgl. Bild 4.6b) über die Höhe des Tragwerks nach den in den Normen festgelegten Regeln.

Stockwerkauslenkung bei regelmässigen Tragwerken
Für regelmässige Tragwerke mit gleichmässiger Massenverteilung und über die Höhe konstanter Steifigkeit ergibt sich nach [SIA 160] eine über die Höhe dreieckförmige Ersatzkraftverteilung (vgl. Bild 4.6b). Diese kann über die ganze Höhe dreieckförmig verteilt angesetzt werden. Der Maximalwert q_{max} am oberen Ende beträgt dafür:

$$q_{max} = \frac{2F_{tot}}{H} \tag{4.15}$$

q_{max} : maximaler Wert der über die Tragwerkhöhe dreieckförmig verteilten Ersatzkraft F_{tot}
F_{tot} : gesamte Ersatzkraft
H : Tragwerkhöhe

Die dreieckförmig verteilte Ersatzkraft $q(h)$ folgt der Gleichung:

$$q(h) = \frac{q_{max}}{H} h \tag{4.16}$$

$q(h)$: Wert der dreieckförmig verteilten Ersatzkraft in Funktion der Höhe h
h : Höhe über dem Einspannquerschnitt

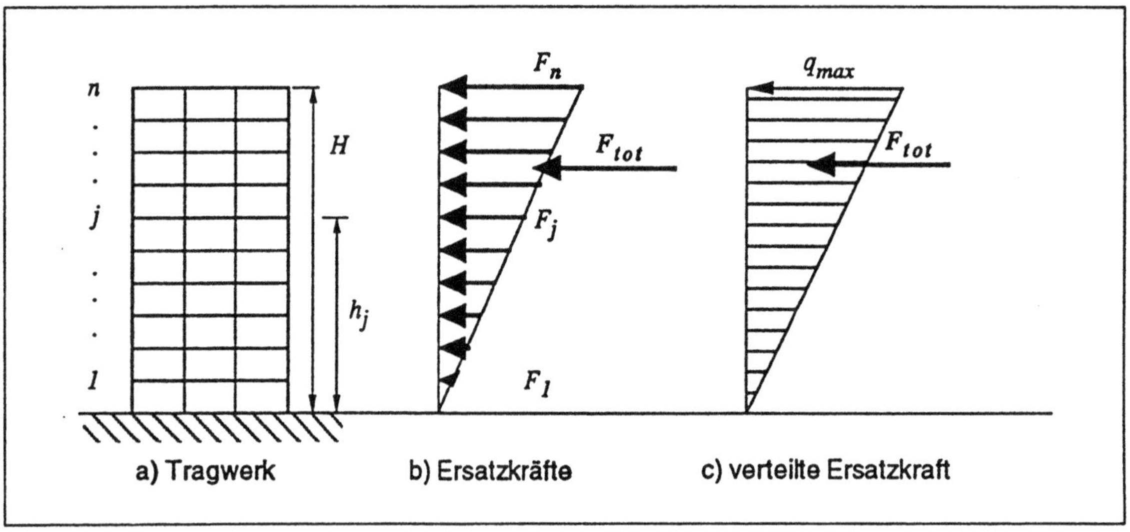

Bild 4.6: Regelmässiges Tragwerk (a), Ersatzkräfte (b) und dreieckförmig verteilte Ersatzkraft (c)

Durch Integration der Gl.(4.16) ergibt sich die Funktion für die Querkraft

$$V(h) = \frac{q_{max}}{2H}(H^2 - h^2) \tag{4.17}$$

$V(h)$: Querkraft in Funktion der Höhe h

Tragwände
Schlanke Tragwände mit einem Verhältnis von Wandhöhe H zu Wandlänge im Grundriss l_w von $H/l_w > 3$ sind nach [PBM 90]) im wesentlichen unten eingespannte Biegeträger. Bei starrer Einspannung ergibt sich unter der dreieckförmig verteilten Ersatzkraft (vgl. Bild 4.6) ausgehend von [BK 76] eine Biegelinie mit der folgenden Gleichung fünften Grades (vgl. Bild 4.7a):

$$x_{el}(h) = k_M q_{max} \left[20 \left(\frac{h}{H} \right)^2 - 10 \left(\frac{h}{H} \right)^3 + \left(\frac{h}{H} \right)^5 \right] \tag{4.18}$$

$$\text{mit } k_M = H^4/(120EI) \tag{4.19}$$

Für $h = H$ beträgt die maximale Auslenkung:

$$x_{el}(H) = 11 k_M q_{max} \tag{4.20}$$

Bei der Ermittlung der Ersatzkraft werden mit der Festlegung der Bemessungsduktilität $\mu_{\Delta,B}$ (vgl. Abschnitt 4.2.1b) plastische Auslenkungen vorausgesetzt. Dabei bildet sich am Wandfuss ein Fliessgelenk. Die Tragwandauslenkung kann im plastischen Beanspruchungsbereich als Rotation um den Wandfuss berücksichtigt werden (vgl. Bild 4.7a).

Die plastische Auslenkung auf der Höhe H beträgt:

$$x_{pl}(H) = (\mu_{\Delta,B} - 1) x_{el}(H) \tag{4.21}$$

Bei linearem Verlauf über die Tragwandhöhe ergibt dies:

$$x_{pl}(h) = (\mu_{\Delta,B} - 1) x_{el}(H) \frac{h}{H} \tag{4.22}$$

Die beiden Anteile $x_{el}(h)$ und $x_{pl}(h)$ ergeben zusammen die gesamte Tragwerkauslenkung

$$x_{tot}(h) = x_{el}(h) + x_{pl}(h) \tag{4.23}$$

Die Stockwerkauslenkungen werden durch Auswertung der Gleichungen (4.18) und 4.22) für die Höhen h_j der Geschossdecken und Addition nach Gl.(4.23) erhalten.

Rahmentragwerke
Rahmentragwerke verschieben sich vor allem durch Stützenbiegung infolge der Querkraftbeanspruchung des Tragwerks. Der Anteil der globalen Biegung des Rahmentragwerks (durch Längenänderung der Stützen infolge unterschiedlicher Normalkräfte) kann im allgemeinen vernachlässigt werden. Die Riegel werden meist als starr angenommen.

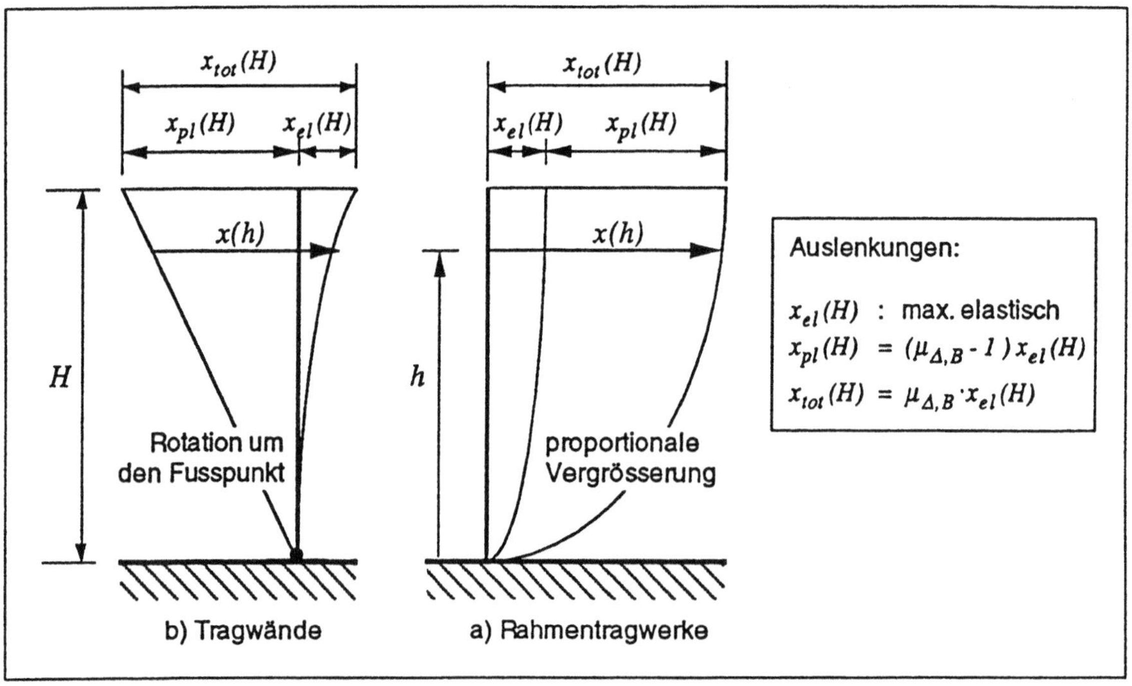

Bild 4.7: Horizontale Auslenkung von a) Tragwand und b) Rahmentragwerk (schematisch)

Für oben und unten starr eingespannte Stützen beträgt die Verschiebesteifigkeit:

$$k_V = \frac{\Delta x}{V} = \frac{\Delta h^3}{12 \sum EI_s} \tag{4.24}$$

k_V	:	Verschiebesteifigkeit
V	:	Querkraft im betrachteten Geschoss
Δh	:	Stockwerkhöhe
$\sum EI_s$	:	Summe der Biegesteifigkeiten der Stützen des Geschosses

Der Einfluss der Riegelnachgiebigkeit kann allenfalls durch Verminderung der Verschiebesteifigkeit nach Müller/Keintzel [MüKe 84], S. 166, berücksichtigt werden.

Für eine über die Höhe des Rahmentragwerkes konstante Verschiebesteifigkeit ergibt sich die Auslenkung zu

$$x(h) = k_V \frac{q_{max}}{6H} \left(3H^2 h - h^3\right) \tag{4.25}$$

Für $h = H$ beträgt die maximale Auslenkung:

$$x_{el}(H) = k_V \frac{q_{max}}{3} H^2 \tag{4.26}$$

Unter plastischer Beanspruchung bilden sich in den Riegeln und bei den Stützenfusseinspannungen, d.h. über das ganze Tragwerk verteilt, Fliessgelenke. Die plastischen Auslenkungen können deshalb proportional zu den elastischen Auslenkungen angesetzt werden (vgl. Bild 4.7b). Damit ergeben sich die totalen Auslenkungen:

$$x_{tot}(h) = \mu_{\Delta,B}\ x_{el}(h) = \mu_{\Delta,B}\ k_V \frac{q_{max}}{6H} \left(3H^2 h - h^3\right) \tag{4.27}$$

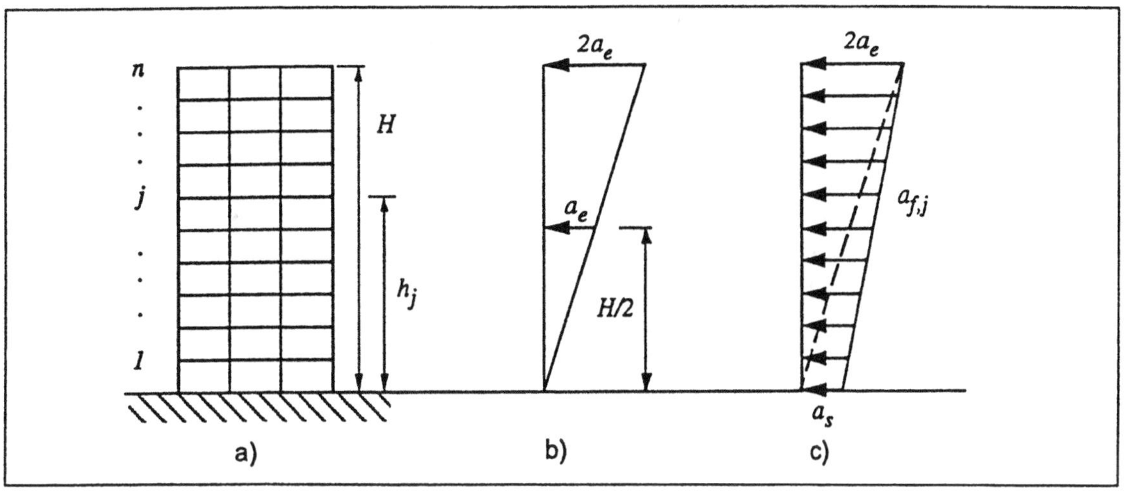

Bild 4.8: Tragwerk (a), Ersatzbeschleunigungen (b) und Stockwerkbeschleunigungen $a_{f,j}$ *(c)*

Die Stockwerkauslenkungen können direkt durch Auswertung von Gl.(4.27) für die Höhen der Geschossdecken h_j erhalten werden.

4.3.3 Stockwerkverschiebungen

Die Stockwerkverschiebungen können mit Zeitverlaufberechnungen ermittelt werden. Der Zeitverlauf einer Stockwerkverschiebung ergibt sich aus der Differenz der Zeitverläufe der Auslenkungen der Geschossdecke über und der Geschossdecke unter dem betrachteten Stockwerk. Zur Beurteilung nichttragender Elemente sind die maximalen Stockwerkverschiebungen aus mehreren Zeitverlaufberechnungen zu verwenden.

Bei der Anwendung des Ersatzkraftverfahrens können die maximalen Stockwerkverschiebungen als Differenz der Auslenkung der Geschossdecke über und der Geschossdecke unter dem betrachteten Stockwerk bestimmt werden:

$$\Delta x_j = x(h_{j+1}) - x(h_j) \qquad (4.28)$$

Δx_j	:	Stockwerkverschiebung im Geschoss j
$x(h_{j+1})$	:	Auslenkung der Decke über dem Geschoss j
$x(h_j)$	:	Auslenkung der Decke unter dem Geschoss j

4.3.4 Ersatzbeschleunigung des Tragwerks

Zur Bestimmung der Ersatzkräfte wird ausgehend von der Grundschwingungsform ein vereinfachter linearer Verlauf der Ersatzbeschleunigung über die Höhe des Tragwerks angenommen. Bei über die Höhe konstanter Massenverteilung, wird die Ersatzbeschleunigung a_e im Schwerpunkt auf der Höhe $H/2$ angesetzt. Am Fusspunkt des Tragwerks verschwindet die Ersatzbeschleunigung, an der Tragwerkoberkante nimmt sie den doppelten Wert an. Der Verlauf der Ersatzbeschleunigung über die Tragwerkhöhe ist in Bild 4.8b dargestellt. Die Grösse der Ersatzbeschleunigung a_e

kann in Funktion der Grundfrequenz f_1 des Bauwerks und der Bemessungsduktilität $\mu_{\Delta,B}$ mit Hilfe des Bemessungsantwortspektrums bestimmt werden.

4.3.5 Stockwerkbeschleunigungen

Die Stockwerkbeschleunigungen ergeben sich aus der Überlagerung der Bodenbeschleunigung a_s mit der Beschleunigung infolge der Schwingung des Tragwerks relativ zu seinem Fusspunkt.

Als Näherung kann für die maximale Stockwerkbeschleunigungen a_f ein linearer Verlauf von der maximalen effektiven Bodenbeschleunigung zur maximalen Ersatzbeschleunigung an der Tragwerkoberkante von $2a_e$ angenommen werden (vgl. Bild 4.8c).

Für ein Stockwerk j mit der darunterliegenden Decke auf der Höhe h_j beträgt die Stockwerkbeschleunigung:

$$a_{f,j} = a_s + \frac{h_j}{H}(2a_e - a_s) \tag{4.29}$$

$a_{f,j}$: Stockwerkbeschleunigung im Geschoss j
a_s : maximale effektive Bodenbeschleunigung
a_e : Ersatzbeschleunigung zur Ermittlung der gesamten Ersatzkraft
h_j : Höhe des Geschosses j über dem Einspannquerschnitt
H : Tragwerkhöhe

4.3.6 Beschleunigungen der nichttragenden Elemente

a) Bestimmung mit Stockwerkantwortspekten

Die Ermittlungen der Beschleunigungen der nichttragenden Elemente kann mit Hilfe von Stockwerkantwortspektren vorgenommen werden. Für die Eigenfrequenz des betrachteten nichttragenden Elementes kann daraus die Antwortbeschleunigung bestimmt werden.

Die Berechnung von Stockwerkantwortspektren wird jedoch nur bei speziellen Bauwerken oder für besondere Untersuchungen vorgenommen. Der Berechungsaufwand ist für die Beurteilung der nichttragenden Elemente gewöhnlicher Hochbauten zu gross.

b) Näherungsansatz für nichttragende Bauelemente

Die Grösse der Stockwerkantwortbeschleunigung zur Beurteilung der Schädigung nichttragender Bauelemente kann näherungsweise durch Multiplikation der Stockwerkbeschleunigungen mit einem dynamischen Vergrösserungsfaktor ω bestimmt werden.

Die Grösse dieses dynamischen Vergrösserungsfaktors kann mit den folgenden Überlegungen angeschätzt werden: Die auf den Geschossdecken stehenden nichttragenden Bauelemente weisen begrenzte Abmessungen auf. Ihre Höhe ist begrenzt durch die Geschosshöhe, ihre Länge ist meist begrenzt durch den Abstand zwischen den Stützen. Infolge dieser begrenzten Abmessungen sind die nichttragenden Bauelemente relativ steif.

Die nichttragenden Bauelemente haben, verglichen mit Stahlbetontragwerken, eine relativ hohe Dämpfung. Nach Bachmann/Ammann [BaAm 87] S.182 wiesen Hochbauten eine etwa doppelt so hohe Dämpfung auf wie Fussgängerbrücken, die praktisch nur aus dem Tragwerk bestehen. Die höhere Dämpfung bei Hochbauten ist vor allem eine Folge der hohen Dämpfung der nichttragenden Bauelemente.

Bei diesen relativ steifen nichttragenden Bauelementen mit hoher Dämpfung kann deshalb nur eine geringe Amplifikation auftreten. Ein dynamischer Vergrösserungsfaktor von $\omega = 1.2$ erscheint zur Abschätzung der Stockwerkantwortbeschleunigung für die nichttragenden Bauelemente deshalb angemessen. Damit ergibt sich die grobe Näherung

$$a_{a,j} = \omega a_{f,j} = 1.2 a_{f,j} \tag{4.30}$$

$a_{a,j}$: Stockwerkantwortbeschleunigung im Stockwerk j
$a_{f,j}$: Stockwerkbeschleunigung im Stockwerk j
ω : Dynamischer Vergrösserungfaktor

c) Übrige nichttragende Elemente

In gewöhnlichen Stahlbetonhochbauten sind die übrigen nichttragenden Elemente, welche nicht als Bauelemente betrachtet werden können (nichttragende Elemente des Ausbaues und der Installationen), eng mit Tragwerk und nichttragenden Bauelementen verbunden. Sie sind zudem meist über das ganze Bauwerk verteilt und relativ biegeweich. Sie folgen damit den Bewegungen der Elemente, mit denen sie verbunden sind, und entwickeln kaum schädigungsrelevante Eigenschwingungen.

Kapitel 5

Schadenfunktionen von nichttragenden Elementen

Die nichttragenden Elemente tragen den überwiegenden Teil an die Gesamtkosten eines Stahlbetonhochbaues bei. Ihre Schadenfunktionen sind deshalb zur Ermittlung der Schadenfunktionen des Bauwerks bestimmend. In diesem Kapitel werden die Stockwerk-Schadenschwellen und die Stockwerk-Zerstörungsgrenzen der meistverbreiteten nichttragenden Bauelemente behandelt. Für ein konkretes Bauwerk lassen sich daraus für jedes nichttragende Element die Schadenschwelle und Zerstörungsgrenze ermitteln. Zusammen mit dem maximalen Schaden ist damit Schadenfunktion des nichttragenden Elementes definiert. In diesem Kapitel nicht behandelte nichttragende Elemente können auf analoge Weise behandelt werden.

5.1 Grundsätzliches

5.1.1 Definitionen

Nichttragende Elemente sind Teile des Bauwerks, welchen primär keine lastabtragende Funktion zugeordnet wird: nichttragende Bauelemente, Ausbau und Installationen. Nichttragende Baulemente haben jedoch sekundäre Tragfunktionen: So tragen sie Eigenlasten und direkt auf sie wirkende Lasten ab oder übernehmen direkt auf sie einwirkende Kräfte aus Wind (Fassadenelemente) oder Installationen (Trennwände).

Unter *Ausbau und Installationen* werden alle übrigen nichttragenden Elemente zusammengefasst. Es handelt sich dabei um die Elemente für den (Innen-) Ausbau sowie um die Elemente der (Technik-) Installationen.

Die *Schadenfunktion* eines nichttragenden Elementes wird durch die Schadenschwelle und die Zerstörungsgrenze definiert. Um diese Grössen (Erdbebenstärken) bestimmen zu können, müssen aber vorerst lokale Grössen zur Beurteilung des Schadens am Element bekannt sein. Diese Grössen sind die *Stockwerk-Schadenschwelle*, eine lokale Grösse, die den Beginn des Schadens beschreibt und die *Stockwerk-Zerstörungsgrenze*, eine lokale Grösse, welche die vollständige Zerstörung des Elementes angibt. Die verwendeten Grössen müssen geeignet sein, um den Schaden zu beschreiben, müssen aber auch einfach in eine ihnen entsprechende Erdbebenstärke umgerechnet werden können. Dafür eignen sich insbesondere horizontale Beschleunigungen a_h (lokal am Element) und auf die Geschosshöhe bezogene Stockwerkverschiebungen $\Delta x/\Delta h$.

Die Bezeichnung geschieht wie folgt:

$a_{h,S}$	:	Stockwerk-Schadenschwelle als horizontale Beschleunigung
$a_{h,Z}$	:	Stockwerk-Zerstörungsgrenze als horizontale Beschleunigung
$\Delta x_S/\Delta h$	:	Stockwerk-Schadenschwelle als bezogene Stockwerkverschiebung
$\Delta x_Z/\Delta h$	:	Stockwerk-Zerstörungsgrenze als bezogene Stockwerkverschiebung

Der maximale Schaden am Element $K_{e,max}$ tritt ab der Zerstörungsgrenze auf.

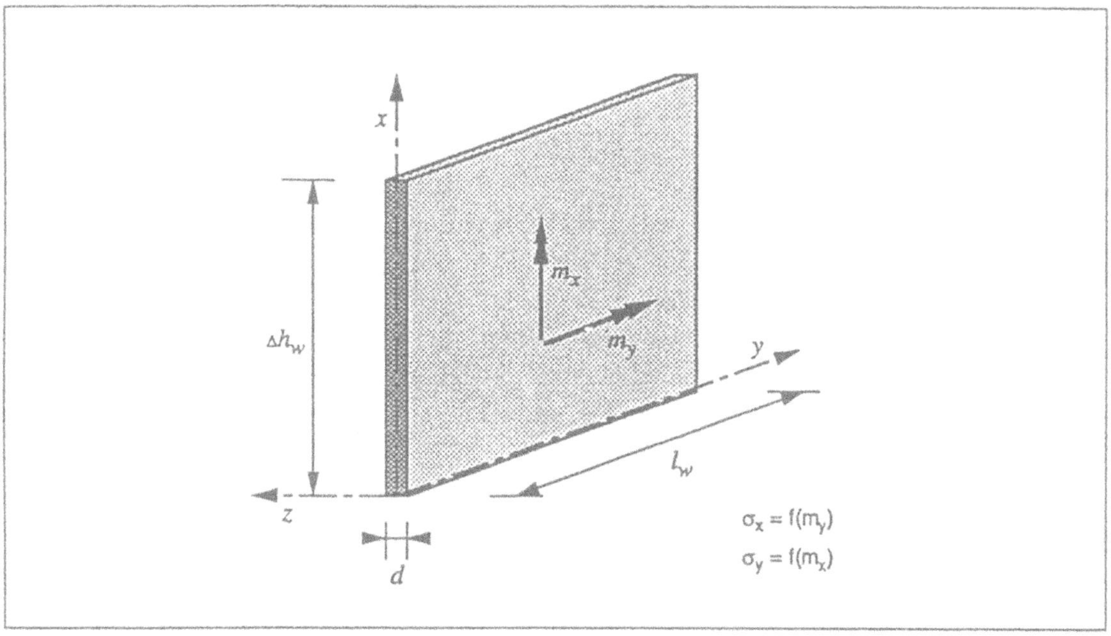

Bild 5.1: Koordinatenachsen und Bezeichnungen bei nichttragenden Elementen

Bei der Abschätzung des Erdbebenverhaltens der nichttragenden Elemente werden die in Bild 5.1 dargestellten Richtungen und Bezeichnungen verwendet (nach [SIA 177]). Die Länge der dargestellten Wand wird mit l_w, die Höhe mit Δh_w und die Wandstärke mit d bezeichnet. Die Momente werden nach der Richtung ihres Vektors bezeichnet. Damit erzeugt ein Moment m_x in Richtung der x-Achse Biegebeanspruchungen σ_y in y-Richtung.

5.1.2 Ermittlung der Schadenfunktionen

Stockwerk-Schadenschwelle

Für jedes nichttragende Element wird für die Erdbebeneinwirkung in Richtung der beiden Gebäudeachsen die Stockwerk-Schadenschwelle in Form einer lokalen Beschleunigung oder einer lokalen Verschiebung bestimmt. Die Stockwerk-Schadenschwelle ist gegeben durch den Beginn der Schädigung am betrachteten Element. In den meisten Fällen handelt es sich dabei um die Bildung von Rissen, welche das im

Gebrauchszustand tolerierbare Mass überschreiten.

Stockwerk-Zerstörungsgrenze
Analog zur Stockwerk-Schadenschwelle ist für jedes nichttragende Element die Stockwerk-Zerstörungsgrenze in Form einer lokalen Beschleunigung oder einer lokalen Verschiebung zu ermitteln. Diese wird erreicht, wenn das Element seine Funktion nicht mehr erfüllen kann und so stark geschädigt ist, dass es im Rahmen einer umfassenden Reparatur zu ersetzen ist.

Schadenschwelle und Zerstörungsgrenze
Der Zusammenhang zwischen Stockwerk-Schadenschwelle (lokale Grösse) und Schadenschwelle E_S (Erdbebenstärke), resp. zwischen Stockwerk-Zerstörungsgrenze und Zerstörungsgrenze E_z, ist gegeben durch das dynamische Verschiebungsverhalten des Tragwerks.

Nach Abschnitt 4.3 können die Stockwerkverschiebungen Δx und die Stockwerkantwortbeschleunigungen a_a in Funktion der Erdbebenstärke ermittelt werden. Damit lassen sich rückwärts für jedes Element die der Stockwerk-Schadenschwelle ($a_{h,S}$ oder $\Delta x_S/\Delta h$), bzw. Stockwerk-Zerstörungsgrenze ($a_{h,Z}$ oder $\Delta x_Z/\Delta h$) entsprechende Schadenschwelle E_S, bzw. Zerstörungsgrenze E_Z als Erdbebenstärken bestimmen.

Maximaler Schaden am nichttragenden Element
Der maximale Schaden am nichttragenden Element ist nach Gl.(3.4) für einen Schädigungsgrad von $s = 100\%$ gegeben durch:

$$K_{n,max} = r \cdot K_n \tag{5.1}$$

$K_{n,max}$	:	maximaler Schaden am nichttragenden Element
r	:	Reparaturfaktor nach 3.3.1g
K_n	:	Neubaukosten des nichttragenden Elementes

Schadenfunktion
Mit der Schadenschwelle E_S, der Zerstörungsgrenze E_Z und dem maximalen Schaden $K_{n,max}$ kann nach Bild 3.3 die Schadenfunktion des nichttragenden Elementes bestimmt werden. In Abhängigkeit von der Abbruchgrenze E_A (vgl. 4.2.3c) wird die Art der Schadenfunktion bestimmt (direkt, indirekt oder direkt und indirekt geschädigtes Element).

5.1.3 Übersicht über die nichttragenden Elemente

a) Arten nichttragender Elemente

Die nichttragenden Elemente können nach ihrer Funktion unterteilt werden. Es handelt sich dabei um nichttragende Bauelemente wie Trennwände und Fassadenelemente, um Elemente des Innenausbaus wie Ausbau, Ausstattung und Einrichtungen sowie um Elemente der Installationen wie Elektro-, Heizungs-, Lüftungs-, Klima-, Sanitärinstallationen, maschinelle Einrichtungen, etc.

Trennwände
Die Trennwände werden im allgemeinen nach der Erstellung des Tragwerks als Trennwände entsprechend den Bedürfnissen der Bauwerknutzer eingebaut. Die Anforderungen an diese Trennwände sind vielfältig:

1. Raumtrennung: Trennwände dienen der Aufteilung der Geschossflächen in Räume entsprechend der jeweiligen Nutzung, zB. für Büros, Archive, Lager, Produktion.

2. Schallschutz: Die meist wichtigste Anforderung aus der Sicht der Benutzer ist diejenige des genügenden Schallschutzes. Dieser steht bei Wohnungen im Vordergrund, kann jedoch auch bei stark verschiedener Nutzung in Gewerbebauten (zB. Produktionsräume/Büros) von grösserer Bedeutung sein. Häufig dienen die Trennwände auch dazu, Büros, Wohn- und Gewerberäume von den Lärmquellen der Haustechnik (Lifte, Motoren, Maschinen, etc.) abzuschirmen.

3. Feuerwiderstand: Eine einschneidende Anforderung an die Trennwände ist diejenige des Feuerwiderstandes. Spezielle für Fluchtwege sind relativ hohe Feuerwiderstände erforderlich.

4. Anordnungsfreiheit: Oft richtet sich die Geschosseinteilung nach den Stützenrastern, häufig stehen die Trennwände jedoch vollständig frei im Raum. Bei Nutzungsänderungen müssen die Trennwände möglichst einfach und ohne Veränderungen am Tragwerk verschiebbar oder entfernbar sein.

Die Trennwände mit gegebenenfalls hohen Anforderungen an Schallschutz und vor allem mit Anforderungen an den Feuerwiderstand müssen lückenlos ausgeführt werden. Dadurch wird aber eine Abtrennung vom Tragwerk zur Ermöglichung von Relativbewegungen bei Erdbebenbeanspruchungen wesentlich erschwert.

Trennwände können nach der *Art ihrer Bauweise*, massiv oder leicht, unterschieden werden:

1. Massive Trennwände: Bei den massiven Trennwänden handelt es sich in den Obergeschossen meist um einfache Mauerwerkwände aus Backstein, in den Untergeschossen aus Kalksandstein. Um zu verhindern, dass diese nachträglich eingemauerten Wände als Folge von Kriechverformungen des Stahlbetontragwerks belastet werden, wird oben und meist auch seitlich eine typischerweise etwa 10 mm starke, mit Dämmstoff ausgefüllte Fuge angeordnet. Diese Wände stehen meist frei auf den Geschossdecken und sind weder seitlich noch oben gehalten.

*2. Leichttrennwände:*In zunehmendem Masse finden auch Leichttrennwände Anwendung als nichttragende Trennwände. Sie sind meist aus relativ grossflächigen Elementen aufgebaut und sind selbsttragend oder mit separaten Tragelementen versehen. Typische Bauweisen sind: Metallrahmen oder Tragelemente mit Deckelementen aus Blechen, Gips- und Gipskartonplatten, Kunststoffelementen, Fensterelementen, etc. Meist werden diese nichttragenden Elemente ohne Bewegungsfugen direkt am Tragwerk befestigt.

In manchen Fällen gehen die Trennwände nicht bis an die tragende Decke, sondern nur bis über die untergehängte Decke. Der Vorteil dieser Lösung besteht in einem ungestörten Installationsraum zwischen Geschossdecke und untergehängter Decke. Diese Wände weisen deshalb oben meist einen freien, gegebenenfalls an wenigen Punkten gehaltenen Rand auf. Die Trennwandfunktion bezüglich Schalldämmung und Feuerwiderstand ist bei dieser Lösung jedoch stark reduziert.

Fassadenelemente
Die Fassade hat einen dauerhaften Witterungsschutz zu gewährleisten. Die Anforderungen bezüglich Wind- und Regendichtigkeit, Wärmedämmung, Dauerhaftigkeit und Schalldämmung sind deshalb relativ hoch.

Fassaden bestehen allgemein aus den folgenden Elementen:

- Wand- und Brüstungselementen,
- Fensterelementen und
- Wandelementen mit darin integrierten Fenstern.

Die Fugen zwischen diesen Elementen werden meist mit elastischen Baustoffen abgedichtet. Die Fassadenelemente sind allgemein auf die Stahlbetondecken abgestellt bzw. daran befestigt und deshalb den Verschiebungen des Tragwerks unterworfen. Für das Erdbebenverhalten ist das Verhalten der Verbindungen zwischen Fassadenelementen und Tragwerk meist dominierend, speziell bei Fensterelementen, welche nur kleine Verformungen schadenfrei aufnehmen können.

Wand- und Brüstungselemente der Fassaden sind nichttragende Wände und können wie die Trennwände behandelt werden.

Die Fassaden von Stahlbetonskelettbauten werden meist zweischalig ausgeführt. Die äussere Schale dient dem Witterungsschutz, die innere Schale bildet den Raumabschluss, und dazwischen wird die Wärmedämmung angeordnet. Die Schalen können als vorfabrizierte Sandwichkonstruktion montiert oder vor Ort in Lagen erstellt werden.

Oft wird nur die äussere Schale (Witterungschutz) aus vorfabrizierten Elementen aufgebaut. Diese vorgehängten Fassaden bestehen meist aus:

- Backsteinelementen oder Betonelementen
- Kunststein- oder Naturstein-beschichteten Elementen,
- Metallblechelementen und
- Fensterelementen.

Die innere Schale wird meist in Ortbeton (Brüstungen) oder in Backstein ausgeführt (Wände).

Ausbau und Installationen
Ausbau und Installationen dienen vor allem der Bauwerknutzung und weisen deshalb eine grosse Vielfalt auf. Diese nichttragenden Elemente sind allgemein mit Tragwerk und nichttragenden Bauelementen fest verbunden (Leitungen, Verteilanlagen, Motoren, Maschinen, etc.) und damit den gleichen Verschiebungen und Beschleunigungen unterworfen.

b) Verhalten unter Erdbebeneinwirkung

Die Schäden an den nichttragenden Elementen infolge von Erdbebeneinwirkung lassen sich nach der dafür massgebenden Einflussgrösse unterscheiden:

1. Schäden infolge der Wirkung der Beschleunigungen und der dazugehörigen Trägheitskräfte.

2. Schäden infolge der Tragwerkverschiebungen und der daraus resultierenden Zwängungskräfte.

Schäden infolge der Wirkung von Beschleunigungen
Bei der dynamischen Beanspruchung der nichttragenden Elemente entstehen infolge der Beschleunigung Trägheitskräfte, die zu Schäden führen können. Dabei sind die auf die nichttragenden Elementen einwirkenden Stockwerkantwortbeschleunigungen im allgemeinen wesentlich grösser als die Bodenbeschleunigungen.

Bei der Abschätzung der Stockwerk-Schadenschwelle und Stockwerk-Zerstörungsgrenze ist nach Beanspruchungsrichtungen zu unterscheiden:

1. *Beanspruchung quer zur Elementebene*
   - Im Element bilden sich Biegerisse.
   - Das ganze Element kippt als Starrkörper um.
   - Elementteile lösen sich und fallen heraus.

2. *Beanspruchung in der Elementebene*
   - Im Element bilden sich Schub- und Biegezugrisse.
   - Da ganze Element gleitet in der Sohlfuge.
   - Das ganze Element kippt als Starrkörper um.

Schäden infolge von Verschiebungen
Die Schäden infolge von Verschiebungen entstehen vor allem aus Beanspruchungen infolge der Verschiebungen des Tragwerks (Stockwerkverschiebungen), welche den Bewegungsspielraum allfälliger Fugen überschreiten. Die an sich nichttragenden Elemente erfahren dadurch Zwängungen mit entsprechenden Kräften. Auch hier ist nach Beanspruchungsrichtungen zu unterscheiden:

1. *Beanspruchung quer zur Elementebene*
   Diese Beanspruchungsart ist meist nicht massgebend, da die erforderlichen Rotationen um die Längsachse der nichttragenden Elemente nur relativ kleine Schnittkräfte mit kleinen Schäden bewirken (typischerweise Risse entlang der unteren und der oberen Kante des Elementes).

2. *Beanspruchung in der Elementebene*
   Durch die aufgezwungenen Verschiebungen können sich im nichttragenden Element (Druck-) Kräfte aufbauen, die zu (beträchtlichen) Kräfteumlagerungen vom Tragwerk in die nichttragenden Elemente führen. Dies kann zu frühzeitigen grösseren Schäden an den nichttragenden Elementen oder gar zum Versagen des Tragwerks führen (zB. Schubversagen der Stützen). Die Grösse der Umlagerungen ist von den Steifigkeitsverhältnissen und vom dynamischen Verhalten des Bauwerks abhängig.

Zur Schadenermittlung wird die Interaktion zwischen Tragwerk und nichttragenden Elementen nur insofern berücksichtigt, als die Verschiebungen und Beschleunigungen am Tragwerk ermittelt und auf die nichttragenden Elemente aufgebracht werden. Die Wirkung der meist viel weniger steifen nichttragenden Elemente auf das Tragwerk wird dagegen bei der Schadenabschätzung, wie übrigens auch bei der Tragwerkbemessung, vernachlässigt.

Schädigungsbereiche bei nichttragenden Elementen
Zur Ermittlung der Schadenfunktion können allenfalls (wie bei den Tragelementen) Schädigungsbereiche definiert werden.

1. Spröde nichttragende Elemente
Das Verhalten von plötzlich versagenden, sich spröde verhaltenden nichttragenden Elementen wird bestimmt von den maximalen Werten der darauf einwirkenden Beschleunigungen oder Zwängungen. Zwischen Stockwerk-Schadenschwelle und Stockwerk-Zerstörungsgrenze besteht dabei nur ein kleiner Abstand, oft ist mit der Stockwerk-Schadenschwelle praktisch auch die Stockwerk-Zerstörungsgrenze erreicht. Meist wird das ganze Bauelement gleich stark geschädigt und es gibt damit nur einen Schädigungsbereich.

Ein typischer Fall dieser Art sind die freistehenden Backsteinwände ohne Biegezugfestigkeit unter Beschleunigungen quer zur Wand. Wird die Beschleunigung zu gross, so kippt die Wand beim Öffnen der Lagerfuge in einem Stück um, Stockwerk-Schadenschwelle und Stockwerk-Zerstörungsgrenze fallen zusammen.

2. Duktile nichttragende Elemente
Duktile nichttragende Elemente weisen unter zunehmender Beanspruchung kontinuierlich zunehmende Schäden auf. In gewissen Fällen kann die Abgrenzung von Schädigungsbereichen hilfreich sein.

Ein typischer Fall dieser Art sind Metallfassaden bestehend aus Fassadenelementen mit darin integrierten einzelnen Fenstern unter Verschiebungsbeanspruchungen in der Elementebene. Die Fensterscheiben versagen relativ früh und können als separater Schädigungsbereich betrachtet werden. Das Fassadenelement selbst weist zunehmende Schäden auf, zuerst meist im Bereich der Befestigungspunkte und der Fugen. Bei grösseren Zwängungen breiten sich die Schäden über das ganze Metallelement aus.In solche Fällen können allenfalls verschiedene Schädigungsbereiche festgelegt werden.

Oft ist eine Reparatur von Elementbereichen jedoch nicht möglich, und es muss das ganze geschädigte Metallelement ersetzt werden. Damit ergeben sich nur zwei Schädigungsbereiche, der Bereich der Fensterscheiben und der Bereich des eigentlichen Fassadenelementes.

5.2 Mauerwerk

Mauerwerk wird im Hochbau für Trennwände häufig verwendet. Deshalb ist sein Schadenbeitrag im Erdbebenfall relativ gross. Bei dynamischen Einwirkungen treten im Mauerwerk auf Grund seiner grossen Dichte auch entsprechend grosse Trägheitskräfte auf. Daraus resultierende (Biege-) Zugspannungen können aber vom Mauerwerk nur beschränkt aufgenommen werden: Es bilden sich Risse und es entsteht ein Schaden.

Geschosshohe Wände werden entsprechend ihrer Höhe und den bauphysikalischen Anforderungen vor allem in Stärken von 100 mm bis 150 mm ausgeführt. Die Abstufungen in der Wandstärke sind von der verwendeten Backsteinsorte abhängig.

5.2.1 Kragwände unter Querbeanspruchung

a) Beschleunigung

Stockwerk-Schadenschwelle
Freistehende Kragwände ohne Biegezugfestigkeit in der Sohlfuge erhalten wesentliche Risse, sobald die Resultierende aus Eigenlast und Trägheitskräften sich aus der Standfläche hinausbewegt. Die Stockwerk-Schadenschwelle, die dabei erreicht wird, lässt sich ermitteln zu:

$$a_{h,S} = \frac{d}{\Delta h_w} g \tag{5.2}$$

$a_{h,S}$: Stockwerk-Schadenschwelle
d : Wandstärke
Δh_w : Wandhöhe

Dynamische Berechnungen können höhere Werte für $a_{h,S}$ ergeben als die Gleichgewichtsbetrachtung nach Gl.(5.2) und nach Bild 5.2. Im Sinne einer konservativen Näherung für die Stockwerk-Schadenschwelle ist die stationäre Betrachtungsweise jedoch angemessen.

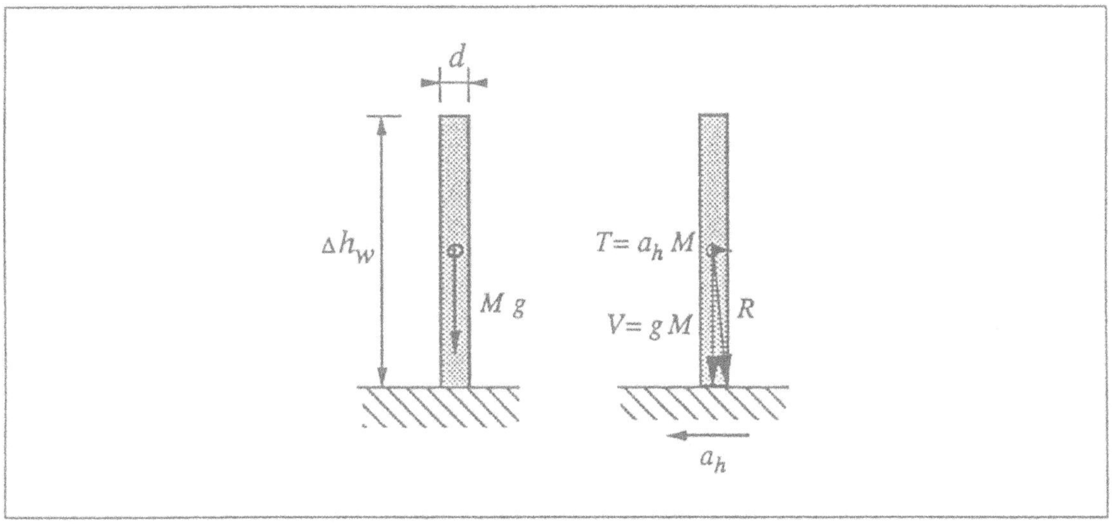

Bild 5.2: Mauerwerkwand unter Querbeschleunigung

Stockwerk-Zerstörungsgrenze
In der Norm [SIA 177] finden sich keine Angaben zum Biegeverhalten von unbewehrtem Mauerwerk. Der Eurocode [EC6 88] dagegen gibt charakteristische Biegezugfestigkeiten f_k um die vertikale Achse ($f_{xk} = f_{ty}$, vgl. Bild 5.1) und um die horizontale Achse ($f_{xk} = f_{tx}$) an. Ausgewählte Werte sind in Bild 5.3 dargestellt (BN: Backsteine normaler Qualität, Wasseraufnahme 7-12%; KS: Kalksandsteine). Die Mörtelbezeichnung entspricht der Mindestdruckfestigkeit nach 28 Tagen (in [N/mm^2]). Die höheren Werte werden mit grösserem Zement- und kleinerem Kalkgehalt erreicht. Die Mörtelqualität M2 entspricht etwa der Schweizer Bezeichnung „verlängerter Mörtel" (Buchstabe V), die Festigkeiten M5 bis M15 werden als Zementmörtel bezeichnet (Buchstabe C).

Die Biegezugfestigkeit in der Sohlfuge von unbewehrtem Mauerwerk wird vor allem vom differentiellen Schwinden beeinträchtigt. Die Norm [EC6 88] empfiehlt daher auch, ohne anderslautende Versuchsergebnisse, für Nachweise nur die Hälfte der Werte in Bild 5.3 zu verwenden. Bei Wänden, welche zur Tragsicherheit eines Bauwerks beitragen, soll die Biegezugfestigkeit nicht berücksichtigt werden.

Zur Abschätzung der Stockwerk-Zerstörungsgrenze können die nicht abgeminderten Werte verwendet werden, da es sich nicht um einen Tragsicherheitsnachweis handelt.

Richtung der Biegefestigkeit	Steinsorte	Mörtelqualität		
		M2	M5 & M10	M15
$f_{xk} = f_{tx}$	BN	0.35	0.4	0.5
	KS	0.2	0.3	0.3
$f_{xk} = f_{ty}$	BN	1.0	1.1	1.5
	KS	0.6	0.9	0.9

Bild 5.3: Biegezugfestigkeiten von unbewehrtem Mauerwerk für Biegung um die horizontale (f_{tx}) und um die vertikale Achse (f_{ty}) [N/mm²] (f_{xk} aus [EC6 88])

Der Biegewiderstand eines homogenen Rechteckquerschnittes mit der Biegezugfestigkeit f_t beträgt:

$$m_R = f_t \frac{d^2}{6} \tag{5.3}$$

Das Biegemoment am Fuss einer Kragwand unter der Beschleunigung a_h quer zur Wandebene beträgt:

$$m = a_h \; \rho \; d \frac{\Delta h_w^2}{2} \tag{5.4}$$

ρ : Dichte der Wand:
Normalbackstein: 1300 kg/m³, Kalksandstein: 1800 kg/m³

Die vertikalen Druckspannungen infolge des Eigengewichtes liegen bei geschosshohen Backsteinwänden in der Grössenordnung von 10 - 20% der Biegezugfestigkeiten in Bild 5.3 und können für die Abschätzung der Stockwerk-Zerstörungsgrenze deshalb vernachlässigt werden.

Aus Gl.(5.3) und Gl.(5.4) ergibt sich damit die Stockwerk-Zerstörungsgrenze

$$a_{h,Z} = \frac{f_{tx} d}{3 \; \rho \; \Delta h_w^2} \tag{5.5}$$

Die Auswertung der Gleichungen (5.2) und (5.5) ist in Bild 5.4 dargestellt.

b) Stockwerkverschiebung

Freistehende Kragwände erfahren keine Zwängungen infolge von Stockwerkverschiebungen quer zur Wandebene und werden deshalb durch diese Beanspruchung nicht geschädigt.

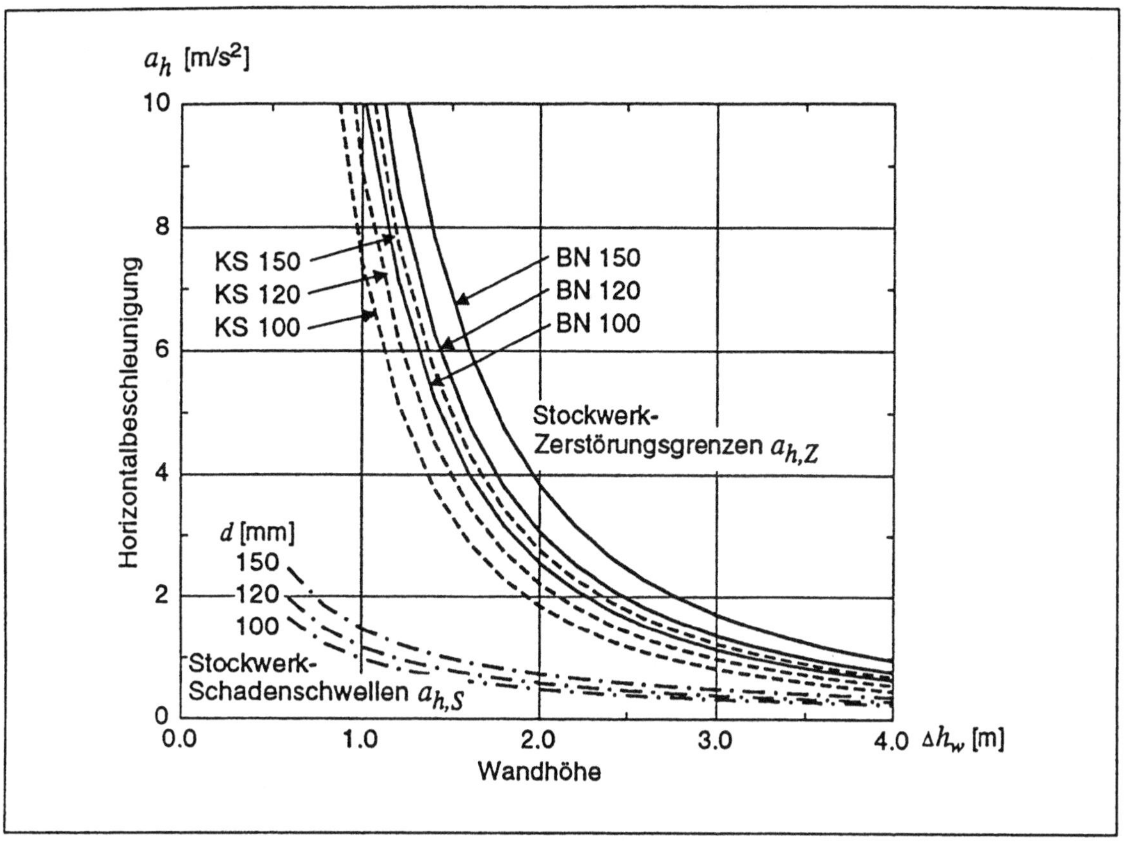

Bild 5.4: Stockwerk-Schadenschwellen und Stockwerk-Zerstörungsgrenzen von Kragwänden bei Beschleunigungen quer zur Wand (Mörtelqualität M5, Backsteine normaler Qualität BN, Kalksandsteine KS, Wandstärken d = 100 bis 150 mm)

5.2.2 Kragwände unter Längsbeanspruchung

a) Beschleunigung

Stockwerk-Schadenschwelle
Die *Rissebildung* in Wänden unter Beschleunigungen in Wandlängsrichtung analog zu 5.2.1 ist nur bei kurzen Wänden möglich. Für Backsteinwände von 1.0 m bzw. 2.0 m Länge und 2.5 m Höhe ergibt sich nach Gl.(5.2) für die Stockwerk-Schadenschwelle bereits $a_{h,S} = 4.0$ bzw. 8.0 m/s². Stockwerkantwortbeschleunigungen dieser Grösse werden aber kaum erreicht.

Gleiten in der Sohlfuge tritt gegebenenfalls auch bei längeren Wänden auf: Die Stockwerk-Schadenschwelle ergibt sich dann zu:

$$a_{h,S} = (\tan\varphi)_R \cdot g = \gamma_R \cdot (\tan\varphi)_d \cdot g \qquad (5.6)$$

$\tan\varphi$: Reibungswinkel der Sohlfuge

Mörtel weist nach der Norm [SIA 177] einen Reibungswinkel von $(\tan\varphi)_R = \gamma_R(\tan\varphi)_d = 2.0 \cdot 0.6 = 1.2$ auf. Damit ergibt sich $a_{h,S} = 1.2 \cdot g = 12$ m/s² und Gleiten wird nicht massgebend.

Stockwerk-Zerstörungsgrenze
Die Stockwerk-Zerstörungsgrenze braucht nicht ermittelt zu werden, da die Stockwerk-Schadenschwelle nicht erreicht wird.

b) Stockwerkverschiebung

Zwängungen durch Stockwerkverschiebungen ergeben sich, sobald allfällige Fugen geschlossen sind und wesentliche Kräfte übertragen werden können.

Bei Versuchen an Wandscheiben aus Mauerwerk, die durch Normalkräfte konstant belastet und an ihrer Oberkante mit Längsverschiebungen beansprucht wurden, stellten Ganz/Thürlimann [GaTh 84] das folgende Verhalten fest:

1. Die Grenze der elastischen Verformungsfähigkeit lag bei bezogenen Stockwerkverschiebungen von rund $\Delta x/\Delta h = 0.05\%$. (Bei Verschiebungen von $\Delta x/\Delta h = 0.15\%$ wurde im zehnten Lastzyklus der maximale Horizontalwiderstand erreicht.)

2. Bei geringer Normalkraft, wie dies bei nichttragenden Trennwänden der Fall ist, sank der Horizontalwiderstand bei Verschiebungen von $\Delta x/\Delta h = 0.3\%$ auf 94% ab, danach erfolgte eine raschere Abnahme (bei $\Delta x/\Delta h = 0.4\%$ auf ca. 60%).

3. Die Risse sind bei Wänden mit geringer Normalkraft wesentlich grösser als bei solchen mit grosser Normalkraft. In den zyklischen Versuchen erreichte die Rissbreite etwa 1 bis 1.5 mm (Diagonalrisse).

Häufig sind bei Kragwänden seitlich und oben Fugen vorhanden, welche zB. mit Glasfaserplatten von typischerweise 10 mm Stärke gefüllt sind. Dadurch wird vermieden, dass Verformungen des Tragwerks infolge von Kriechen und Schwinden, aber auch infolge von Horizontalbeanspruchungen, zu unmittelbaren Zwängungsbeanspruchungen und zu Kraftumlagerungen führen. Diese Fugen sind bei Erdbebenbeanspruchungen in der Wandebene von Vorteil, erlauben sie doch eine gewisse schadenfreie Stockwerkverschiebung.

Stockwerk-Schadenschwelle
Die Stockwerk-Schadenschwelle entspricht dem Erreichen der Grenze der elastischen Verformungsfähigkeit. Aus den zitierten Versuchen folgt also:

$$\Delta x_S/\Delta h = 0.05\% \tag{5.7}$$

Sind Bewegungsfugen vorhanden, so kann der zusätzliche Spielraum für Verschiebungen wie folgt berücksichtigt werden:

$$\Delta x_S/\Delta h = d_f/\Delta h_w + 0.05\% \tag{5.8}$$

d_f : Fugenbewegung

Stockwerk-Zerstörungsgrenze
Die Stockwerk-Zerstörungsgrenze dürfte erreicht sein, sobald der Widerstand gegen

Horizontalkräfte wesentlich abzunehmen beginnt. Aufgrund der zitierten Versuche folgt also:

$$\Delta x_S / \Delta h = 0.30\% \tag{5.9}$$

Sind Bewegungsfugen vorhanden, so kann der zusätzliche Spielraum für Verschiebungen wie folgt berücksichtigt werden:

$$\Delta x_S / \Delta h = d_f / \Delta h_w + 0.30\% \tag{5.10}$$

5.2.3 Seitlich gehaltene Wände unter Querbeanspruchung

Um zu verhindern, dass Trennwände infolge von Beschleunigungen quer zur Wandebene umkippen, können sie seitlich mit dem Tragwerk verbunden werden. Einige der Lösungen für diese seitliche Halterung sind in Bild 5.5 schematisch dargestellt. Die Befestigungsarten 5.5a und b mit seitlich befestigten Winkelprofilen können nachträglich angebracht werden und eignen sich damit auch für Sanierungen. Bei nachträglich zu erstellenden Trennwänden kann die Halterung c) mit einem U-Profil, bei Neubauten können die Lösungen d) und f) mit Schubdornen oder e) mit einer Stützenaussparung angewendet werden.

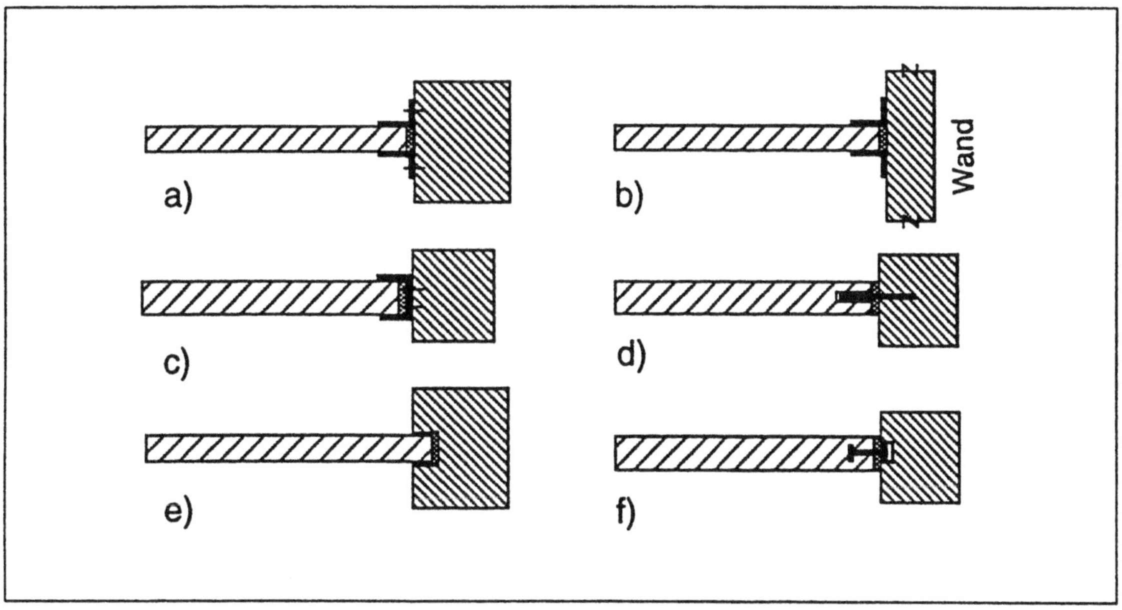

Bild 5.5: Seitliche Halterung von Wänden (schematisch)

Die Halterungen leiten Kräfte in die vertikalen Tragelemente (Stützen, Wände) ein. Die daraus resultierenden Beanspruchungen sind bei deren Bemessung zu berücksichtigen. Bei Sanierungen sind die vorhandenen Tragelemente gegebenenfalls zu verstärken.

a) Beschleunigung: Unbewehrtes Mauerwerk

Im oberen Wandbereich trägt eine seitlich gehaltene Wand nur in horizontaler Richtung. Das Biegemoment in Wandmitte beträgt deshalb:

$$m = a_h \, \rho \, d \, \frac{l_w^2}{8} \tag{5.11}$$

ρ : Dichte der Wand (vgl. Gl.(5.4))
l_w : Wandlänge (horizontale Spannweite)

Stockwerk-Schadenschwelle
Um die Stockwerk-Schadenschwelle zu bestimmen, wird für die Biegezugfestigkeit der um 50% abgeminderte Wert gemäss Bild 5.3 verwendet. Mit den Gleichungen (5.3) und (5.11) ergibt sich:

$$a_{h,S} = \frac{4}{3} \frac{f_{ty}}{2} \frac{d}{\rho \, l_w^2} \tag{5.12}$$

Diese Gleichung wurde für Mauerwerk aus Backsteinen normaler Qualität (BN) und aus Kalksandstein (KS) mit Zementmörtel M5 (Biegezugfestigkeiten gemäss Bild 5.3) für Wandlängen bis zu 15 m ausgewertet. Die Ergebnisse für drei Wandstärken sind in Bild 5.6 dargestellt.

Stockwerk-Zerstörungsgrenze
Aus den Gleichungen (5.3) und (5.11) ergibt sich für die Stockwerk-Zerstörungsgrenze:

$$a_{h,Z} = \frac{4}{3} f_{ty} \frac{d}{\rho \, l_w^2} \tag{5.13}$$

Auch die Ergebnisse für die Stockwerk-Zerstörungsgrenze sind in Bild 5.6 dargestellt.

b) Beschleunigung: Mauerwerk mit Horizontalbewehrung

Zur Verbesserung des Biegeverhaltens um die Vertikalachse kann bei neu zu erstellenden Trennwänden horizontale Bewehrung in die Lagerfugen eingelegt werden. In der Schweiz werden verzinkte Standardbewehrungen (zB. murfor) auf dem Markt angeboten. Sie bestehen aus zwei Längsdrähten, welche mit einem dritten, zickzackförmig angeordneten Zwischendraht verbunden sind.

Stockwerk-Schadenschwelle
Die „zulässigen Biegemomente" betragen gemäss Herstellerangaben in der Dokumentation [ZZ 91], [Element 26], für die Wandstärken $d = 100, 120$ bzw. 150 mm: $m_{x,adm} = 1.8$, 2.7 bzw. 4.1 kNm/m (statische Höhe $h = d - 20$mm). Zur Ermittlung der Stockwerk-Schadenschwelle werden die Biegewiderstände beim Erreichen der nominellen Fliessspannung verwendet. Dabei wird ein Widerstandsbeiwert nach der Norm [SIA 177] von $\gamma_R = 2.0$ und ein mittlerer Lastfaktor von $\gamma_Q = 1.4$ berücksichtigt. Aus Gl.(5.11) ergibt sich:

$$a_{h,S} = \frac{8 \, m_{x,adm} \gamma_R \, \gamma_Q}{\rho \, d \, l_w^2} \tag{5.14}$$

Die Resultate dieser Gleichung sind in Bild 5.7 dargestellt.

Stockwerk-Zerstörungsgrenze
Die effektive mittlere Fliessspannung liegt nach [PBM 90] bei 120% dieses Wertes.

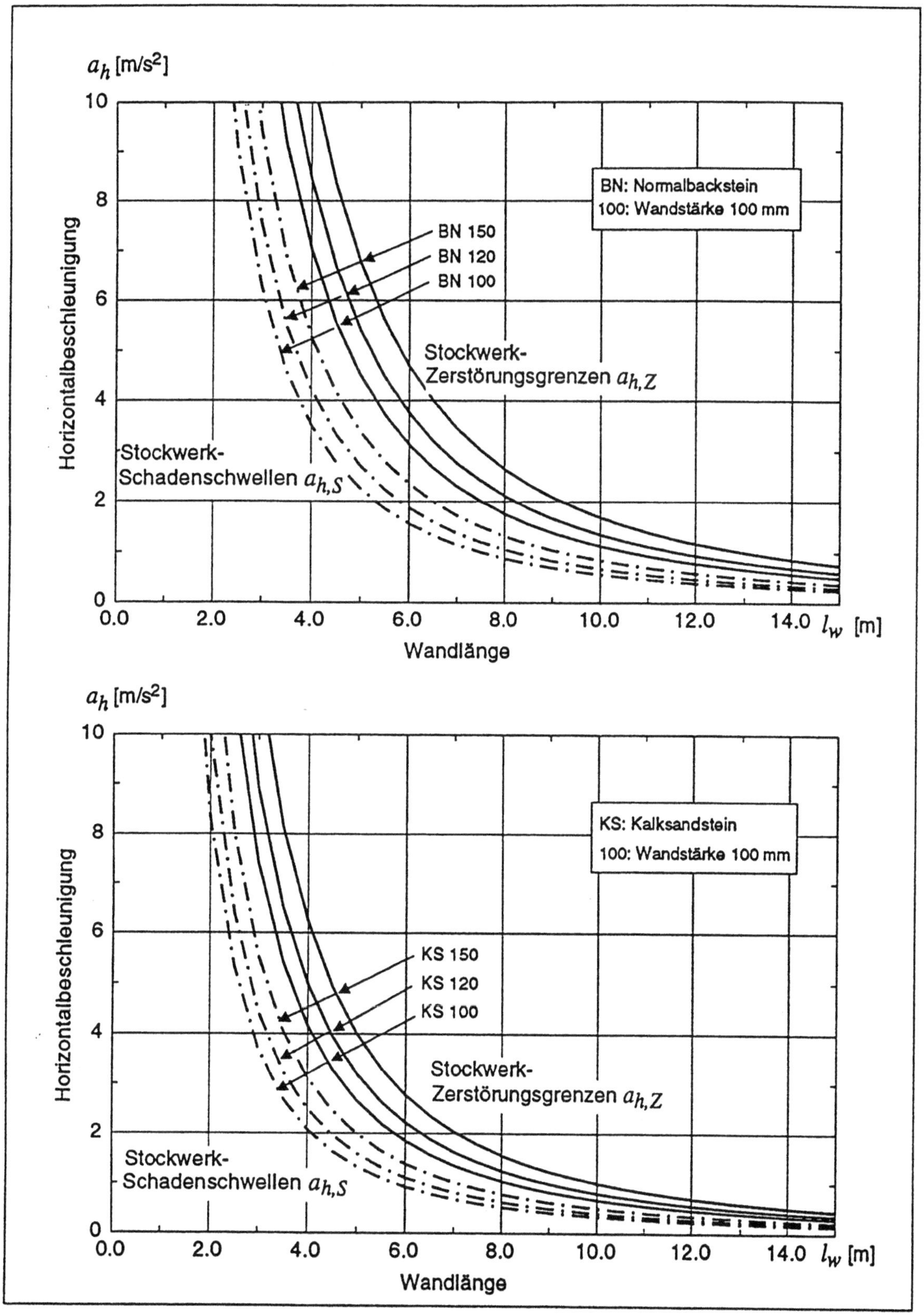

Bild 5.6: Stockwerk-Schadenschwellen und Stockwerk-Zerstörungsgrenzen seitlich gehaltener Trennwände aus unbewehrtem Mauerwerk bei Beschleunigungen quer zur Wandebene (Mörtelqualität M5, Backsteine normaler Qualität BN, Kalksandsteine KS, Wandstärken $d = 100$ bis 150 mm)

Vereinfachend wird deshalb die Stockwerk-Zerstörungsgrenze wie folgt angesetzt:

$$a_{h,Z} = 1.2 a_{h,S} = \frac{9.6\ m_{x,adm} \gamma_R\ \gamma_Q}{\rho\ d\ l_w^2} \tag{5.15}$$

Die Resultate dieser Gleichung sind ebenfalls in Bild 5.7 dargestellt.

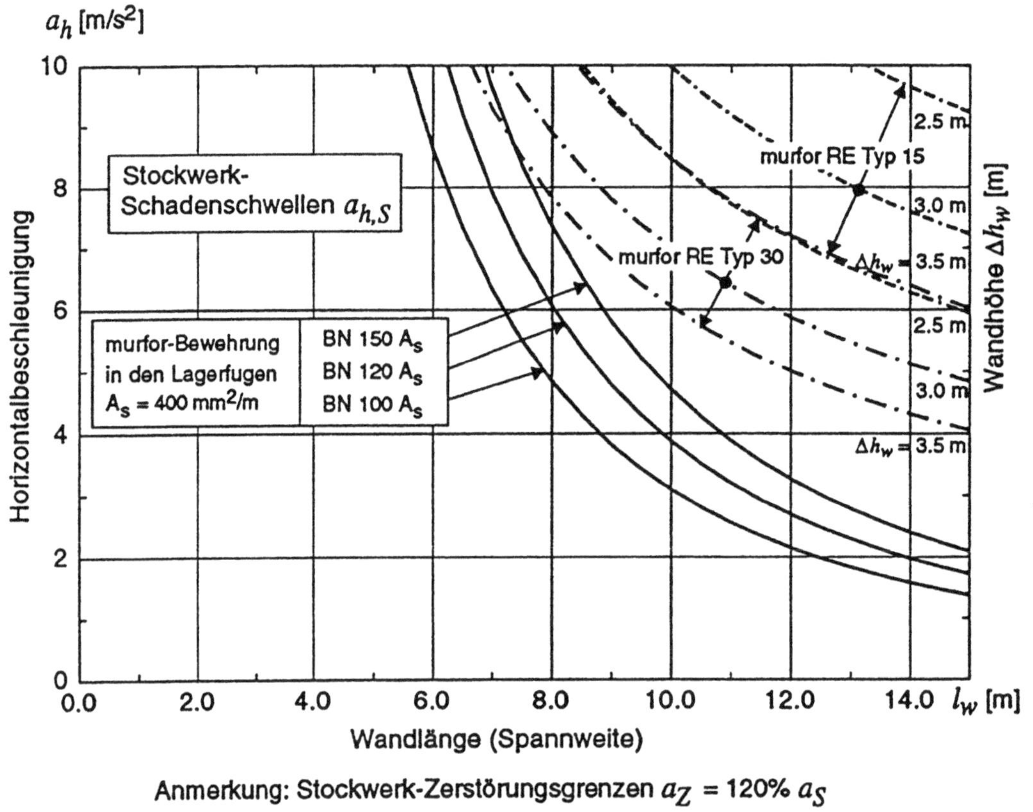

Bild 5.7: Stockwerk-Schadenschwellen und Stockwerk-Zerstörungsgrenzen seitlich gehaltener Trennwände aus bewehrtem Mauerwerk bei Beschleunigungen quer zur Wandebene (Zementmörtel, Backsteine normale Qualität BN und Backstein BN 5M RE für murfor RE)

c) Beschleunigung: Mauerwerk mit horizontaler und vertikaler Bewehrung

Seit einigen Jahren werden auch kombinierte horizontale und vertikale Bewehrungen für Mauerwerk angeboten (zB. murfor RE). Dabei sind an der Lagerfugenbewehrung vertikale Bewehrungsschlaufen befestigt, welche in die Handlöcher spezieller Backsteine von 150 mm Stärke eingesteckt und mit fliessfähigem Mörtel verfüllt werden.

Stockwerk-Schadenschwelle

Der Biegewiderstand um die Vertikalachse beträgt gemäss Herstellerangaben [ZZ 91] $m_{Ry} = m_x = 5$ kNm/m und um die Horizontalachse für die angebotenen

Bewehrungsquerschnitte Typ 30 und Typ 15 $m_{Rx} = m_y = 1.2$ und 2.5 kNm/m. Der Biegewiderstand im Einspannquerschnitt am Wandfuss wird gleich dem Biegewiderstand in der Wand gesetzt $m'_y = m_y$. Die Stockwerk-Schadenschwelle $a_{h,S}$ beträgt mit diesen Biegewiderständen nach Park/Gamble [PaGa 80] für den hier massgebenden Fall der langen Trennwand ($l_w \geq 2\Delta h_w$):

$$a_{h,S} = \frac{6}{\rho\ d\ \Delta h_w^2[3(l_w/\Delta h_w) - 2]}\left[2(m_x + m_y) + \left(\frac{l_w}{\Delta h_w}\right) m'_y\right] \tag{5.16}$$

m_x : Biegewiderstand um die Vertikalachse: m_{Ry}
m_y : Biegewiderstand um die Horizontalachse im Feld: m_{Rx}
m'_y : Biegewiderstand um die Horizontalachse im Einspannquerschnitt am Wandfuss: m_{Rx}

Die Werte dieser Stockwerk-Schadenschwelle sind in Bild 5.7 für die Wandhöhen $\Delta h_w = 2.5$, 3.0 und 3.5 m dargestellt.

Bei längeren Wänden ist der Einfluss des Biegewiderstandes um die Horizontalachse wesentlich (Kragarmwirkung) und die Werte in mit vertikaler und horizontaler Bewehrung liegen deshalb auch mit zunehmender Wandlänge deutlich über diejenigen der nur horizontal bewehrten Wände.

Stockwerk-Zerstörungsgrenze

Die *Stockwerk-Zerstörungsgrenze* $a_{h,Z}$ kann wie beim nur horizontal bewehrten Mauerwerk zu 120% der Stockwerk-Schadenschwelle angesetzt werden, entsprechend der effektiven mittleren Fliessgrenze der Bewehrung nach [PBM 90]:

$$a_{h,Z} = 1.2 a_{h,S} \tag{5.17}$$

d) Stockwerkverschiebung

Die nichttragenden Mauerwerkwände sind oben durchwegs vom Stahlbetontragwerk abgefugt. Grössere Stockwerkverschiebungen quer zu seitlich gehaltenen Trennwänden bewirken allenfalls unwesentliche Biegerisse, vor allem in der Sohlfuge. Eine wesentliche Schädigung oder gar ein Umstürzen der Wand ist jedoch bei den durch das Tragwerk begrenzten Stockwerkverschiebungen nicht möglich.

Die Risse in der Sohlfuge stellen einen sehr kleinen Schadenbeitrag dar, der bei der Ermittlung der Schadenfunktion vernachlässigt werden kann.

5.2.4 Seitlich gehaltene Wände unter Längsbeanspruchung

Die seitlich gehaltenen Wände verhalten sich unter Längsbeanspruchung praktisch gleich wie die längsbeanspruchten Kragwände. Es können deshalb die Angaben in Abschnitt 5.2.2 verwendet werden

5.3 Selbsttragende Leichttrennwände

Unter selbsttragenden Leichttrennwänden werden diejenigen Leichttrennwände zusammengefasst, welche keine separaten Tragelemente aufweisen. Sie bestehen meist aus einzelnen Platten, welche zB. mit Klebemörtel biegesteif verbunden werden („Trockenbauweise").

Typische Vertreter dieser Gattung sind die aus grossformatigen Gips- oder Gipskartonplatten erstellten Leichttrennwände (Alba, Knauf, etc.). Ihre Wandstärke liegt je nach Wandhöhe zwischen 80 und 140 mm. Produkte aus anderen Materialien sind ebenfalls erhältlich, wie etwa Leichttrennwände aus Spanplatten (Homogen 80), aus Gasbeton (Hebel), etc.

Neben diesen Wänden mit praktisch homogenen Platten werden auch Sandwich-Elementplatten vertrieben. Diese bestehen aus einem Kern zur Wärme- und Schalldämmung und sind mit Deckschichten versehen, welche die äusseren Kräfte aufnehmen. Typische Vertreter dieser Gattung sind die Sandwichelemente aus zwei Blechen mit Schall- und Wärmedämmfüllungen (zB. Promatect) oder solche aus beplankten Styroporkernen.

Im folgenden Abschnitt werden die stark verbreiteten selbsttragenden Trennwände aus grossformatigen Gipsplatten behandelt, welche an allen vier Rändern mit dem Tragwerk vermörtelt werden. Bild 5.8 zeigt genutete Vollgipsplatten einzelnen und bei der Montage.

Spezielle *Bewegungsfugen* erlauben grössere Bewegungen ohne massgebliche Stauchung und Schädigung der Gipsplatten. So sind Mooskorkprofile erhältlich, welche zwischen die Stahlbetontragelemente und die Gipsplatten eingebaut werden und Stauchungen von beispielsweise $d_f = 3$ oder 7 mm schadenfrei zulassen.

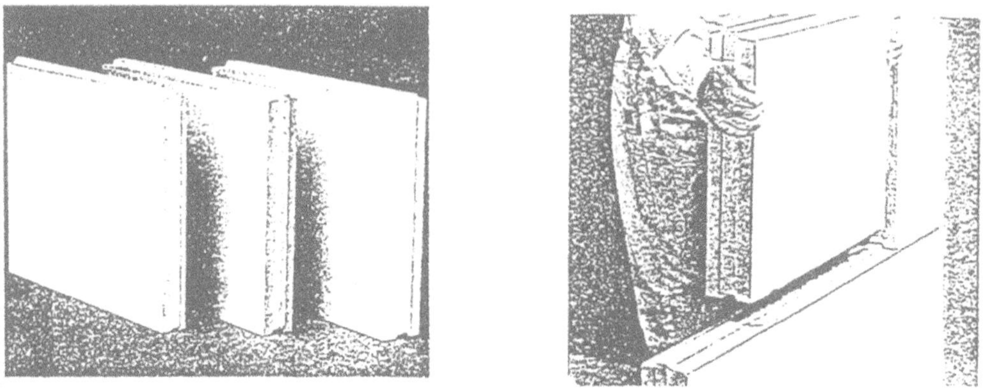

Bild 5.8: Vollgipsplatten mit Nut und Kamm (Alba)

5.3.1 Vollgipswände unter Querbeanspruchung

a) Beschleunigung

Stockwerk-Schadenschwelle

Bei der Abschätzung der Stockwerk-Zerstörungsgrenze zeigt sich, dass diese Beanspruchungsart keinen Schadenbeitrag leistet.

Stockwerk-Zerstörungsgrenze

Gemäss Herstellerangaben [Bind 93] beträgt die Biegezugfestigkeit von Vollgipsplatten $f_t = 1.5 - 2.5$ N/mm^2. Dabei werden die Klebmörtelfugen nicht massgebend. Im Sinne einer Grenzwertbetrachtung wird angenommen, dass die Wand die vom Hersteller angegebene maximal zulässige Höhe aufweist (vgl. Bild 5.9) und nur in vertikaler Richtung gespannt ist.

Die Stockwerk-Zerstörungsgrenze ergibt sich analog zu Gl.(5.13) zu:

$$a_{h,Z} = f_t \frac{4\ d}{3\ \rho\ \Delta h_w^2} \tag{5.18}$$

Die mit einer geschätzten mittleren effektiven Biegezugfestigkeit von $f_{t,m} = 2.5$ N/mm^2 berechneten Resultate sind in der Tabelle von Bild 5.9 dargestellt. Diese Beanspruchungsart wird damit bei den von den Herstellern angegebenen maximal zulässigen Wandhöhen nicht massgebend.

Wandstärke d [mm]	Wandhöhe Δh_w [m]	Stockwerk-Zerstörungsgrenze $a_{h,Z}$ [m/s^2]
60	≤ 3.0	≥ 22.9
80	≤ 4.0	≥ 17.2
100	≤ 5.0	≥ 13.8
140	≤ 7.0	≥ 9.8

Bild 5.9: Stockwerk-Zerstörungsgrenzen bei vertikal gespannten Vollgipswänden unter Querbeschleunigung (Alba)

b) Stockwerkverschiebung

Stockwerk-Schadenschwelle

Stockwerkverschiebungen quer zur Wand bewirken die Öffnung von Rissen entlang der Wandunter- und Wandoberkante. In Stahlbetonnormen werden bei witterungsgeschützten Bauteilen bleibende Rissbreiten von $w = 0.3$ mm zugelassen. Dieser Wert wird hier zur Bestimmung der Stockwerk-Schadenschwelle verwendet.

Nach Bild 5.10a ergibt sich damit für die Stockwerk-Schadenschwelle:

$$\frac{\Delta x_S}{\Delta h} \approx \frac{w_S}{d/2} \tag{5.19}$$

$\Delta x_S/\Delta h$	:	Stockwerk-Schadenschwelle
w_S	:	Rissbreite
d	:	Wandstärke

Bei der Anordnung von Bewegungsfugen werden diese wie folgt berücksichtigt:

$$\frac{\Delta x_S}{\Delta h} \approx \frac{w_S + d_f}{d/2} \tag{5.20}$$

d_f : Fugenbewegung

Die Auswertung dieser Gleichungen (für $d_f = 0$ und 3 mm) ist in Bild 5.11

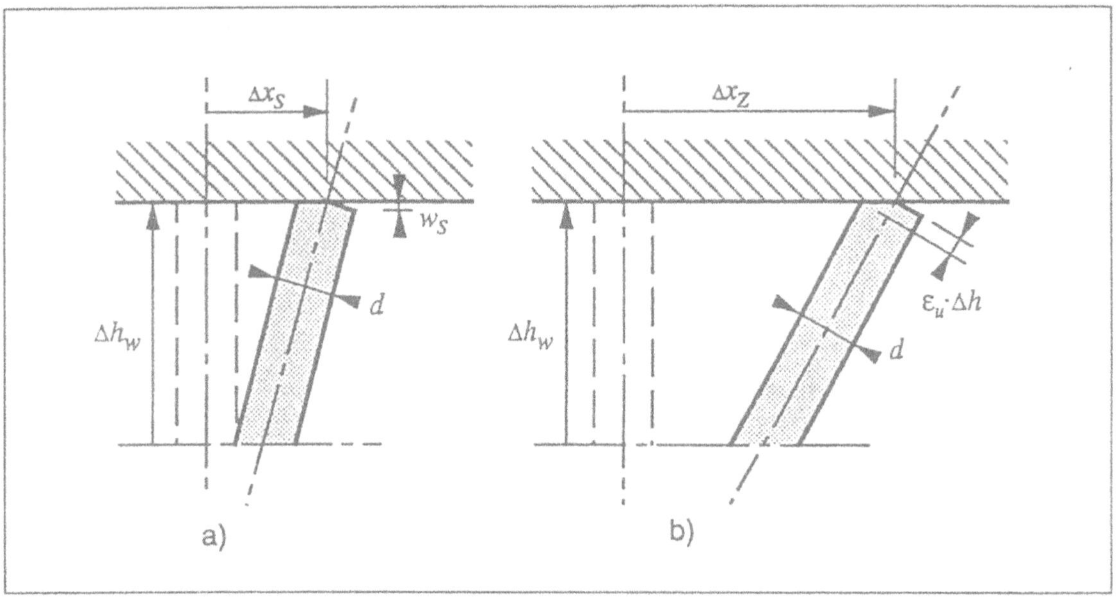

Bild 5.10: Bedingungen für a) Stockwerk-Schadenschwelle und b) Stockwerk-Zerstörungsgrenze bei Stockwerkverschiebungen quer zur Wand

dargestellt. Für Bewegungsfugen von $d_f = 3$ mm ergeben sich Stockwerk-Schadenschwellen, die 11mal höher liegen als jene ohne Fugen.

Stockwerk-Zerstörungsgrenze
Zur Abschätzung der Stockwerk-Zerstörungsgrenze wird nach Bild 5.10b die maximale Stauchung ϵ auf der gedrückten Wandseite betrachtet. Erreicht diese die Bruchstauchung ϵ_u, so wird die Wand zerstört. Sehr schlanke Wände können ausknicken. In solchen Fällen kann für genauere Untersuchungen eine verminderter Wert für die Bruchstauchung ϵ_u eingesetzt werden.

Die Stockwerk-Zerstörungsgrenze beträgt nach nach Bild 5.10b:

$$\frac{\Delta x_Z}{\Delta h} = \epsilon_u \frac{\Delta h_w}{d/2} \tag{5.21}$$

$\Delta x_Z/\Delta h$: Stockwerk-Zerstörungsgrenze
ϵ_u : Bruchstauchung

Sind Bewegungsfugen angeordnet, so können diese wie folgt berücksichtigt werden:

$$\frac{\Delta x_Z}{\Delta h} = \frac{\epsilon_u \Delta h_w + d_f}{d/2} \tag{5.22}$$

Die Bruchstauchung lässt sich für Alba-Platten mit Hilfe von Druckfestigkeit f_u und Elastizitätsmodul E abschätzen: $\epsilon_u = f_u/E = 7\ \mathrm{N/mm^2}/(3500\ \mathrm{N/mm^2}) = 0.20\%$. Die damit für verschiedene Wandstärken ermittelten Stockwerk-Zerstörungsgrenzen sind in Bild 5.11 in Funktion der Stockwerkhöhe dargestellt. Die Anordnung von Bewegungsfugen mit $d_f = 3$ mm bewirkt eine Erhöhung der Stockwerk-Zerstörungsgrenzen auf das 1.4 bis 2.5fache.

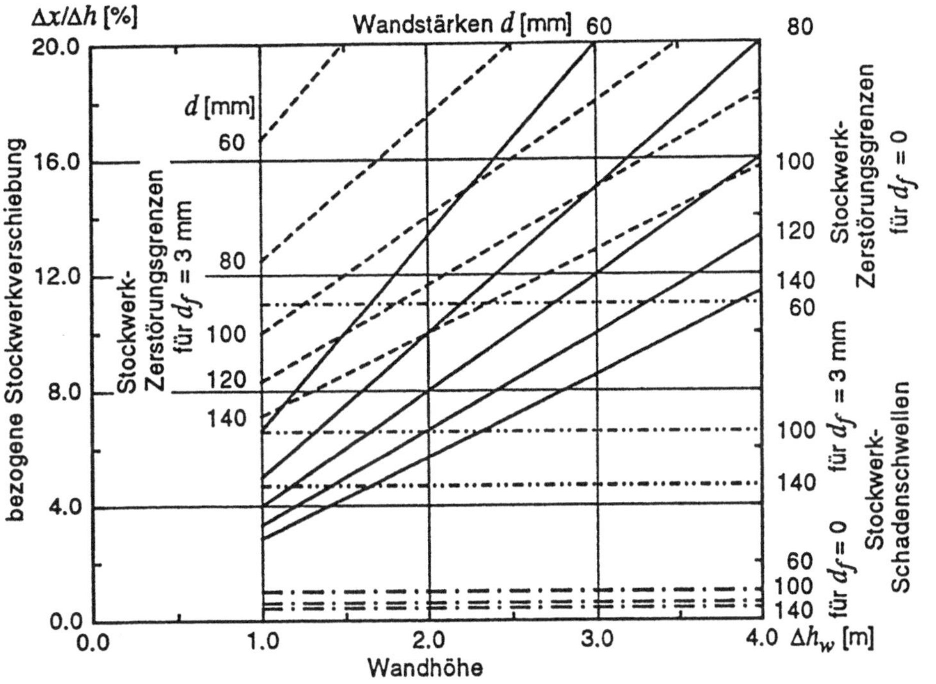

Bild 5.11: Stockwerk-Schadenschwellen und Stockwerk-Zerstörungsgrenzen bei Vollgipswänden bei von Stockwerkverschiebungen quer zur Wand mit und ohne Bewegungsfugen

5.3.2 Vollgipswände unter Längsbeanspruchung

a) Beschleunigung

Beim Mauerwerk hat sich gezeigt, dass Beschleunigungen in Längsrichtung nur bei sehr kurzen Wänden zu Schäden führen. Bei den Gipswänden mit vergleichsweise grosser Zugfestigkeit und kleiner Masse wird die Längsbeschleunigung deshalb ebenfalls nicht massgebend.

b) Stockwerkverschiebung

Stockwerk-Zerstörungsgrenze
Stockwerkverschiebungen in Wandlängsrichtung bewirken Zwängungen in der nichttragenden Wand. Zur Abschätzung der *Stockwerk-Zerstörungsgrenze* wird vereinfachend angenommen, dass das Versagen der Druckdiagonalen massgebend werde. Daraus ergibt sich bei der Stauchung ϵ_u in der Druckdiagonalen näherungsweise eine horizontale Verschiebung der oberen Wandecke um $\Delta x_Z \approx \epsilon_u l_w$ und damit für die Stockwerk-Zerstörungsgrenze:

$$\frac{\Delta x_Z}{\Delta h} \approx \epsilon_u \frac{l_w}{\Delta h_w} \tag{5.23}$$

l_w : Wandlänge

Sind seitliche Bewegungsfugen und oben ein freier Rand oder ebenfalls eine Bewegungsfuge vorhanden, so gilt:

$$\frac{\Delta x_Z}{\Delta h} \approx \frac{\epsilon_u l_w + d_f}{\Delta h_w} \tag{5.24}$$

Die Resultate dieser Näherungen sind in Bild 5.12 dargestellt.

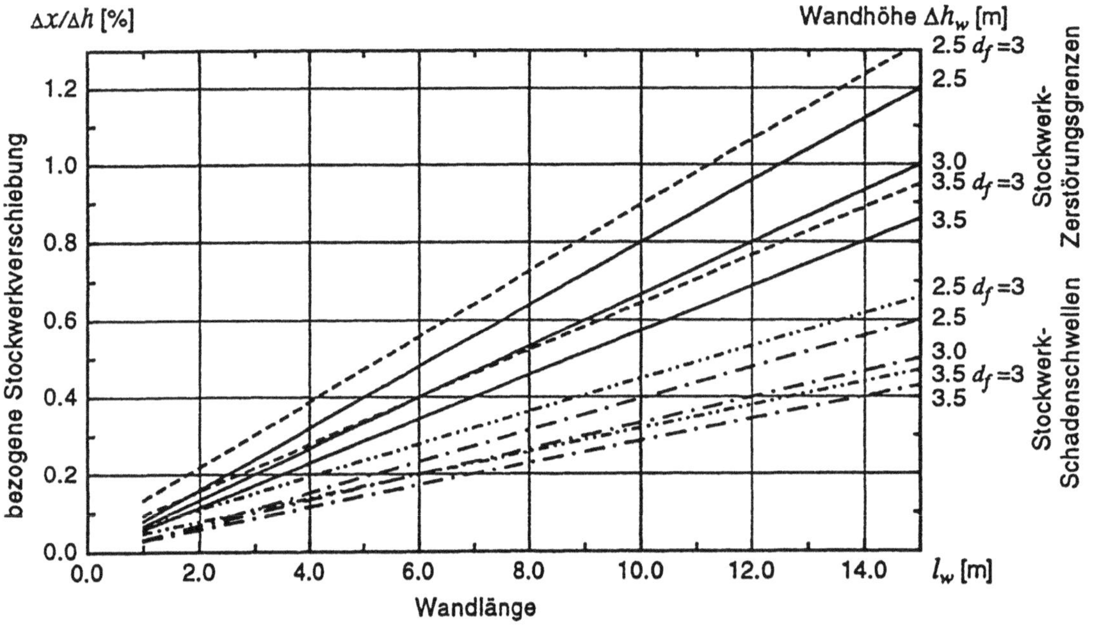

Bild 5.12: Stockwerk-Schadenschwellen und Stockwerk-Zerstörungsgrenzen bei Vollgipswänden infolge von Stockwerkverschiebungen in Wandlängsrichtung

Stockwerk-Schadenschwelle

Zur Abschätzung der Stockwerk-Schadenschwelle wird das gleiche Modell wie bei der Stockwerk-Zerstörungsgrenze verwendet, wobei anstelle von ϵ_u ein geschätzter Wert von $\epsilon_S = \epsilon_u/2$ für die Stauchung in der Druckdiagonalen beim Beginn der Bildung unzulässiger Diagonalrisse eingesetzt wird:

$$\frac{\Delta x_S}{\Delta h} \approx \epsilon_S \frac{l_w}{\Delta h_w} \tag{5.25}$$

Sind seitliche Bewegungsfugen und oben ein freier Rand oder ebenfalls eine Bewegungsfuge vorhanden, so gilt:

$$\frac{\Delta x_S}{\Delta h} \approx \frac{\epsilon_S l_w + d_f}{\Delta h_w} \tag{5.26}$$

Die Resultate sind ebenfalls in Bild 5.12 dargestellt.

Die Geraden in Bild 5.12 sind unabhängig von der Wandstärke. Sehr schlanke Wände könnten jedoch ausknicken und für genauere Untersuchungen kann in diesen Fällen ein reduzierter Wert für ϵ_u bzw. ϵ_S eingesetzt werden.

5.4 Leichttrennwände mit Tragelementen

Die Leichttrennwände mit Tragelementen bestehen aus Tragelementen mit beidseitiger Beplankung. Die in die Wand integrierten Tragelemente sind am Boden, an der Decke und meist auch seitlich befestigt. Sie geben alle auf die Wand wirkenden Kräfte auf das Tragwerk des Bauwerks ab und bestehen im allgemeinen aus Blechprofilen, es finden jedoch auch Holzlatten Verwendung. Auf die Tragelemente werden grossformatige Leichtbauplatten geschraubt, welche typischerweise aus Gips oder Gipskarton bestehen. Diese Beplankung wird dünn verputzt oder tapeziert.

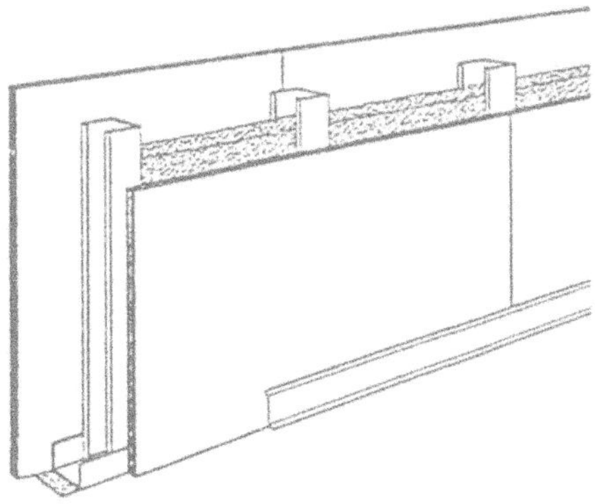

Bild 5.13: Aufbau einer typischen Leichttrennwand mit Tragelementen

Ein typisches Produkt dieser Art Leichttrennwände sind die mit Gipskartonplatten beplankten Metallständerwände (Knauf, Rigips). Als Tragelemente dienen verzinkte U-Stahlblechprofile mit mindestens 0.6 mm Blechstärke und 50 mm bis 100 mm Profilhöhe. An Boden und Decke werden die U-Profile auf Filzdichtungen montiert, ebenso entlang der seitlichen Wandbegrenzungen. In die horizontalen U-Profile werden Zwischenpfosten hineingestellt und durch die darauf geschraubte Beplankung aus Gipskartonplatten von 25 mm Stärke in Wandrichtung fixiert. In den Hohlraum zwischen die Beplankungen wird einseitig eine Lage Dämmstoff eingelegt. Damit bleibt ein Hohlraum zur Verlegung von elektrischen Installationen offen.

5.4.1 Leichttrennwände mit Tragelementen unter Querbeanspruchung

a) Beschleunigung

Gemäss der Schockprüfung des AC-Laboratoriums Spiez [ACLa 89] können Rigips-Montagewände stossartigen Beschleunigungen in Längs- und Querrichtung bis zu 16g widerstehen. Diese Werte werden während Erdbeben i.a. nicht erreicht, womit diese Beanspruchungsart keinen Schadenbeitrag ergibt.

b) Stockwerkverschiebung

Stockwerk-Schadenschwelle
Wie bei den Vollgipswänden wird eine Rissbreite an der Wandoberkante von $w_s = 0.3$ mm als Kriterium zur Bestimmung der Stockwerk-Schadenschwelle verwendet. Für eine typische Trennwand ergibt sich damit nach den Bildern 5.14 und 5.10 analog

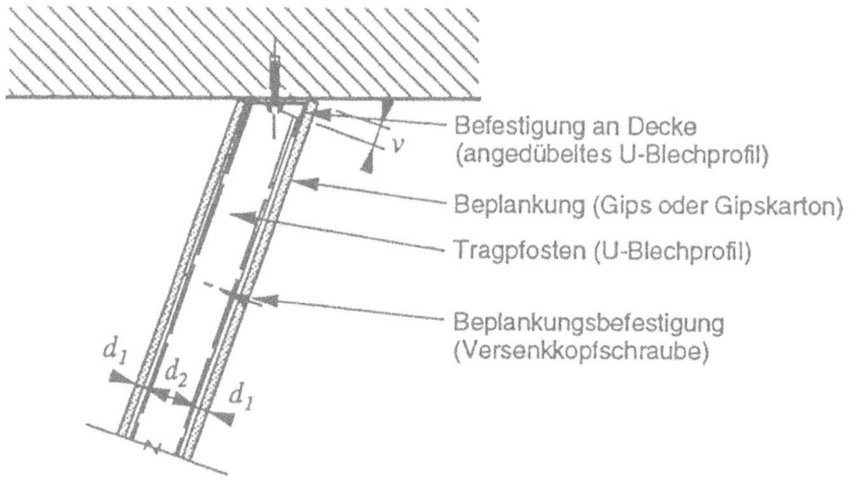

Bild 5.14: Stockwerkverschiebung quer zu einer Leichttrennwand mit Tragelementen

zu Gl.(5.19) mit der Beplankungsstärke d_1 die Stockwerk-Schadenschwelle :

$$\frac{\Delta x_S}{\Delta h} \approx \frac{w_s}{d_1/2} \tag{5.27}$$

$\Delta x_S/\Delta h$	:	Stockwerk-Schadenschwelle
w_s	:	Rissbreite
d_1	:	Stärke der Beplankung

Für die übliche Beplankungsstärke von $d_1 = 25$ mm ergibt sich mit $w_s = 0.3$ mm ein Wert für die bezogene Stockwerkverschiebung von $\Delta x_S/\Delta h = 2.4\%$.

Stockwerk-Zerstörungsgrenze
Zur Bestimmung der Stockwerk-Zerstörungsgrenze können zwei Überlegungen herangezogen werden:

1. Es wird von der *Stauchung der Beplankung* ausgegangen, analog Gl.(5.21), wobei d durch d_1 ersetzt wird. Für $d_1 = 25$ mm, $\epsilon_u = 0.20\%$ und $\Delta h_w = 2500$ mm ergibt sich eine bezogene Stockwerkverschiebung von $\Delta x_Z/\Delta h = 40\%$. Diese Bedingung wird damit für die Stockwerk-Zerstörungsgrenze nicht massgebend.

2. Es wird von der *lokalen Schädigung der Beplankung* bei den Befestigungspunkten ausgegangen. Die Stockwerkverschiebung bewirkt eine Relativverschiebung

zwischen Traggerippe und Beplankung, welche zur Zerstörung der Beplankung führen kann. Gemäss Bild 5.14 ist das Verhältnis der Verschiebung v zur Profilhöhe d_2 gleich der bezogenen Stockwerkverschiebung:

$$\frac{\Delta x_Z}{\Delta h} = \frac{v}{d_2} \tag{5.28}$$

$\Delta x_Z / \Delta h_w$	:	Stockwerk-Zerstörungsgrenze
v	:	Relativverschiebung zwischen Tragelement und Beplankung
d_2	:	Profilhöhe des Tragelementes

Unter der Annahme, dass bei Relativverschiebungen von $v = 10$ mm der maximale Schaden (Ersatz der Leichttrennwand) und damit die Stockwerk-Zerstörungsgrenze erreicht werde, ergeben sich für Profilhöhen von $d_2 = 50$ bis 100 mm bezogene Stockwerkverschiebungen von $\Delta x_Z/\Delta h = 20$ bis 10%. Diese Werte werden aber kaum je erreicht.

5.4.2 Leichttrennwände mit Tragelementen unter Längsbeanspruchung

a) Beschleunigung

Die Beschleunigung in Wandlängsrichtung wird wie bei den selbsttragenden Leichttrennwänden nicht massgebend.

b) Stockwerkverschiebung

Stockwerkverschiebungen in der Wandlängsrichtung bewirken Verformungen der mit dem Stahlbetontragwerk verbundenen Tragelemente. Über die Befestigungspunkte werden Zwängungskräfte auf die Beplankung ausgeübt.

Stockwerk-Schadenschwelle
Die Stockwerk-Schadenschwelle wird wieder über die zulässige Rissbreite zwischen Beplankungsplatten und Decke ermittelt, wobei anstelle der Wandstärke d in Gl.(5.19) die Breite der Beplankungsplatten b_1 einzusetzen ist:

$$\frac{\Delta x_S}{\Delta h} \approx \frac{w_s}{b_1/2} \tag{5.29}$$

$\Delta x_S / \Delta h$	:	Stockwerk-Schadenschwelle
w_s	:	Rissbreite
b_1	:	Breite der Beplankungsplatten

Ohne Bewegungsfugen entlang der Wandober- und -unterkante ergeben sich mit einer zulässigen Rissbreite von $w_s = 0.3$ mm mit Beplankungsplatten von $b_1 = 0.625$ bzw. 1.0 m Stockwerk-Schadenschwellen von:
$\Delta x_S/\Delta h = 0.3$ mm / (625 bzw. 1000 mm /2) = 0.10 bzw. 0.06%.
Sind spezielle Fugen vorhanden, so kann die Fugenbewegung d_f wiederum zur zulässigen Rissbreite addiert werden.

Stockwerk-Zerstörungsgrenze
Die Stockwerk-Zerstörungsgrenze kann analog zu derjenigen der Vollgipsplatten nach Gl.(5.21) bestimmt werden, wobei wiederum die Breite b_1 der Beplankungsplatten einzusetzen ist:

$$\frac{\Delta x_Z}{\Delta h} = \epsilon_u \frac{\Delta h_w}{b_1/2} \tag{5.30}$$

Mit $\epsilon_u = 0.2\%$ und $\Delta h_w = 2.5$ m ergibt sich für die Plattenbreiten $b_1 = 625$ bzw. 1000 mm: $\Delta x_S/\Delta h = 0.2\% \cdot 2500$ mm/(625 bzw. 1000 mm / 2) = 1.6 bzw. 1.0%.

Sind Bewegungsfugen vorhanden, ist Fugenbewegung d_f zur maximalen Stauchung zu addieren. Bild 5.15 zeigt die Stockwerk-Schadenschwellen und die

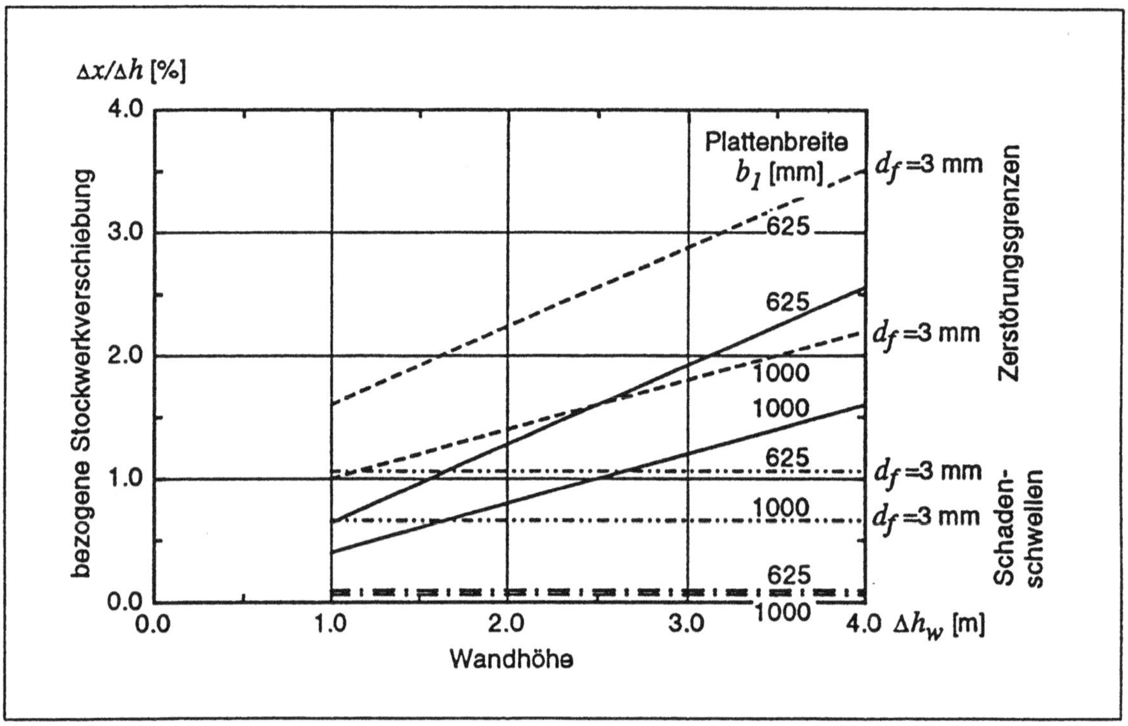

Bild 5.15: Stockwerk-Schadenschwellen und Stockwerk-Zerstörungsgrenzen bei Leichttrennwänden mit Tragelementen (Rigips) unter Längsbeanspruchung durch Stockwerkverschiebungen

Stockwerk-Zerstörungsgrenzen in Funktion der Stockwerkhöhe, mit und ohne Bewegungsfuge von $d_f = 3$ mm.

Aus den Gleichungen (5.29) und (5.30) ist ersichtlich, dass sich sowohl die Stockwerk-Schadenschwelle als auch die Stockwerk-Zerstörungsgrenze umgekehrt proportional zur Breite b_1 der Beplankungsplatten verhalten. Schmalere Platten weisen also ein günstigeres Verhalten auf und sind vorzuziehen.

5.5 Fensterelemente

Fensterelemente sind praktisch in allen Stahlbetonhochbauten vorhanden, da in den Fassaden von Gebäuden für den dauernden Aufenthalt von Menschen nach den

Bauverordnungen im allgemeinen Fensterflächen von mindestens 10% der Bruttogeschossfläche vorzusehen sind. Auch in inneren Trennwänden werden Fenster zur Gewährleistung des Durchblicks oder des Lichteinfalls eingebaut.

In diesem Abschnitt werden die meist verbreiteten Fenster mit Glasscheiben in Rahmen behandelt. Das Verhalten von vollflächig verglasten Fassaden ist stark von den Befestigungsdetails abhängig und ist im Einzelfall zu untersuchen. Spezielle Versuche zum Erdbebenverhalten von vollflächigen Fassadenverglasungen sind beispielsweise in Lim/King [LiKi 91] und Thurston/King [ThKi 92] dokumentiert.

5.5.1 Fensterelemente unter Querbeanspruchung

a) Beschleunigung

Die Bemessung von Aussenfenstern auf Winddruck ergibt Glasdicken, welche die Beanspruchungen infolge relativ grosser Beschleunigungen quer zur Glasebene aufnehmen können. Die Bruchlast der Gläser beträgt mit dem globalen Sicherheitsfaktor von $\gamma_{tot} = 4.0$ (nach [Hess 90]) für den nach [SIA 160] im schweizerischen Mittelland anzusetzenden Winddruck rund:

$q_u = \gamma_{tot}\hat{C}_{qe}q_r = 4.0 \cdot 2.0 \cdot 0.9\ \mathrm{kN/m^2} = 7.2\ \mathrm{kN/m^2}$.

Bei einer Glasdicke von 8 mm und einer Dichte von $\rho = 2500\ \mathrm{kg/m^3}$ entspricht diese Bruchlast einer Beschleunigung quer zur Glasfläche von

$a_h = q_u/(d\rho) = 7.2\ \mathrm{kN/m^2}/(0.008\ \mathrm{m}\cdot 2500\ \mathrm{kg/m^3}) = 360\ \mathrm{m/s^2}$,

welche in Stahlbetonhochbauten nicht erreicht werden kann.

Grossflächige Innenfenster sind nicht auf Winddruck, sondern auf den Aufprall von Personen auszulegen und weisen deshalb meist grössere Glasstärken auf. Auch hier führen die bei Erdbebenbeanspruchungen zu erwartenden Beschleunigungen quer zur Glasebene nicht zu Schäden.

b) Stockwerkverschiebung

Stockwerk-Schadenschwelle

Die Stockwerkverschiebung quer zum Fensterelement beansprucht primär nicht das von Rahmen gehaltene Glas, sondern den Rahmen des Fensterelementes. Die Stockwerk-Schadenschwelle kann deshalb analog zu den selbsttragenden Leichttrennwänden nach Abschnitt 5.3.1, Gl.(5.19), ermittelt werden. Die Grössenordnung der Stockwerk-Zerstörungsgrenze zeigt, dass diese Beanspruchungsart keinen Schadenbeitrag leistet.

Stockwerk-Zerstörungsgrenze

Für die Stockwerk-Zerstörungsgrenze sind die bleibenden Verformungen der Fensterrahmen massgebend. Es kann wiederum der Ansatz nach Gl.(5.21) angewandt werden:

$$\frac{\Delta x_Z}{\Delta h} = \epsilon_u \frac{\Delta h_w}{d/2} \qquad (5.31)$$

Dabei ist für die Stauchung ϵ_u ein effektiver Wert für den Rahmen $f_{y,m}/E$ einzusetzen. Dieser liegt für Stahl etwa bei 120% der nominellen Fliessstauchung ϵ_y. Daraus kann, basierend auf dem Rechenwert der Fliessstauchung ϵ_y, eine massgebende Stauchung von etwa $\epsilon_u \approx 1.2\epsilon_y = f_y/E$ abgeleitet werden.

Für eine Rahmenstärke von $d = 60$ mm und eine Höhe $\Delta h_w = 2000$ mm ergibt dies mit $\epsilon_u = 0.24\%$ eine bezogene Stockwerkverschiebung von $\Delta x_Z/\Delta h = 16\%$. Dieser Wert liegt weit über der Abbruchgrenze und wird nicht erreicht.

5.5.2 Fensterelemente unter Längsbeanspruchung

a) Beschleunigung

Beschleunigungen in Richtung der Glasebene bewirken im Glas keine wesentlichen Druckspannungen. Die Glasscheiben werden von Rahmen gehalten, welche ihrerseits mit dem Tragwerk derart verbunden sind, dass ein Umkippen in Längsrichtung ausgeschlossen werden kann. Diese Beanspruchungsart (ohne Rahmenverformung) führt deshalb bei Erdbebenbeanspruchungen nicht zu Schäden.

b) Stockwerkverschiebung

Stockwerkverschiebungen in Richtung der Glasebene führen zu Verformungen der Fensterrahmen, welche ihrerseits über die Verklotzung Einzelkräfte auf die Glasscheiben ausüben. Infolge des spröden Verhaltens von Glas führt diese Beanspruchungsart schon bei kleinen Stockwerkverschiebungen zu grossen Einzelkräften an der Verklotzung und zur Zerstörung der Glasscheiben.

Die Schadenfunktion von Fenstern unterscheidet sich deshalb von denjenigen der bisher besprochenen Bauelemente. Mit dem Erreichen der *Stockwerk-Schadenschwelle* wird ein *Teilschaden* erreicht, da die Glasscheiben praktisch unmittelbar zerstört werden, denn die Elastizität der Glasscheiben ist sehr klein (beim Bruch: $\epsilon_u = f_u/E = 60\ \text{N/mm}^2/70'000\ \text{N/mm}^2 = 0.09\ \%$.)

Stockwerk-Schadenschwelle
Die wichtigsten Parameter für die Stockwerk-Schadenschwelle sind deshalb das Spiel d_f (analog einer Fugenbewegung) zwischen Fensterrahmen, dem Rahmen des Fensterflügels und dem Glasscheibenpaket sowie die Fensterabmessungen. Es gilt:

$$\frac{\Delta x_S}{\Delta h} = \frac{d_f}{h_f} \tag{5.32}$$

d_f : Bewegungsspielraum, entsprechend einer Fugenbewegung
h_f : Höhe des Fensterflügels

Moderne Fenster mit Flügeln zum Öffnen weisen zwischen dem Rahmen des Fensterflügels und dem Fensterrahmen nur 2 bis 3 mm Spiel auf. Dazu addieren sich noch etwa 1-2 mm zwischen dem Rahmen des Fensterflügels und dem Glasscheibenpaket. Ist dieses Spiel aufgebraucht, entstehen zerstörende Zwängungskräfte und die Glasscheiben werden zerstört

Bei einem Fensterflügel von einer Höhe von $h_f = 1500$ mm ergibt sich mit insgesamt $d_f = 5$ mm Spiel eine *Stockwerk-Schadenschwelle* von $\Delta x_S/\Delta h = 5$ mm $/1500$ mm $= 0.33\%$.

Die Norm [SIA 161] lässt für Hochbauten mit spröden Zwischenwänden bezogene Stockwerkverschiebungen von $\Delta x/\Delta h = 1/500 = 0.2\%$ zu. Ein Glasbruch ist also erst bei grösseren Stockwerkverschiebungen zu erwarten. Der neuseeländische Normentwurf DZ 4203:1990 [LiKi 91] fordert für den Gebrauchsnachweis eine mögliche Verschiebung von $\Delta x_S/\Delta h = 0.35\%$. Diese Anforderung liegt etwas höher als diejenige in der Schweizer Norm [SIA 161], wie es in einem Land mit höherer Erdbebengefährdung auch zu erwarten ist.

Der Ersatz der Verglasung einer bestehenden Fassade mit Fensterbändern beläuft sich nach Unternehmerangaben [Gyse 93] auf rund 30% der Fensterkosten, und der Schaden beim Erreichen der Stockwerk-Schadenschwelle beträgt analog zu Gl.(3.4): $K = K_e\ s\ r = 30\% K_e$.

Stockwerk-Zerstörungsgrenze

Mit zunehmender Verschiebung wird nur noch der verbleibende Rahmen zunehmend geschädigt, bis bei der Stockwerk-Zerstörungsgrenze der maximale Schaden erreicht wird. Der Normentwurf DZ 4203:90 [LiKi 91] fordert eine mögliche bezogene Stockwerkverschiebung bei Hochbauten von $\Delta x/\Delta h = 2.5\%$. In der Schweiz sind $H/150 = 0.67\%$ bei Stahlhallen allgemein zulässig [SIA 161]. Für die Fensterelemente wird die Stockwerk-Zerstörungsgrenze deshalb auf etwa das Doppelte des in der Schweiz zulässigen Wertes angesetzt:

$$\Delta x_Z/\Delta h = 1.5\% \tag{5.33}$$

Der maximale Schaden beträgt wie bei den anderen nichttragenden Elementen $K_{e,max} = r \cdot K_e$.

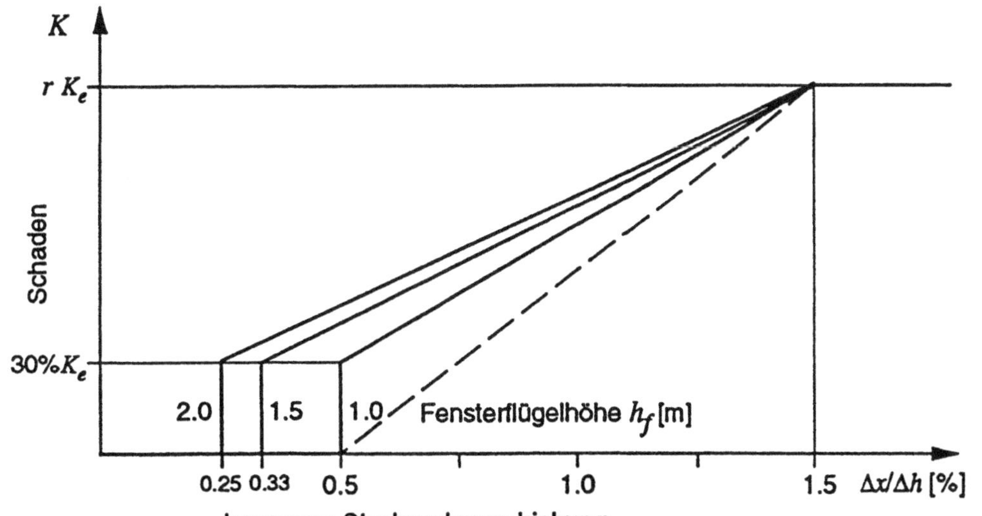

Bild 5.16: Stockwerk-Schadenfunktionen von Glasfenstern verschiedener Flügelhöhe für Stockwerkverschiebungen in Richtung der Glasebene

Mit diesen Annahmen ergeben sich für die Fenster die in Bild 5.16 eingezeichneten, von der Höhe der Fensterflügel abhängigen Stockwerk-Schadenfunktionen. Vereinfachend wird ab der Schadenschwelle ein unmittelbarer Anstieg auf 30% der Kosten des Elementes K_e angenommen. Der daraus resultierende Zwischenpunkt liegt in diesem Fall oberhalb der linearen Verbindung (gestrichelte Linie) von Stockwerk-Schadenschwelle und Stockwerk-Zerstörungsgrenze.

5.5.3 Fensterelemente für hohe Erdbebengefährdung

Fensterelemente für Bauwerke in Gebieten mit hoher Erdbebengefährdung werden speziell konstruiert. Meist wird dabei die Verbindung zwischen Tragwerk und Fensterelement derart gestaltet, dass die dort erwarteten Relativbewegungen zerstörungsfrei aufgenommen werden können. Zwischen den Fensterelementen selbst werden entsprechende Bewegungsfugen angeordnet. Derartige Konstruktionen weisen Stockwerk-Schadenschwellen von $\Delta x_S/\Delta h \geq 1\%$ auf.

5.6 Fassadenelemente

Fassadenelemente können nach den gleichen Kriterien wie die übrigen nichttragenden Elemente beurteilt werden. Sie sind meist punktweise mit dem Tragwerk verbunden. Bei geeigneter Gestaltung dieser Verbindungen können Tragwerk- und Temperaturverschiebungen praktisch zwängungsfrei aufgenommen werden. Bei richtiger Bemessung dieser Verbindungen ist ein Umkippen oder Herabfallen der einzelnen Fassadenelemente nicht möglich, solange das Tragwerk nicht versagt. Bild 5.17 zeigt mögliche typische Befestigungsdetails einer Metallfassade.

Die zulässigen Rissbreiten sind bei Fassaden jedoch wesentlich kleiner als bei nichttragenden Elementen im Gebäudeinnern. Für der Witterung ausgesetzte Stahlbetonbauteile wird eine Rissbreite von $w_S = 0.1$ mm als zulässig erachtet. Dank der zwängungsfreien Befestigung der Fassadenelemente entstehen jedoch infolge der Tragwerkverschiebungen relativ geringe Beanspruchungen und es bilden sich kaum Risse.

In den meisten Fassaden sind Fugen zur Aufnahme der Tragwerk- und Temperaturverschiebungen vorhanden. Finden in den Fugen derart grosse Verschiebungen statt, dass sie nach der Rückkehr in die Ruhelage nicht mehr funktionstüchtig sind, so ist die Stockwerk-Schadenschwelle erreicht.

Falls die Fugen nur für die Temperaturverschiebungen allein ausgelegt und nicht aus bautechnischen Gründen breiter sind, werden sie für die *Stockwerk-Schadenschwelle* massgebend: Die nach der Norm [SIA 160] zu berücksichtigenden Temperaturschwankungen betragen für Stahlbeton ±20 K, für Stahl- oder Aluminiumfassaden ±30 K. Mit dem Temperaturdehnungsbeiwert für Beton und Stahl von $\alpha_T = 10^{-5}/$ K ergeben sich Dehnungen von 0.02 bzw. 0.03 %. Die daraus resultierenden Fugenbreiten erlauben nur sehr kleine bezogene Stockwerkverschiebungen in der Grössenordnung der Dehnungen.

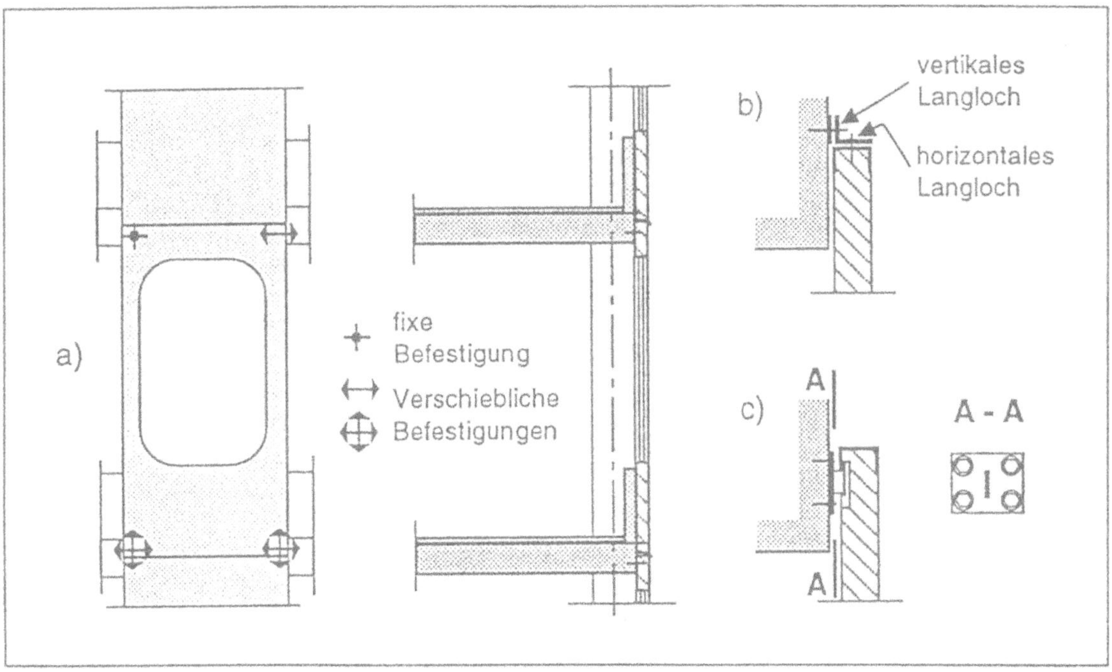

Bild 5.17: Typische zwängungsfreie Befestigung einer Metallfassade: a) Ansicht und Querschnitt b) Horizontal und vertikal verschieblicher und c) horizontal verschieblicher Befestigungspunkt

a) Stockwerkverschiebung in der Fassadenebene

Bild 5.18 zeigt schematisch die Wirkung von Stockwerkverschiebungen in der Fassadenebene auf die Fugenbewegungen. Die gesamte Stockwerkverschiebung Δx_j muss bei geschosshohen Fassadenelementen von je einer horizontalen Fuge aufgenommen werden. Die Grösse der Stockwerk-Schadenschwelle (als bezogene Stockwerkverschiebung ausgedrückt) ist stark von deren Ausgestaltung dieser Fugen und vom Dichtungsmaterial abhängig.

Bei vertikalen Versätzen im Fugenverlauf treten wesentliche Schäden auf, sobald benachbarte Elemente zusammenprallen. Die Stockwerk-Zerstörungsgrenze der Fassadenelemente kann relativ tief liegen. Stockwerk-Schadenschwelle und Stockwerk-Zerstörungsgrenze sind deshalb unter Berücksichtigung des jeweiligen Fugenverlaufes im Einzelfall zu bestimmen.

b) Stockwerkverschiebung quer zur Fassadenebene

Bild 5.19 zeigt schematisch die Bewegungen von geschosshohen Fassadenelementen bei Stockwerkverschiebungen quer zur Fassadenebene. Auch in diesem Fall sind die geometrischen Verhältnisse für die Stockwerk-Schadenschwelle und die Stockwerk-Zerstörungsgrenze massgebend. Namentlich die durch die Art der Fassadenbefestigung gegebenen Drehpunkte sind für die Fugenbewegungen bestimmend. Stockwerk-Schadenschwelle und Stockwerk-Zerstörungsgrenze sind auch hier im Einzelfall zu bestimmen

Fassadenelemente für Bauwerke in stark erdbebengefährdeten Gebieten, die grössere Bewegungen ohne Schäden tolerieren sollen, werden deshalb, wie die Fen-

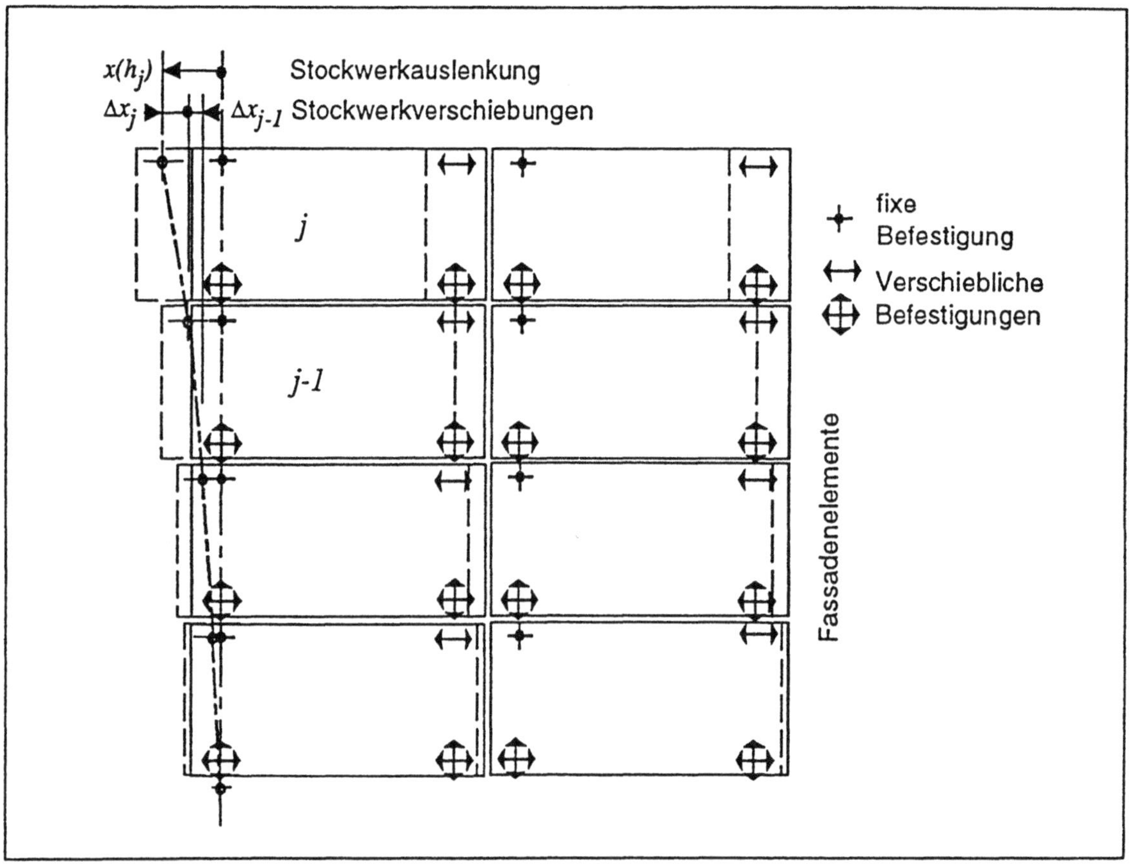

Bild 5.18: Fugenbewegungen bei Stockwerkverschiebungen in der Fassadenebene

sterelemente, speziell dafür konstruiert.

5.7 Ausbau und Installationen

Unter Ausbau und Installationen werden die nicht zum Rohbau gehörenden Elemente zusammengefasst.

Der *Rohbau* umfasst die Tragelemente (Tragwände, Stützen, Riegel, Geschossdecken) sowie die nichttragenden Bauelemente (Trennwände, Fassaden- und Fensterelemente, etc.).

Der *Ausbau* umfasst vor allem den Innenausbau, die Ausstattungen und Einrichtungen.

Die *Installationen* umfassen sämtliche Installationen der Haustechnik wie Elektro-, Heizungs-, Lüftungs-, Klima-, Sanitärinstallationen, maschinelle Einrichtungen, etc.

a) Ausbau

Die Elemente des Ausbaues weisen eine grosse Vielfalt auf und sind typischerweise mit Tragwerk und nichttragenden Elementen fest verbunden.

Im allgemeinen sind die Ausbaudetails bei der Tragwerkbemessung noch nicht bekannt. Die Schadenfunktion des Ausbaus kann aber näherungsweise proportional

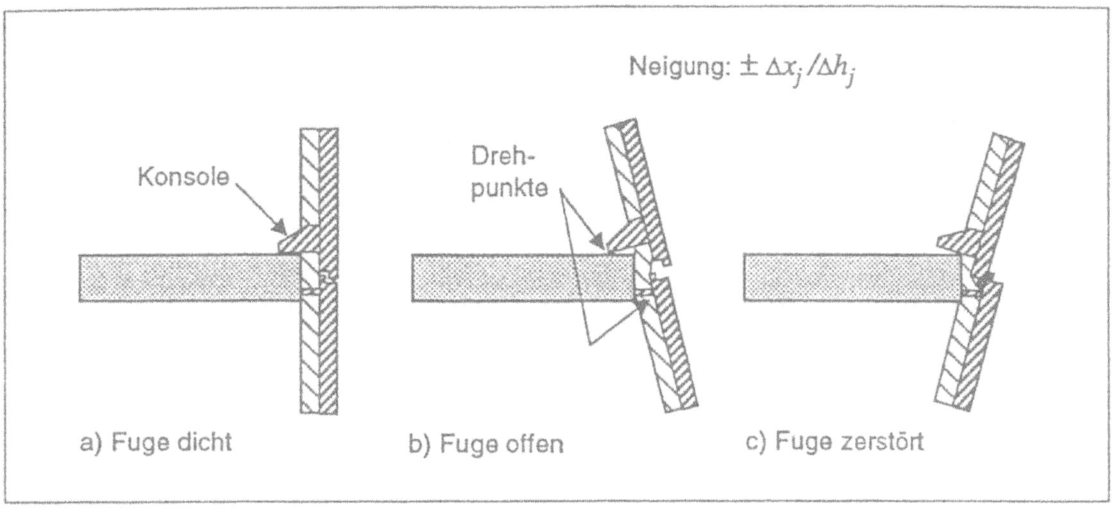

Bild 5.19: Fugenbewegungen bei Stockwerkverschiebungen quer zur Fassade (schematisch)

zur Schadenfunktion des Rohbaus angesetzt werden.

b) Installationen

Die Installationen sind ebenfalls mit Tragwerk und nichttragenden Elementen verbunden.

Viele Installationen sind jedoch sehr bewegungstolerant. So sind Elektroleitungen sehr flexibel, nur bei grösseren Verschiebungen ergeben sich Unterbrüche, vor allem bei Verzweigungsstellen. Die Schäden (Reparaturkosten) sind aber relativ klein.

Die Installationen werden also im allgemeinen weniger geschädigt als die Bauelemente, mit denen sie verbunden sind. Überschreitet dagegen ein Bauelement seine Zerstörungsgrenze, so erleiden auch die damit verbundenen Installationen den maximalen Schaden. Die Installationen sind also typische Elemente mit geringer direkter und vor allem indirekter Schädigung (vgl. Bild 3.3).

c) Schadenfunktionen

Falls die Details von Ausbau und Installationen bekannt sind, lassen sich ihre Stockwerk-Schadenschwellen und Stockwerk-Zerstörungsgrenzen analog zu denjenigen der Bauelemente ermitteln.

Oft sind diese Informationen jedoch nicht vorhanden. In diesen Fällen und für erste Abschätzungen, kann allgemein wie folgt vorgegangen werden:

1. Für die im Bauwerk verteilten Ausbauten und Installationen können die Stockwerk-Schadenschwellen und die Stockwerk-Zerstörungsgrenzen proportional zu denjenigen der entsprechenden Bauelemente angesetzt werden.

   Meist kann jedoch mit genügender Genauigkeit direkt die Schadenfunktion der im Bauwerk verteilten Ausbauten und Installationen proportional zu derjenigen des Rohbaus angesetzt werden. Der Schaden am Rohbau umfasst die

Schäden an allen Bauelementen (Tragelemente und nichttragende Bauelelemente wie Trennwände, Fensterelemente und Fassaden).

2. Für die konzentriert in gewissen Räumen angeordneten Ausbauten und Installationen (zB. in Technikräumen von Bauwerken mit hohem Installationsgrad) werden die Schadenfunktionen proportional zu den Bauelementen dieser Räume angesetzt.

Aus den eingangs erläuterten Gründen resultieren aus diesem Ansatz unterhalb der Zerstörungsgrenze der Bauelemente, bzw. der Abbruchgrenze des Bauwerks, leicht konservative Schadenfunktionen.

Kapitel 6

Anwendungsbeispiele

Das in den vorangehenden Kapiteln entwickelte Modell zur Beurteilung der Erdbebentauglichkeit von Stahlbetonhochbauten wird in diesem Kapitel auf drei Varianten eines Stahlbetonskelettbaues angewendet. Die drei als Beispiele durchgerechneten Bauwerke sind:

- *Bauwerk TB: Stahlbetonskelettbau mit Stahlbetontragwänden und Backsteintrennwänden:* Das Bauwerk TB weist als Tragwerk in beiden Achsrichtungen je vier Stahlbetontragwände auf. Die zwischen Stützen und Stahlbetontragwänden auf den Geschossdecken stehenden Trennwände bestehen aus Mauerwerk.
- *Bauwerk TL: Stahlbetonskelettbau mit Stahlbetontragwänden und Leichttrennwänden:* Das Bauwerk TL weist dieselben Stahlbetontragwände auf wie das Bauwerk TB. Die Trennwände sind als Leichttrennwände mit Tragelementen ausgeführt und mit den Tragelementen des Stahlbetonskelettbaues verbunden.
- *Bauwerk UTL: Stahlbetonskelettbau mit überdimensionierten Stahlbetontragwänden und Leichttrennwänden:* Das Bauwerk UTL weist an den Stirnseiten über die ganze Bauwerkbreite und -höhe durchgehende Stahlbetontragwände auf. In der Längsrichtung des Bauwerks sind die gleichen Tragwände vorhanden wie in den Bauwerken TB und TL. Die Trennwände sind als Leichttrennwände mit Tragelementen ausgeführt, welche mit den Tragelementen des Stahlbetonskelettbaues verbunden sind.

Nach der Zusammenstellung der Grundlagen werden die Beispiele einzeln dargelegt. Zuerst werden die Schadenfunktionen der Tragelemente bestimmt. Anschliessend werden die Stockwerkverschiebungen und die Stockwerkantwortbeschleunigungen ermittelt.

Für die nichttragenden Elemente werden die Stockwerk-Schadenschwellen und die Stockwerk-Zerstörungsgrenzen bestimmt. Daraus lassen sich die Schadenschwellen und Zerstörungsgrenzen ermitteln. Zusammen mit den zugehörigen maximalen Schäden sind dadurch die Schadenfunktionen der nichttragenden Elemente bestimmt.

Aus den Schadenfunktionen der Tragelemente und der nichttragenden Elemente ergeben sich die Schadenfunktionen des Bauwerks. Daraus werden die Schadenwahrscheinlichkeitsfunktionen und das vorhandene Gebäudeschadenrisiko berechnet, welches zur Beurteilung der Erdbebentauglichkeit mit dem akzeptierten Gebäudeschadenrisiko verglichen wird.

6.1 Grundlagen

Erdbebenbemessung
Die Bauwerke gehören der Bauwerksklasse BWK I an. Sie sind nach den Normen [SIA 160] und [SIA 162] für die Erdbebenzone 3b und für eine maximale effektive Bodenbeschleunigung des Bemessungsbebens von $a_s = a_B = 0.16g$ bemessen.

Baustoffe
Es werden die folgenden Baustoffe nach [SIA 162] verwendet:

- Beton für Geschossdecken	B35/25:	$f_c = 16$ N/mm^2, $E_c = 35'000$ N/mm^2
- Beton für Tragwände	B40/30:	$f_c = 19.5$ N/mm^2, $E_c = 37'000$ N/mm^2
- Bewehrungsstahl	S500:	$f_y = 460$ N/mm^2
- Backsteinmauerwerk	MBNC:	nach [SIA 177]

Baubeschrieb
Grundlage für die in den Beispielen verwendeten Abmessungen und Konstruktionsdetails bildet ein bestehendes Bauwerk. Der Stahlbetonskelettbau weist sechs Geschosse unterschiedlicher Höhe auf und wurde bereits von Linde in [BWL 91] beschrieben. Bild 6.2 zeigt Grundriss und Querschnitte der Bauwerke TB und TL. Erdgeschoss bis 4. Obergeschoss weisen Gewerbenutzung auf, im fünften Obergeschoss befinden sich Büros.

Die horizontalen Kräfte werden von Tragwänden aufgenommen. Die auf den Achsschnittpunkten stehenden Stützen sind Schwerelaststützen und dienen nur der Abtragung der vertikalen Lasten. Sie leisten keinen Beitrag an den Widerstand gegen horizontale Einwirkungen.

Nichttragende Trennwände finden sich entlang der Achse B von Achse 1 bis 9, auf den Achsen 2, 4, 6 und 8 zwischen den Achsen A und D, sowie auf den Achsen 3, 5 und 7 zwischen den Achsen A und B.

Die Fassade besteht aus einer zwischen den Stützen auf dem Deckenrand stehenden Stahlbetonbrüstung, einer daran geklebten, durchgehenden Wärmedämmschicht und einer davor gehängten hinterlüfteten Fassade aus vorfabrizierten Elementen. Die Fensterbänder von durchwegs 2.0 m Höhe sind an die Brüstungen und an die Stützen angeschlagen.

Das Untergeschoss besteht aus einem steifen Kasten aus Stahlbetonwänden auf einer durchgehenden Bodenplatte. Die Stützen und die Tragwände sind bis auf den Untergeschossboden durchgeführt. Das Bauwerk ist flach auf tragfähigem mittelsteifem Untergrund fundiert.

Bemessungswerte der Stockwerklasten
Die nach Linde [BWL 91] aus den Kombinationen der Einwirkungen der Norm [SIA 160] resultierenden Bemessungswerte der Stockwerklasten sind in Bild 6.1 pro Geschoss aufgeführt.

Decke j	Bemessungswert der Stockwerklast $G_m + \sum \psi_{acc} Q_r$
6 (Dach)	12'500 kN
5	16'300 kN
EG bis 4	21'100 kN
Total	134'300 kN

Bild 6.1: Bemessungswerte der Stockwerklasten

6.2 Bauwerk TB

Das Bauwerk TB mit Stahlbetontragwänden und nichttragenden Mauerwerktrennwänden nach Bild 6.2 weist in den beiden Achsrichtungen je vier identische, im Grundriss symmetrisch angeordnete Tragwände auf, welche die horizontalen Einwirkungen zu gleichen Teilen aufnehmen.

Die Grundfrequenzen des Bauwerks können nach [SIA 160] mit der Gleichung $f_1 = 13C_s\sqrt{l_o}/h_o$ abgeschätzt werden (C_s: Baugrundbeiwert, l_o: Bauwerkabmessung in Schwingrichtung, h_o: Höhe des Bauwerks ab Einbindungshorizont).

Mit einem Baugrundbeiwert für mittelsteifen Boden von $C_s = 0.9$ ergibt sich für die beiden Achsrichtungen:

$f_{1,x} = 13 \cdot 0.9\sqrt{52.40}/30.70 = 2.8$ s^{-1} und

$f_{1,y} = 13 \cdot 0.9\sqrt{26.80}/30.70 = 2.0$ s^{-1}.

Nach [SIA 160] beträgt die maximale effektive Bodenbeschleunigung in der Zone 3b $a_s = 0.16g$. Für die berechneten Grundfrequenzen ist bei mittelsteifem Untergrund mit einer elastischen Antwortbeschleunigung von $a_e = 0.34g$ zu rechnen (Plateauwert).

Das Tragwerk gehört zur Bauwerksklasse BWK I und wird nach [SIA 160] für natürliche Duktilität mit einem Verformungsbeiwert von $K = 2.0$ bemessen. Die Tragwände weisen genau den erforderlichen Tragwiderstand auf.

6.2.1 Kosten

Zur Berechnung der Schadenfunktionen der Tragelemente und der nichttragenden Elemente müssen die Kosten der einzelnen Elemente des Bauwerks bekannt sein. In der Tabelle von Bild 6.3 sind die Elemente nach Art, Ort und Ausmass aufgeführt. Die Kosten für den Rohbau wurden mit Hilfe gerundeter Preise ermittelt (Bauhandbuch [CRB 91] und Richtpreise von Unternehmern, Preisstand 1991).

Das Untergeschoss sowie Ausbau und Installationen wurden pauschal berücksichtigt. Die Kosten für Ausbau und Installationen sind stark von der Nutzung des Bauwerks abhängig. Durchschnittlich betragen sie rund das Doppelte der Rohbaukosten. Dieses Verhältnis wird in Bild 6.3 verwendet.

Die Gesamtkosten des Bauwerks betragen Fr. 21.1 Mio. Die mit den Bauwerkaussenabmessung von Bild 6.2 ermittelten spezifischen Kosten betragen Fr. 490/m^3 und entsprechen den für diese Art Bauwerke üblichen Werten.

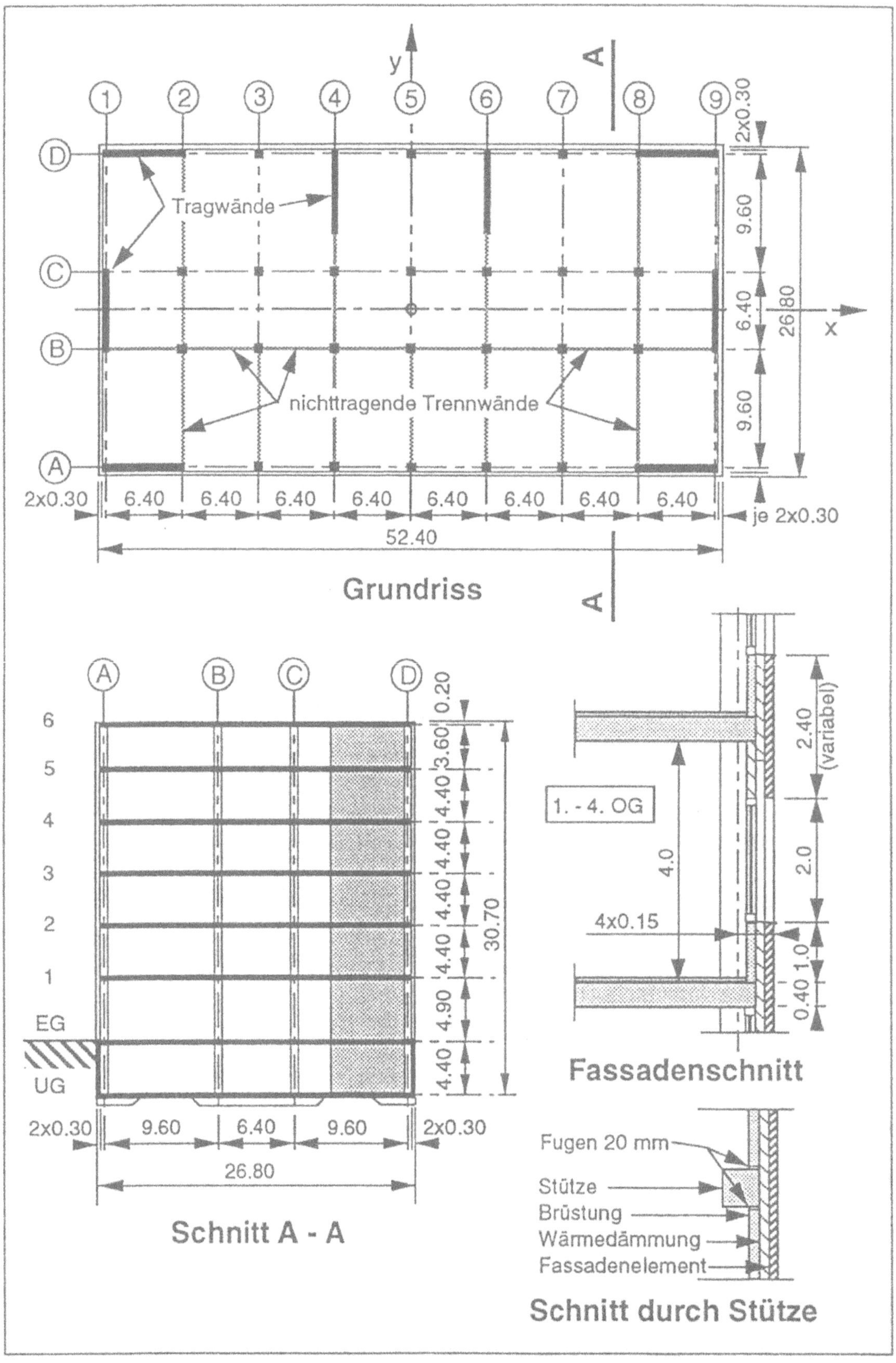

Bild 6.2: Grundriss und Querschnitte der Bauwerke TB und TL

Das absolute Kostennniveau ist für die Risikoermittlung von untergeordneter Bedeutung, da sowohl das vorhandene Gebäudeschadenrisiko als auch das akzeptierte Gebäudeschadenrisiko auf dieselben Gesamtkosten bezogen werden. Die Kosten der verschiedenen Elemente beeinflussen dagegen das Gebäudeschadenrisiko massgeblich, da sich ihre Schadenfunktionen stark unterscheiden.

6.2.2 Tragelemente

a) Geschossdecken

Geschossdecken bei Bauwerken mit Tragwänden weisen erst bei grösseren Verschiebungen Schäden auf, welche nach Abschnitt 4.1.2a gering bleiben und vernachlässigt werden können.

b) Schadenfunktionen der Tragwände

Nach Abschnitt 4.2.2c wird nach der Bestimmung der Grundfrequenzen die beanspruchte kumulierte Verschiebeduktilität nach Gl.(4.3) für die Bemessungsduktilität von $\mu_{\Delta,B} = K = 2.0$ bestimmt:

$\sum \mu_{\Delta,x} = t_E f_{1,x} \mu_{\Delta,B}/5 = 7\ \text{s} \cdot 2.8\ \text{s}^{-1} \cdot 2.0/5 = 7.8$ in x-Richtung und

$\sum \mu_{\Delta,y} = 5.6$ in y-Richtung.

Der Schädigungsgrad beträgt bei natürlicher Duktilität nach Gl.(4.7):

$s_{B,x} = 50\%\,[1 + (7.8 - 3)/(10)] = 74\%$ in x-Richtung und

$s_{B,y} = 63\%$ in y-Richtung.

Der Fliessgelenkbereich erstreckt sich nach Gl.(4.9) über $l_p \geq l_w = 6.80$ m.

Der Reparaturfaktor kann nach Abschnitt 3.3.1g zu $r = 3.0$ angesetzt werden. Der Schaden an der Tragwand beträgt beim Bemessungsbeben bei einer Länge des Tragelementes ab dem Einspannquerschnitt von $l_t = H = 30.70 - 4.40 = 26.30$ m nach Gl.(4.10):

$K_{B,x} = K_t\, s_{B,x}\, r\, l_p/l_t = K_t \cdot 74\% \cdot 3.0 \cdot 6.80\ \text{m}/26.30\ \text{m} = 57\% K_t$ für die Tragwände und Beanspruchung in x-Richtung bzw.

$K_{B,y} = 49\% K_t$ in y-Richtung.

Die Schadenschwelle liegt nach Gl.(4.11) ausgehend von der maximalen effektiven Bodenbeschleunigung des Bemessungsbebens von $a_B = 1.6\ \text{m/s}^2$ bei

$a_S = a_B/\mu_{\Delta,B} = (1.6\ \text{m/s}^2)/2.0 = 0.8\ \text{m/s}^2$.

Der Schaden beim Erreichen der Abbruchgrenze beträgt nach Gl.(4.12):

$K_A = K_t\, r\, l_p/l_t = K_t \cdot 3.0 \cdot 6.80\ \text{m}/26.30\ \text{m} = 78\% K_t$.

Die Abbruchgrenze liegt nach Gl.(4.13) bei:

$a_{A,x} = a_S + (a_B - a_S) K_A/K_{B,x} = 0.8\ \text{m/s}^2 + (1.6 - 0.8)\ \text{m/s}^2 \cdot 78\% K_t/57\% K_t$

$a_{A,x} = 1.9\ \text{m/s}^2$ in x-Richtung und

$a_{A,y} = 2.1\ \text{m/s}^2$ in y-Richtung.

Der maximale Schaden oberhalb der Abbruchgrenze beträgt nach Gl.(4.14) für vier Tragwände:

$K_{t,max} = r K_t = 3.0 K_t = 3.0 \cdot$ Fr.186'000 = Fr. 558'000.

Damit ergeben sich für die vier um ihre starke Achse beanspruchten Tragwände die in Bild 6.4 gestrichelt eingezeichneten Schadenfunktionen. Angesichts des kleinen

	Bauwerk TB						
Nr.	Element	Ort		Ausmass		Preis	Kosten [Fr.]
1	**Geschossdecken**						**2'198'599**
1.1	d=0.40 m	1. - 5. OG		8'143	m^2	270	2'198'599
2	**Tragwände**						**371'987**
2.1	D1-2, A1-2, D8-9, A8-9	EG - 5. OG	x	715	m^2	260	185'994
2.2	1C-B, 9C-B, 4C-D, 6C-D	EG - 5. OG	y	715	m^2	260	185'994
3	**Stützen**						**202'510**
3.1	d= 0.60 m bis 0.30 m	EG - 5. OG		579	m^1	350	202'510
4	**Brüstungen**						**168'480**
4.1	A1-9, D1-9	EG - 5. OG	x	622	m^2	180	111'888
4.2	1A-D, 9A-D	EG - 5. OG	y	314	m^2	180	56'592
5	**Trennwände**						**485'266**
5.1	B1-9	EG	x	241	m^2	120	28'877
5.2	B1-9	1. - 4. OG	x	819	m^2	120	98'304
5.3	B1-9	5. OG	x	164	m^2	120	19'661
5.4	(2, 4, 6, 8)A-D	EG	y	419	m^2	120	50'309
5.5	(2, 4, 6, 8)A-D	1. - 4. OG	y	1'427	m^2	120	171'264
5.6	(2, 4, 6, 8)A-D	5. OG	y	285	m^2	120	34'253
5.7	(3, 5, 7)A-B	EG	y	135	m^2	120	16'243
5.8	(3, 5, 7)A-B	1. - 4. OG	y	461	m^2	120	55'296
5.9	(3, 5, 7)A-B	5. OG	y	92	m^2	120	11'059
6	**Fassadenelemente**						**679'536**
6.1	A1-9, D1-9	EG	x	304	m^2	300	91'176
6.2	A1-9, D1-9	1. - 4. OG	x	1'006	m^2	300	301'824
6.3	A1-9, D1-9	5. OG	x	189	m^2	300	56'592
6.4	1A-D, 9A-D	EG	y	155	m^2	300	46'632
6.5	1A-D, 9A-D	1. - 4. OG	y	515	m^2	300	154'368
6.6	1A-D, 9A-D	5. OG	y	96	m^2	300	28'944
7	**Fensterelemente**						**1'697'760**
7.1	A1-9, D1-9	EG - 5. OG	x	1'250	m^2	900	1'125'360
7.2	1A-D, 9A-D	EG - 5. OG	y	636	m^2	900	572'400
8	**Untergeschoss**						**1'235'802**
8.1	pauschal	UG		6'179	m^3	200	1'235'802
9	**Rohbau**						**7'039'940**
10	**Ausbau & Installationen**						**14'079'879**
10.1	Ausbau & Installationen						14'079'879
11	**Gesamtkosten**			43'113	m^3	490	**21'119'819**

Bild 6.3: Kostenzusammenstellung für das Bauwerk TB

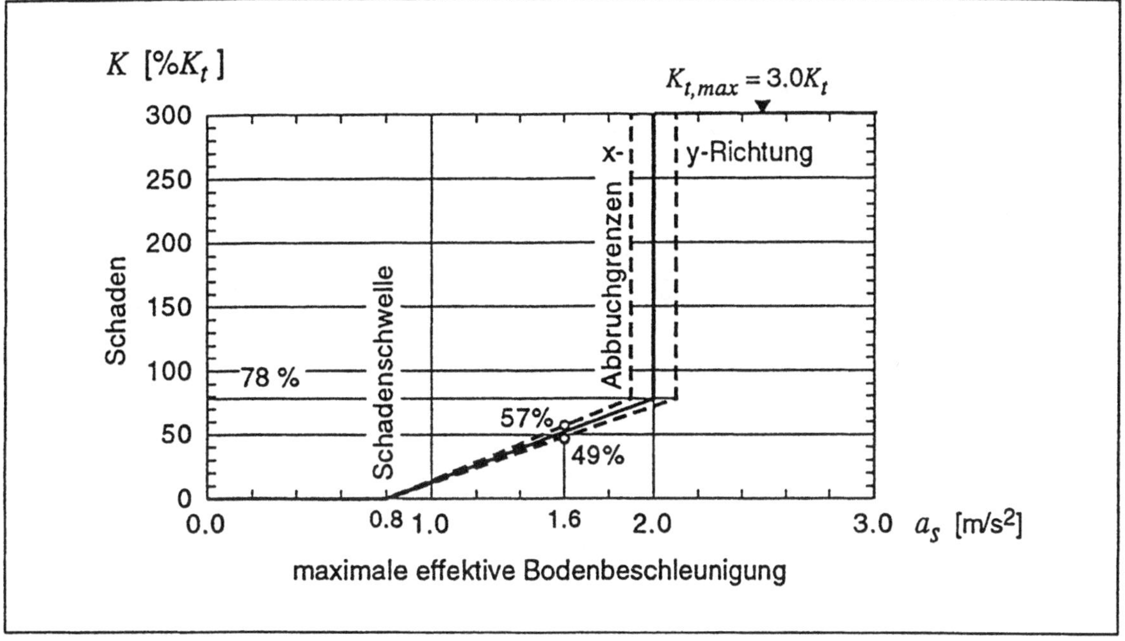

Bild 6.4: Schadenfunktionen der um ihre starke Achse beanspruchten Tragwände für Erdbeben in x-Richtung und in y-Richtung sowie mittlere Schadenfunktion

Unterschiedes für die beiden Achsrichtungen kann eine mittlere Schadenfunktion mit einer Abbruchgrenze von $a_A = 2.0$ m/s^2 verwendet werden.

Die Schadenbeiträge der um ihre schwache Achse beanspruchten Tragwände können vernachlässigt werden.

c) Stockwerkauslenkungen und Stockwerkverschiebungen

Da sowohl die Erdbebenersatzkraft als auch die Steifigkeiten der Tragwände in den Achsrichtungen x und y identisch sind, sind auch die Stockwerkauslenkungen, -verschiebungen, -beschleunigungen und -antwortbeschleunigungen in den beiden Richtungen gleich gross.

Für die Abschätzung der Stockwerkverschiebungen sind zuerst die Stockwerkauslenkungen zu bestimmen. Dazu wird mit den Bemessungswerten der Stockwerklasten die gesamte Ersatzkraft nach [SIA 160] bestimmt ($a_h/g = 0.34$):

$F_{tot} = Q_{acc} = (a_h/g) \cdot (C_d/K) \cdot (G_m + \sum \psi_{acc} Q_r)$

$F_{tot} = 0.34 \cdot 0.65/2.0 \cdot 134'300 \text{ kN} = 14'800 \text{ kN}.$

Das Bauwerk weist eine gleichmässige Massenverteilung auf. Die Steifigkeit ist infolge der gleichbleibenden Querschnittsabmessungen der Tragwände über die Höhe praktisch konstant. Die Auslenkungen des Tragwerks können deshalb nach 4.3.2b vereinfacht ermittelt werden.

Für jede der vier in einer Achsrichtung wirksamen Tragwände ergibt sich nach Gl.(4.15) ein maximaler Wert für die dreieckförmig verteilte Ersatzkraft von:

$q_{max} = 2F_{tot}/(4h_o) = 2 \cdot 14'800 \text{ kN}/(4 \cdot 30.70 \text{ m}) = 241 \text{ kN/m}.$

Für die Steifigkeit der gerissenen Tragwand kann nach [PBM 90] der folgende Wert eingesetzt werden:

$I_c^{II} = 0.6 I_c^I = 0.6 \cdot 6.80^3 \cdot 0.35/12 = 5.50 \text{ m}^4.$

Damit ergibt sich für die in der Decke über dem Untergeschoss eingespannte Tragwand ($H = 26.10$ m) nach Gl.(4.19):

$k_M = H^4/120EI = 26.10^4 \text{ m}^4/(120 \cdot 37'000 \text{ N/mm}^2 \cdot 5.50 \text{ m}^4) = 0.0190 \text{ mm}^2/\text{N}.$

Die maximale elastische Auslenkung ergibt sich mit Gl.(4.20) zu:

$x_{el}(H) = 11 k_M q_{max} = 11 \cdot 0.0190 \text{ mm}^2/\text{N} \cdot 241 \text{ kN/m} = 50.4 \text{ mm}.$

Die Gleichung der elastischen Biegelinie lautet nach Gl.(4.18) für die in der Decke über dem Untergeschoss eingespannte Tragwand:

$x_{el}(h) \text{ [mm]} = 0.1344 \cdot h^2 - 2.575 \cdot 10^{-3} \cdot h^3 + 0.3781 \cdot 10^{-6} \cdot h^5 \; (h \text{ in [m]})$

Diese Gleichung wird für die Höhen h_j der Geschossdecken ausgewertet. Die Resultate sind in der Tabelle in Bild 6.5 aufgeführt.

j	h_j [m]	x_{el} [mm]	x_{pl} [mm]	x_{tot} [mm]	Δx_j [mm]	$\Delta x_j/\Delta h_j$ [%]
6	26.1	50.4	50.4	100.8		
					16.5	0.46
5	22.5	40.9	43.4	84.3		
					19.8	0.45
4	18.1	29.5	35.0	64.5		
					19.2	0.44
3	13.7	18.8	26.5	45.3		
					17.7	0.40
2	9.3	9.6	18.0	27.6		
					15.2	0.35
1	4.9	2.9	9.5	12.4		
					12.4	0.25
EG	0	0	0	0		

Bild 6.5: Stockwerkauslenkungen sowie absolute und bezogene Stockwerkverschiebungen Δx_i und $\Delta x_j/\Delta h_j$

Aus den elastischen Auslenkungen werden die plastischen Auslenkungen x_{pl} ermittelt. Die maximale plastische Auslenkung auf der Höhe H beträgt nach Gl.(4.21) mit $\mu_{\Delta,B} = K = 2.0$:

$x_{pl}(H) = (\mu_{\Delta,B} - 1)x_{el}(H) = (2.0 - 1) \cdot 50.4 \text{ mm} = 50.4 \text{ mm}$

Die plastischen Auslenkungen für die Höhen h_j der Geschossdecken ergeben sich nach Gl.(4.22) durch Multiplikation der Auslenkung $x_{pl}(H)$ mit h_j/H. Die Resultate sind in Bild 6.5 aufgeführt.

Die beiden Anteile werden nach Gl.(4.23) addiert und ergeben die gesamten Stockwerkauslenkungen:

$x_{tot}(h) = x_{el}(h) + x_{pl}(h).$

In diesem Beispiel ist der plastische Auslenkungsanteil der obersten Decke gleich gross wie der elastische Auslenkungsanteil.

Aus den Stockwerkauslenkungen können nach Abschnitt 4.3.3 die absoluten Stockwerkverschiebungen für die einzelnen Geschosse nach Gl.(4.28):

$\Delta x_j = x_{tot}(h_{j+1}) - x_{tot}(h_j)$

und die in Bild 6.5 aufgeführten bezogenen Stockwerkverschiebungen $\Delta x_j/\Delta h_j$ ermittelt werden.

d) Stockwerkbeschleunigungen und Stockwerkantwortbeschleunigungen

Die Stockwerkbeschleunigungen können nach Abschnitt 4.3.5 abgeschätzt werden. Am Fusspunkt des Tragwerks entspricht die Stockwerkbeschleunigung nach Bild 4.8 der Bodenbeschleunigung a_s:

$a_h(0) = a_s = 0.16g = 1.6\ \mathrm{m/s^2}$.

Zuoberst am Bauwerk beträgt die Stockwerkbeschleunigung mit $h_6 = H$ nach Gl.(4.29):

$a_{f,6} = 2a_e = 2 \cdot 0.34g = 6.8\ \mathrm{m/s^2}$.

Wird diese maximale Stockwerkbeschleunigung bezogen auf die maximale effektive Bodenbeschleunigung, so ergibt sich:

$a_{f,6} = 4.24 \cdot a_s$.

Mit Gl.(4.29) können die Stockwerkbeschleunigungen der anderen Geschosse als Vielfache der Bodenbeschleunigung a_s berechnet werden (vgl. Bild 6.6).

Die für die nichttragenden Bauelemente massgebenden Stockwerkantwortbeschleunigungen ergeben sich nach Gl.(4.30) ($a_{a,j} = \omega a_{f,j}$) durch Multiplikation mit $\omega = 1.2$. Diese Werte sind ebenfalls in Bild 6.6 enthalten.

Stockwerk		Stockwerk-beschleunigung	Stockwerk-antwortbeschleunigung
j	h_j	$a_{f,j}$	$a_{a,j}$
6 (Dach)	26.1	$4.24a_s$	$5.09a_s$
5	22.5	$3.79a_s$	$4.55a_s$
4	18.1	$3.25a_s$	$3.90a_s$
3	13.7	$2.70a_s$	$3.24a_s$
2	9.3	$2.15a_s$	$2.58a_s$
1	4.9	$1.61a_s$	$1.93a_s$
EG	0.0	$1.00a_s$	$1.20a_s$

Bild 6.6: Stockwerkbeschleunigungen $a_{f,j}$ und Stockwerkantwortbeschleunigungen $a_{a,j}$ in Funktion der maximalen effektiven Bodenbeschleunigung a_s

e) Schwerelaststützen

Bei diesem Beispiel wird vorausgesetzt, dass die Schwerelaststützen einerseits nicht zum Horizontalwiderstand beitragen (vgl. 4.1.2d) und andererseits schadenfrei bleiben. Dies ist etwa der Fall bei der Ausbildung von vorfabrizierten Stützen mit Kopf- und Fussplatten aus Stahl und zentriertem Auflagerkern. Die Schwerelaststützen werden nur indirekt geschädigt.

Indirekt geschädigte Elemente leisten unterhalb der Abbruchgrenze keinen Beitrag an die Schadenfunktionen. Oberhalb der Abbruchgrenze ist der maximale Schaden des Bauwerks massgebend. Der maximale Schaden der indirekt geschädigten Elemente braucht deshalb nicht berechnet zu werden.

f) Untergeschoss

Das Untergeschoss besteht aus einem steifen Kasten aus Stahlbetonwänden, welcher die von den Tragelementen der Obergeschosse eingeleiteten Kräfte elastisch und ohne Schädigung aufnehmen kann. Es wird nur indirekt geschädigt.

6.2.3 Nichttragende Elemente

a) Brüstungen

Brüstungen können nach Abschnitt 5.1.3a wie Trennwände behandelt werden.

Die Brüstungen sind 150 mm stark, 1000 mm hoch und in Stahlbeton ausgeführt. Seitlich wurde zwischen Stützen und Brüstung eine Fuge mit Glasfaserplatten von 20 mm Stärke ausgebildet. Die Stahlbetonbrüstung ist in ihrer Ebene sehr steif. Die Schädigung der Brüstung bei Stockwerkverschiebungen in der Brüstungsebene beginnt deshalb beim Zusammenstoss von oberer Brüstungsecke und Stütze. Die Stockwerk-Schadenschwelle ergibt sich deshalb als bezogene Stockwerkverschiebung von

$\Delta x_S / \Delta h = 20 \text{ mm}/1000 \text{ mm} = 2.0\%$.

Beim Bemessungsbeben beträgt die maximale bezogene Stockwerkverschiebung nach Bild 6.5 im 5. OG: $\Delta x_5/\Delta h_5 = 0.46\%$. Die Schadenschwelle (maximale effektive Bodenbeschleunigung) kann mit dem Verhältnis der Stockwerk-Schadenschwelle zur bezogenen Stockwerkverschiebung beim Bemessungsbeben ($a_s = a_B = 1.6 \text{ m/s}^2$) aus Bild 6.5 bestimmt werden.

$a_{S,5} = (1.6 \text{ m/s}^2) \cdot 2.0\%/0.46\% = 7.0 \text{ m/s}^2$.

Diese Schadenschwelle wird jedoch nicht erreicht, da die Abbruchgrenze gemäss Bild 6.4 bei $a_A = 2.0 \text{ m/s}^2$ liegt.

Stockwerkverschiebungen quer zur Brüstung werden von den Fugen ohne Schaden aufgenommen.

Schadenfunktionen
Die Brüstungen werden für die Beanspruchung in beiden Achsrichtungen nur indirekt geschädigt: Sie weisen Schadenfunktionen nach Bild 3.3b auf.

b) Trennwände

Das Bauwerk TB enthält die in Bild 6.2 eingezeichneten und in der Tabelle von Bild 6.3 aufgeführten, nachträglich eingemauerten Mauerwerktrennwände von 120 mm Stärke entlang der Stützenachsen. Zwischen vertikalen Tragelementen und Mauerwerktrennwänden sind Fugen mit Glasfaserplatten von 10 mm Stärke angeordnet, ebenso entlang des oberen Randes der Mauerwerktrennwände.

Schadenschwellen für Beschleunigungen quer zur Wand
Die Stockwerk-Schadenschwellen freistehender Kragwände unter Beschleunigungen quer zur Wand werden nach Gl.(5.2) ermittelt oder können aus Bild 5.4 herausgelesen werden. Für das Erdgeschoss ergibt dies mit $\Delta h_w = (4900 - 400) \text{ mm} = 4500$ mm:

$a_{h,S} = gd/\Delta h_w = (9.81\ \mathrm{m/s^2}) \cdot 120\ \mathrm{mm}/4500\ \mathrm{mm} = 0.26\ \mathrm{m/s^2}$.
Für das 1. bis 4. OG ergibt sich mit $\Delta h_w = 4000$ mm $a_{h,S} = 0.29\ \mathrm{m/s^2}$ und für das 5. OG mit $\Delta h_w = 3200$ mm $a_{h,S} = 0.37\ \mathrm{m/s^2}$.

Nach Abschnitt 5.1.2 wird die Schadenschwelle erreicht, wenn die Stockwerkantwortbeschleunigung gleich gross ist wie die Stockwerk-Schadenschwelle. Damit kann die Schadenschwelle rückwärts mit den Angaben in Bild 6.6 ermittelt werden. Die Stockwerkantwortbeschleunigung beträgt im Erdgeschoss $a_{a,EG} = 1.20 a_s$ und es ergibt sich die Schadenschwelle (maximale effektive Bodenbeschleunigung) für die Trennwände im EG zu:

$a_S = a_{h,S}/1.20 = 0.26\ \mathrm{m/s^2}/1.20 = 0.22\ \mathrm{m/s^2}$.

Die Schadenschwellen für die Mauerwerktrennwände in den anderen Geschossen werden in gleicher Weise bestimmt. Die Werte sämtlicher Geschosse sind in Bild 6.7 aufgeführt.

Geschoss	Beschleunigung quer		Stockwerkverschiebung längs	
	Schadenschwelle	Zerst.-grenze	Schadenschwelle	Zerst.-grenze
j	$a_{S,j}$ [m/s²]	$a_{Z,j}$ [m/s²]	$a_{S,j}$ [m/s²]	$a_{Z,j}$ [m/s²]
5	0.081	0.26	1.25	2.12
4	0.074	0.20	1.07	1.96
3	0.090	0.24	1.09	2.00
2	0.11	0.30	1.20	2.20
1	0.15	0.40	1.37	2.51
EG	0.22	0.51	1.73	3.33

Bild 6.7: Schadenschwellen und Zerstörungsgrenzen für die Mauerwerktrennwände bei Beschleunigung quer zur Wand und infolge Stockwerkverschiebung in Wandlängsrichtung

Zerstörungsgrenzen für Beschleunigungen quer zur Wand

Die Stockwerk-Zerstörungsgrenzen freistehender Kragwände unter Beschleunigungen quer zur Wand werden nach Gl.(5.5) ermittelt oder können aus Bild 5.4 herausgelesen werden. Für das Erdgeschoss ergibt sich:

$a_{h,Z} = (f_x\ d)/(3\rho\ \Delta h_w^2) = (0.4\ \mathrm{N/mm^2} \cdot 120\ \mathrm{mm})/(3 \cdot 1300\ \mathrm{kg/m^3} \cdot 4500^2\ \mathrm{mm^2})$
$a_{h,Z} = 0.61\ \mathrm{m/s^2}$.
Für die Geschosse 1 bis 4 ergibt sich $a_{h,Z} = 0.77\ \mathrm{m/s^2}$, für das 5. OG $a_{h,Z} = 1.20\ \mathrm{m/s^2}$.

Die Zerstörungsgrenzen können wiederum mit den Angaben in Bild 6.6 bestimmt werden. Für die Trennwände im Erdgeschoss ergibt dies mit der Stockwerkantwortbeschleunigung von $a_{a,EG} = 1.20 a_s$:

$a_Z = a_{h,Z}/1.20 = (0.61\ \mathrm{m/s^2})/1.20 = 0.51\ \mathrm{m/s^2}$.

Die Zerstörungsgrenzen für die Mauerwerktrennwände in den anderen Geschossen werden in gleicher Weise bestimmt. Die Werte sämtlicher Geschosse sind in Bild 6.7 aufgeführt.

Ein Vergleich mit Bild 6.4 zeigt, dass die Mauerwerktrennwände aller Geschosse bei Beschleunigungen quer zur Wand Zerstörungsgrenzen aufweisen, die tiefer liegen als die Abbruchgrenze a_B.

Stockwerkverschiebungen quer zur Wand
Da die Trennwände seitlich und oben vom Tragwerk abgefugt sind, ergeben sich durch Stockwerkverschiebungen quer zur Wand nach Abschnitt 5.2.1b keine Schadenbeiträge.

Beschleunigungen in Wandlängsrichtung
Die Stockwerkantwortbeschleunigungen betragen bei der Abbruchgrenze im 5. OG maximal

$a_{a,5} = 4.55 a_A = 4.55 \cdot 2.0 \text{ m/s}^2 = 9.1 \text{ m/s}^2$.

Damit ergeben sich nach Abschnitt 5.2.2a für die vorhandenen Mauerwerktrennwände mit $l_w \geq 6$ m unter Beschleunigung in Wandlängsrichtung keine Schadenbeiträge.

Schadenschwellen für Stockwerkverschiebungen in Wandlängsrichtung
Die Stockwerk-Schadenschwelle für Verschiebungen in Wandlängsrichtung beträgt für Backsteinmauerwerk nach Gl.(5.8): $\Delta x_S/\Delta h = d_f/\Delta h_w + 0.05\%$.

Es wird angenommen, dass beim verwendeten Fugenfüllstoff die lokal an der oberen Ecke der Brüstung mögliche Fugenbewegung $d_f = 10$ mm beträgt. Dies ergibt für das Erdgeschoss eine Stockwerk-Schadenschwelle von:

$\Delta x_S/\Delta h = 10 \text{ mm}/4500 \text{ mm} + 0.05\% = 0.27\%$.

Die Werte für das 1. bis 4. Obergeschoss betragen $\Delta x_S/\Delta h = 0.30\%$ und für das 5. Obergeschoss $\Delta x_S/\Delta h = 0.36\%$.

Die Schadenschwellen (maximale effektive Bodenbeschleunigungen) können mit dem Verhältnis der Stockwerk-Schadenschwellen zu den bezogenen Stockwerkverschiebungen beim Bemessungsbeben ($a_B = 1.6 \text{ m/s}^2$) aus Bild 6.5 bestimmt werden. Für das Erdgeschoss ergibt sich die Schadenschwelle zu:

$a_S = (1.6 \text{ m/s}^2) \cdot 0.27\%/0.25\% = 1.73 \text{ m/s}^2$.

Die Schadenschwellen für die Mauerwerktrennwände der übrigen Geschosse werden analog ermittelt und sind in Bild 6.7 aufgeführt.

Zerstörungsgrenzen für Stockwerkverschiebungen in Wandlängsrichtung
Die Stockwerk-Zerstörungsgrenze ist nach Gl.(5.10) gegeben als:

$\Delta x_Z/\Delta h = d_f/\Delta h_w + 0.30\%$.

Mit der Fugenbewegung von $d_f = 10$ mm ergeben sich Zahlenwerte von

$\Delta x_Z/\Delta h = 0.52\%$ im EG, 0.55% im 2. bis 4. OG und 0.61% im 5. OG.

Die Zerstörungsgrenzen (maximale effektive Bodenbeschleunigungen) können mit dem Verhältnis der Stockwerk-Zerstörungsgrenzen zu den bezogenen Stockwerkverschiebungen beim Bemessungsbeben aus Bild 6.5 bestimmt werden. Für das Erdgeschoss ergibt sich eine Zerstörungsgrenze von:

$a_Z = (1.6 \text{ m/s}^2) \cdot 0.52\%/0.25\% = 3.33 \text{ m/s}^2$.

Die Werte der anderen Geschosse werden analog ermittelt. Die Resultate sind in Bild 6.7 aufgeführt.

Schadenfunktionen
Die Schadenschwellen und Zerstörungsgrenzen der Mauerwerktrennwände können Bild 6.7 entnommen werden.

Die Mauerwerkwände werden unter Querbeschleunigung direkt geschädigt und weisen Schadenfunktionen nach Bild 3.3a auf.

Die Schadenschwellen aller längsbeanspruchten Mauerwerktrennwände liegen unterhalb der Abbruchgrenze, die Zerstörungsgrenzen liegen oberhalb, ausser im 4. und 5. OG, wo sie praktisch mit der Abbruchgrenze zusammenfällt. Die längsbeanspruchten Tragwände werden deshalb mehrheitlich direkt und indirekt geschädigt. Die Schadenfunktion entspricht derjenigen in Bild 3.3c.

Der maximale Schaden der Mauerwerktrennwände beträgt nach Gl.(5.1) $K_{n,max} = r\ K_n$. Mit $r = 3.0$ ergibt sich für jede Mauerwerktrennwand das Dreifache der in Bild 6.3 unter Punkt 5 aufgeführten Kosten.

c) Fensterelemente

Beschleunigungen quer zur Glasebene
Nach Abschnitt 5.5.1a bewirken Beschleunigungen quer zur Glasebene bis zur Abbruchgrenze keine Schäden an den Fensterelementen.

Stockwerkverschiebungen quer zur Glasebene
Die Stockwerk-Schadenschwellen für Stockwerkverschiebungen quer zur Glasebene können gemäss Abschnitt 5.5.1b nach Gl.(5.19) ermittelt werden. Die Rahmenstärke der Fensterelemente beträgt $d = 60$ mm. Mit einer Rissbreite von $w_s = 0.3$ mm ergibt sich eine Stockwerk-Schadenschwelle von:

$$\Delta x_S/\Delta h = 0.3 \text{ mm}/(60 \text{ mm}/2) = 1.0\%$$

Mit der bezogenen Stockwerkverschiebung beim Bemessungsbeben aus Bild 6.5 kann für das massgebende 5. OG die Schadenschwelle bestimmt werden:

$$a_S = (1.6 \text{ m/s}^2) \cdot 1.0\%/0.46\% = 3.5 \text{ m/s}^2.$$

Diese Schadenschwelle liegt oberhalb der Abbruchgrenze, und die Bestimmung der Zerstörungsgrenze erübrigt sich.

Geschoss j	Stockwerkverschiebung längs Schadenschwelle a_S [m/s²]	Zerstörungsgrenze a_Z [m/s²]
5	0.87	5.2
4	0.89	5.3
3	0.91	5.5
2	1.00	6.0
1	1.14	6.9
EG	1.6	9.6

Bild 6.8: Schadenschwellen und Zerstörungsgrenzen für die Fensterelemente bei Stockwerkverschiebungen in Richtung der Glasebene

Beschleunigungen in Richtung der Glasebene
Diese Beanspruchungsart ergibt nach Abschnitt 5.5.2a keinen Schadenbeitrag.

Schadenschwellen für Stockwerkverschiebungen in Richtung der Glasebene
Für 2.0 m hohe Glasfenster ist nach Bild 5.16 bei bezogenen Stockwerkverschiebungen in Richtung der Glasebene von $\Delta x_S/\Delta h = 0.25\%$ mit Glasbruch und damit einem unmittelbaren Schaden von $K = r\ s\ K_e = 30\% K_e$ zu rechnen.

Die Schadenschwelle ergibt sich mit Hilfe der bezogenen Stockwerkverschiebung beim Bemessungsbeben aus Bild 6.5 für die Fenster im 5. OG zu:
$a_S = (1.6 \text{ m/s}^2) \cdot 0.25\%/0.46\% = 0.87 \text{ m/s}^2$
Die Schadenschwellen für die Fensterelemente der übrigen Geschosse werden analog ermittelt. Die Ergebnisse finden sich in Bild 6.8.

Zerstörungsgrenzen für Stockwerkverschiebungen in Richtung der Glasebene
Nach Bild 5.16 beträgt die Stockwerk-Zerstörungsgrenze für Stockwerkverschiebungen in Richtung der Glasebene $\Delta x_Z/\Delta h = 1.5\%$. Die Zerstörungsgrenze für das 5. OG ergibt sich wiederum mit Hilfe der bezogenen Stockwerkverschiebung beim Bemessungsbeben in Bild 6.5 zu:
$a_Z = (1.6 \text{ m/s}^2) \cdot 1.5\%/0.46\% = 5.2 \text{ m/s}^2$.
Die Zerstörungsgrenzen der Fensterelemente der übrigen Geschosse werden analog ermittelt. Die Ergebnisse finden sich in Bild 6.8.

Schadenfunktionen
Die Schadenschwellen für Beanspruchungen quer zur Glasebene liegen über der Abbruchgrenze und werden nicht erreicht. Für Beanspruchungen quer zur Glasebene werden die Fensterelemente nur indirekt geschädigt.

Die Schadenschwellen der Fensterelemente für Stockwerkverschiebungen in Richtung der Glasebene liegen deutlich unterhalb der Abbruchgrenze, die Zerstörungsgrenzen liegen jedoch darüber (vgl. Bild 6.8). Die Fensterelemente werden infolge von Stockwerkverschiebungen in Richtung der Glasebene direkt und indirekt geschädigt (vgl. Bild 3.3c).

Der maximale Schaden beim Erreichen der Zerstörungsgrenze beträgt auch hier das Dreifache der in Bild 6.3 aufgeführten Kosten.

d) Fassadenelemente

Die Fassadenelemente sind mit Metallkonsolen an den Decken und Stützen befestigt, um den zur Aufnahme der Wärmdämmschicht notwendigen Zwischenraum zu gewährleisten. Das Bauwerk TB weist nach dem Fassadenschnitt in Bild 6.2 in den Geschossen von 4.40 m Höhe horizontale Fassadenelemente von 2.40 m Elementhöhe auf.

Es sind keine horizontalen Fugen vorhanden. In den vertikalen Fugen finden sowohl bei Stockwerkverschiebungen in der Fassadenebene (Bild 5.18) als auch bei Verschiebungen quer zur Fassadenebene keine wesentlichen Verschiebungen statt und es entsteht kein Schaden.

Die Fassadenelemente werden deshalb nur indirekt geschädigt (Bild 3.3b).

e) Ausbau und Installationen

Beim Bauwerk TB ist ein Teil der (Technik-) Installationen im Untergeschoss konzentriert. Dieser Anteil an den Kosten von Ausbau und Installationen wird auf rund 30% geschätzt. Diese Installationen werden nur indirekt geschädigt (beim Erreichen der Abbruchgrenze des Bauwerks).

Für die restlichen 70% der Kosten von Ausbau und Installationen wird von einer gleichmässigen Verteilung im Bauwerk ausgegangen. Damit ergeben sich nach Abschnitt 5.7c für diesen Anteil von Ausbau und Installationen Schadenfunktionen, welche proportional zu denjenigen des Rohbaues verlaufen.

Schadenfunktionen

Die Schadenfunktionen von Ausbau und Installationen können deshalb durch Multiplikation der Schadenfunktionen des Rohbaues mit einem Faktor k_a ermittelt werden. Der Schaden am Rohbau umfasst die Schäden an allen Bauelementen (Tragelemente und nichttragende Bauelemente wie Trennwände, Fensterelemente und Fassaden).

Für diejenigen Elemente von Ausbau und Installationen, welche gemäss Annahme gleichmässig vom Erdgeschoss bis zum Dach verteilt sind und 70% der Kosten des gesamten Ausbaues und der Installationen ausmachen, ergibt sich mit den Kostenangaben in Bild 6.3 ein Faktor k_a von:

$k_a = 70\% \cdot$ Fr. 14.08 Mio / Fr. 7.04 Mio. = 1.40.

6.2.4 Schadenfunktionen und Schadenwahrscheinlichkeitsfunktionen

Mit den vorstehend ermittelten Schadenfunktionen der einzelnen Elemente können nun die Schadenfunktionen pro Gruppe gleichartiger Elemente und pro Geschoss für die Erdbebeneinwirkung in x-Richtung und in y-Richtung zusammengefasst werden. Die Resultate dieser Tabellenrechnung mit einem Stützstellenabstand von $\Delta a_s = 0.1$ m/s^2 sind in Bild 6.9 in Form von zwei Schadenfunktionen für das gesamte Bauwerk dargestellt.

Dabei wird für die Erdbebeneinwirkung in Richtung der beiden Bauwerkachsen jeweils der Anteil der Tragwände, der Trennwände, der Fensterelemente sowie der Schaden am Rohbau, an Ausbau und Installationen und die resultierende Schadenfunktion des Bauwerks gezeigt.

Der maximale Schaden des Bauwerks beträgt nach 3.4.3c oberhalb der Abbruchgrenze:

$K_{max} = 1.2 K_o = 1.2\cdot$ Fr. 21.1 Mio. = Fr. 25.3 Mio.

Die Schadenwahrscheinlichkeitsfunktionen in Bild 6.10 ergeben sich nach Abschnitt 3.3.3 aus den Schadenfunktionen von Bild 6.9, indem die maximale effektive Bodenbeschleunigung durch ihre Eintretenswahrscheinlichkeit ersetzt wird. Dazu wird die Beziehung für die Zone 3b in Bild 3.6 verwendet.

Schadenanteile

Die Schadenwahrscheinlichkeitsfunktionen in Bild 6.10 zeigen, dass der grösste Anteil der Risiken von Gebäudeschäden mit Eintretenswahrscheinlichkeiten $p_E > 0.01/a$

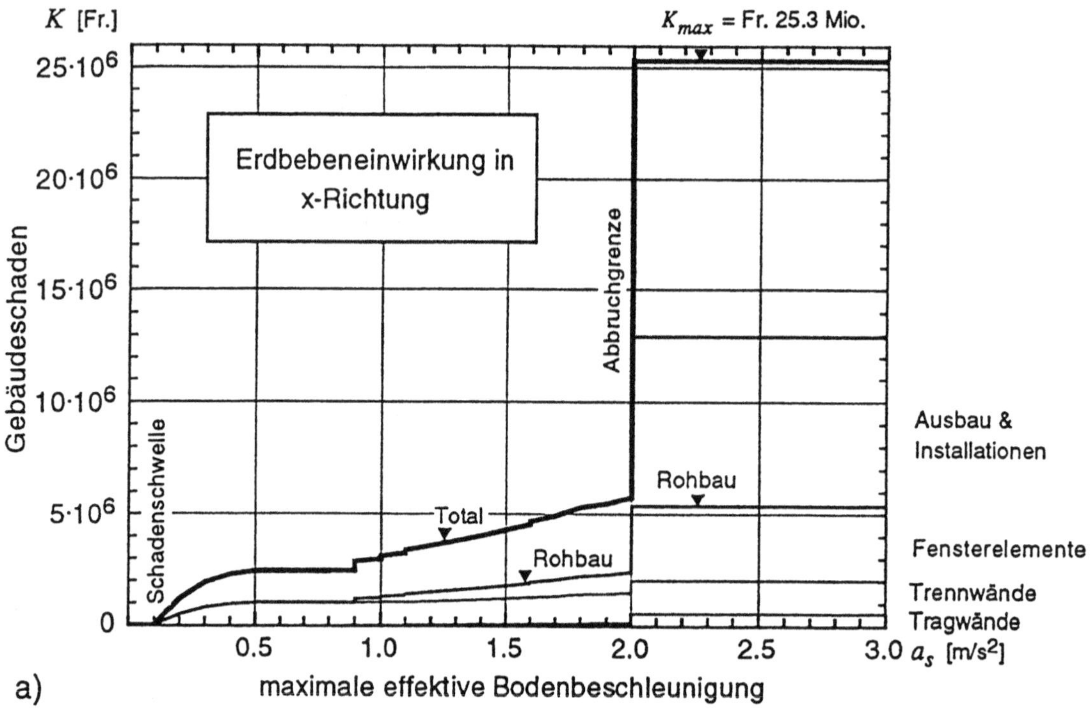

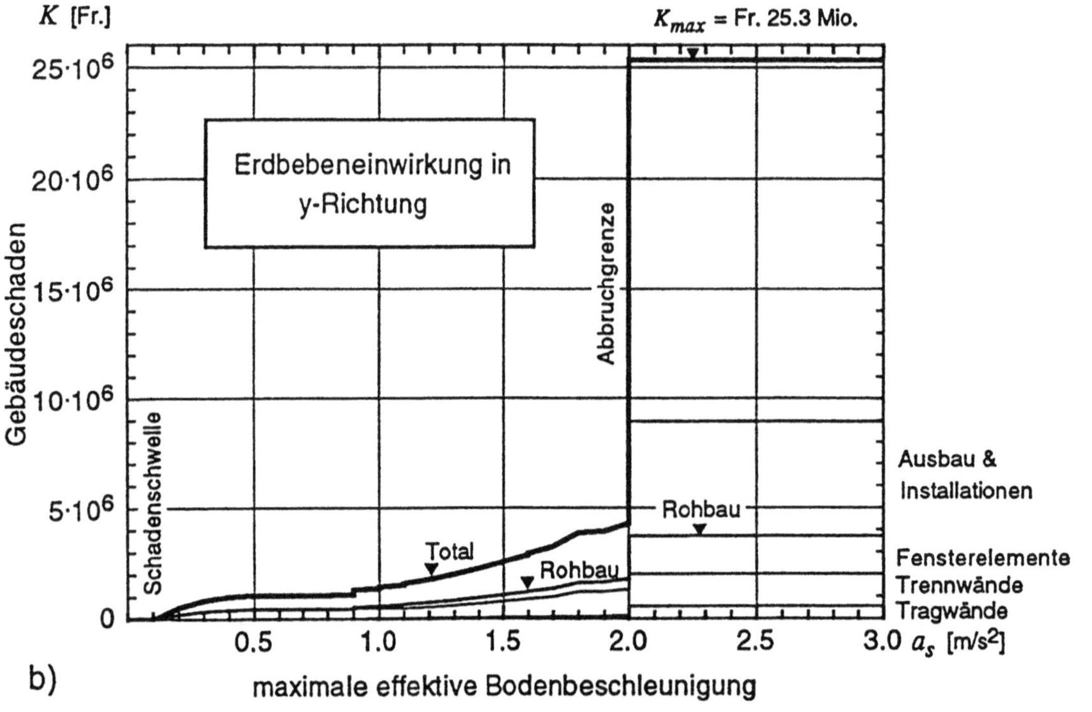

Bild 6.9: Schadenfunktionen des Bauwerks TB für Erdbebeneinwirkung a) in x-Richtung und b) in y-Richtung

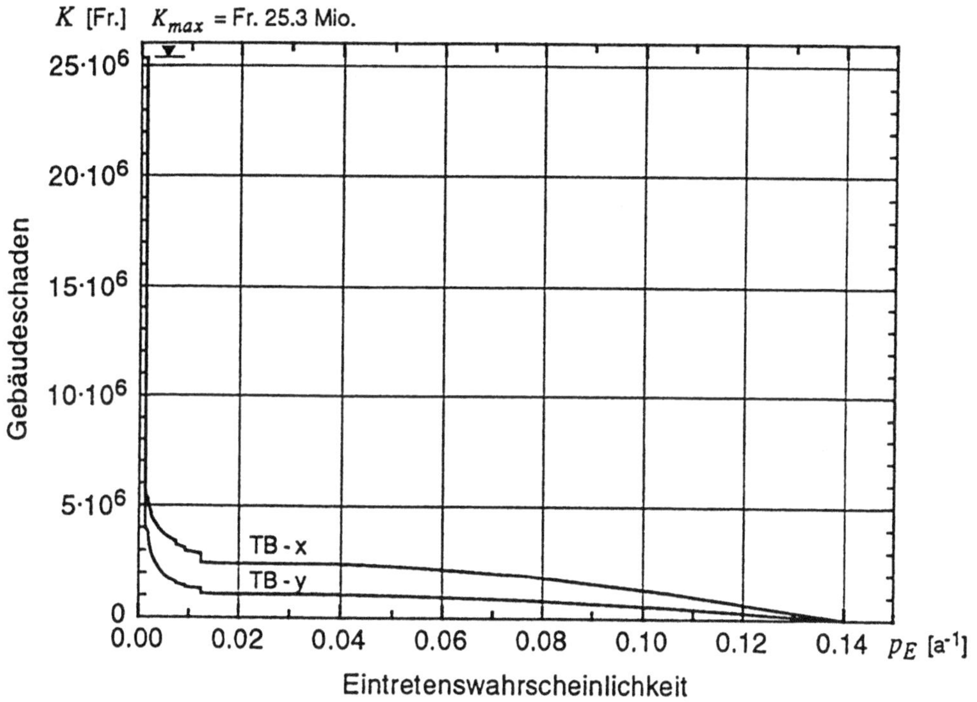

Bild 6.10: Schadenwahrscheinlichkeitsfunktionen des Bauwerks TB für Erdbebeneinwirkung in x-Richtung und in y-Richtung

stammt. Diese Eintretenswahrscheinlichkeit entspricht nach Bild 3.6 (Zone 3b) einer maximalen effektiven Bodenbeschleunigung von $a_s < 1.0$ m/s^2. Aus den Schadenfunktionen ist ersichtlich, dass der Rohbauschaden bis zu dieser Erdbebenstärken praktisch nur von den Trennwänden aus Backsteinmauerwerk stammt. (Dazu kommt der proportional verlaufende Schaden an Ausbau und Installationen.)

Die Schäden an den Fensterelementen bewirken die kleinen unmittelbaren Anstiege in den Schadenfunktionen bei den Schadenschwellen der einzelnen Geschosse (Glasbruch). Einige der Schadenschwellen fallen zusammen und ergeben grössere Stufen in der Schadenfunktion. Der Anteil der Fensterelemente am Gebäudeschaden ist aber bis zur Abbruchgrenze kleiner als derjenige der Trennwände. Der Anteil von Ausbau und Installationen verläuft gemäss Abschnitt 6.2.3e proportional zum Schaden am Rohbau.

Diese Schadenfunktionen sind typisch für Bauwerke, die nicht erdbebentauglich sind. Die Schäden treten hauptsächlich zwischen den Eintretenswahrscheinlichkeiten $p_E = 0.14$/a und 0.01/a auf. Diese Eintretenswahrscheinlichkeiten entsprechen Wiederkehrperioden von 7 bis 100 Jahren. Derart häufige Schäden können kaum als akzeptierbar bezeichnet werden.

6.2.5 Beurteilung der Erdbebentauglichkeit

Die Integration der Schadenwahrscheinlichkeitsfunktionen von Bild 6.10 ergibt für die Gebäudeschadenrisiken R_{vx} und R_{vy} die in Bild 6.11 aufgeführten Werte. Das

vorhandene Gebäudeschadenrisiko R_v wird mit Gl.(3.8) berechnet:
$R_v = (R_{vx} + R_{vy})/2$.
In der letzten Kolonne des Bildes 6.11 sind die auf die Gesamtkosten des Bauwerks von K_o = Fr. 21.1 Mio. bezogenen Gebäudeschadenrisiken aufgeführt.

Richtung der Erdbebenbeanspruchung	Gebäudeschadenrisiken R	[Fr./a]	[% K_o/a]
x-Achse	R_{vx}	283'600	1.34
y-Achse	R_{vy}	144'500	0.68
vorhandenes Gebäudeschadenrisiko	R_v	214'100	1.01

Bild 6.11: Gebäudeschadenrisiken für das Bauwerk TB mit Mauerwerktrennwänden

Das vorhandene Gebäudeschadenrisiko beträgt $R_v = 1.01\% K_o/a$ und liegt deutlich über dem nach Bild 3.16 für die Zone 3b und die Bauwerksklasse BWK I akzeptierten Gebäudeschadenrisiko von $R_a = 0.38\% K_o/a$. Das Bauwerk erfüllt die Bedingung $R_v < R_a$ (3.3) nicht und ist deshalb im Sinne dieser Arbeit *nicht erdbebentauglich.*

Die Norm [SIA 160] empfiehlt für Zone 3, Bauwerksklasse BWK I, nichttragende Wände etc. „mit dem Tragwerk derart zu verbinden, dass sie Schwingungen ertragen können". Freistehende Mauerwerkwände sind also zu vermeiden. Diese Massnahme stimmt mit der obigen Beurteilung der Erdbebentauglichkeit überein.

6.3 Bauwerk TL

Das Bauwerk TL mit Stahlbetontragwänden und Leichttrennwänden weist die gleiche Geometrie wie das Bauwerk TB auf (vgl. Bild 6.2). Das Tragwerk und die nichttragenden Elemente sind ebenfalls identisch, mit Ausnahme der Bauweise der nichttragenden Wände. Diese sind beim Bauwerk TL als Leichttrennwände mit Tragelementen und einer Beplankung aus Gipskartonplatten nach Abschnitt 5.4 ausgeführt. Die Tragelemente der Leichttrennwände sind direkt mit dem Stahlbetontragwerk verbunden.

6.3.1 Kosten

Die Kosten der Leichttrennwände mit Tragelementen liegen bis zu 10% unterhalb denjenigen der Mauerwerktrennwände. Die Kosten des Rohbaues nehmen dadurch aber nur um bis zu 0.7% ab. Dieser Unterschied ist für die Risikoermittlung unerheblich und kann vernachlässigt werden. Es werden bei diesem Anwendungsbeispiel dieselben Kosten wie beim Bauwerk TB verwendet (vgl. Bild 6.3).

6.3.2 Tragelemente

Die Tragelemente sind gegenüber dem Bauwerk TB unverändert. Damit ergibt sich dieselbe Schadenfunktion für die Tragwände (vgl. Bild 6.4).

Die Stockwerkverschiebungen und Stockwerkantwortbeschleunigungen sind ebenfalls gleich wie beim Bauwerk TB und können den Bildern 6.5 und 6.6 entnommen werden.

6.3.3 Nichttragende Elemente

a) Unveränderte nichttragende Elemente

Alle nichttragenden Elemente, ausgenommen die Trennwände, sind gleich wie beim Bauwerk TB und weisen, da das Tragwerk ebenfalls unverändert ist, dieselben Schadenfunktionen auf wie beim Bauwerk TB.

b) Trennwände

Die Trennwände sind nach Abschnitt 5.4, Bild 5.13, als Leichttrennwände mit Tragelementen und beidseitiger Beplankung ausgeführt. Die dabei verwendeten Gipskartonplatten sind 625 mm breit und 25 mm stark. Die Wandstärke beträgt insgesamt 125 mm, die Blechprofile weisen eine Höhe (entsprechen dem Abstand der beiden Beplankungen) von 75 mm auf. Die Tragelemente der Trennwände sind auf allen vier Seiten direkt mit dem Tragwerk verschraubt (vgl. Bild 5.13). Es sind keine Bewegungsfugen vorhanden.

Beschleunigungen quer zur Wand
Beschleunigungen quer zur Wand ergeben nach Abschnitt 5.4.1a keine Schadenbeiträge.

Schadenschwellen für Stockwerkverschiebungen quer zur Wand
Die Stockwerk-Schadenschwelle für Verschiebungen quer zur Wand beträgt für eine Rissbreite $w_s = 0.3$ mm und die Beplankungsstärke $d_1 = 25$ mm nach Gl.(5.27):

$$\Delta x_S/\Delta h \approx w_s/(d_1/2) = 0.3 \text{ mm}/(25/2) \text{ mm} = 2.4\%.$$

Nach Bild 6.5 ergibt sich bei der Abbruchgrenze ($a_A = 2.0$ m/s^2) eine bezogene Stockwerkverschiebung im 5. OG zu:

$$\Delta x_S/\Delta h = 0.46\% \cdot (2.0 \text{ m/s}^2)/(1.6 \text{ m/s}^2) = 0.58\%.$$

Die Schadenschwelle wird deshalb infolge dieser Beanspruchungsart nicht erreicht. Die Ermittlung der Stockwerk-Zerstörungsgrenze erübrigt sich, und es ergeben sich keine Schadenbeiträge.

Beschleunigungen in Wandlängsrichtung
Beschleunigungen in Wandlängsrichtung ergeben nach Abschnitt 5.4.2a keine Schadenbeiträge.

Schadenschwellen für Stockwerkverschiebungen in Wandlängsrichtung
Nach Gl.(5.29) ergibt sich für eine Rissbreite von $w_s = 0.3$ mm und eine Breite der Beplankungsplatten von $b_1 = 625$ mm eine Stockwerk-Schadenschwelle von

$$\Delta x_S/\Delta h \approx w_s/(b_1/2) = 0.3 \text{ mm}/(625/2) \text{ mm} = 0.10\%.$$

Die Schadenschwelle für die Trennwände kann mit den Angaben in Bild 6.5 ermittelt werden. Es ergibt sich für das 5. OG:

$a_{S,5} = (1.6 \text{ m/s}^2) \cdot 0.10\%/0.46\% = 0.35 \text{ m/s}^2$.
Die Schadenschwellen für die Leichttrennwände in den anderen Geschossen werden in gleicher Weise bestimmt. Die Werte sämtlicher Geschosse sind in Bild 6.12 aufgeführt.

Geschoss j	Stockwerkverschiebung längs Schadenschwelle $a_{S,j}$ [m/s²]	Zerst.-grenze $a_{Z,j}$ [m/s²]
5	0.35	7.0
4	0.36	9.2
3	0.36	9.5
2	0.40	10.4
1	0.46	11.9
EG	0.64	18.6

Bild 6.12: Schadenschwellen und Zerstörungsgrenzen für die Leichttrennwände infolge von Stockwerkverschiebungen in Wandlängsrichtung

Zerstörungsgrenzen für Stockwerkverschiebungen in Wandlängsrichtung
Die Stockwerk-Zerstörungsgrenze ist nach Gl.(5.30) gegeben als:

$$\Delta x_Z/\Delta h = \epsilon_u \Delta h_w/(b_1/2).$$

Mit $\epsilon_u = 0.2\%$ und $b_1 = 625$ mm ergibt sich für das 5. OG mit $\Delta h_w = 3200$ mm

$$\Delta x_Z/\Delta h = 0.2\% \cdot 3200 \text{ mm}/(625 \text{ mm}/2) = 2.0\%.$$

Die Werte für die anderen Geschosse werden analog ermittelt und betragen für das 1. bis 4. OG $\Delta x_Z/\Delta h = 2.6\%$ und für das EG $\Delta x_Z/\Delta h = 2.9\%$.
Die Zerstörungsgrenzen (maximale effektive Bodenbeschleunigungen) können mit dem Verhältnis der Stockwerk-Zerstörungsgrenzen zu den bezogenen Stockwerkverschiebungen beim Bemessungsbeben aus Bild 6.5 bestimmt werden. Für das Erdgeschoss ergibt sich eine Zerstörungsgrenze von:

$$a_Z = (1.6 \text{ m/s}^2) \cdot 2.9\%/0.25\% = 18.6 \text{ m/s}^2.$$

Die Werte der anderen Geschosse werden analog ermittelt. Die Resultate sind in Bild 6.12 aufgeführt.

Schadenfunktionen
Die Schadenschwellen aller längsbeanspruchten Leichttrennwände liegen unterhalb der Abbruchgrenze, und die Zerstörungsgrenzen liegen oberhalb (vgl. Bild 6.12). Die längsbeanspruchten Tragwände sind deshalb nach Bild 3.3c direkt und indirekt geschädigt.

Der maximale Schaden der Trennwände beträgt mit $r = 3.0$ das Dreifache der in Bild 6.3 aufgeführten Kosten.

6.3.4 Schadenfunktionen und Schadenwahrscheinlichkeitsfunktionen

Mit den vorstehend ermittelten Schadenschwellen und Zerstörungsgrenzen der einzelnen Elemente sowie den Angaben zu den Kosten in Bild 6.3 können nun die Schadenfunktionen für das Bauwerk TL analog zum Bauwerk TB ermittelt werden.

Die Anteile der Tragwände, der Trennwände, der Fensterelemente sowie der Schaden am Rohbau, an Ausbau und Installationen und die resultierenden Schadenfunktionen des Bauwerks werden im Bild 6.13 separat gezeigt.

Die Schadenwahrscheinlichkeitsfunktionen in Bild 6.14 ergeben sich aus den Schadenfunktionen von Bild 6.13, indem die maximale effektive Bodenbeschleunigung durch ihre Eintretenswahrscheinlichkeit ersetzt wird. Dazu wird die Beziehung für die Zone 3b in Bild 3.6 verwendet.

Bei diesem Bauwerk entstehen die Schäden erst ab Eintretenswahrscheinlichkeiten $p_E < 0.01/a$, entsprechend Wiederkehrperioden von über 100 Jahren. Dies erscheint für die Zone 3b durchaus als akzeptierbar.

6.3.5 Beurteilung der Erdbebentauglichkeit

Die Integration der Schadenwahrscheinlichkeitsfunktionen von Bild 6.14 ergibt für die Gebäudeschadenrisiken R_{vx} und R_{vy} die in Bild 6.15 aufgeführten Werte. Das vorhandene Gebäudeschadenrisiko R_v wird mit Gl.(3.8) berechnet. In der letzten Kolonne des Bildes 6.15 sind die auf die Gesamtkosten des Bauwerks von $K_o =$ Fr. 21.1 Mio. bezogenen Gebäudeschadenrisiken aufgeführt.

Das vorhandene Gebäudeschadenrisiko beträgt $R_v = 0.20\% K_o/a$ und liegt wesentlich unter dem nach Bild 3.16 für die Zone 3b und die Bauwerksklasse BWK I akzeptierten Gebäudeschadenrisiko von $R_a = 0.38\% K_o/a$. Das Bauwerk erfüllt die Bedingung $R_v < R_a$ (3.3) und ist deshalb im Sinne dieser Arbeit *erdbebentauglich.*

Schadenanteile
Die Schadenfunktionen in Bild 3.15 zeigen, dass praktisch erst ab einer maximalen effektiven Bodenbeschleunigung von $a_s = 0.9$ m/s^2 Schäden entstehen. Der Anteil der Trennwände ist relativ klein. Der Anteil der Fensterelemente ist wohl gleich gross wie beim Bauwerk TB, trägt aber hier bis zur Abbruchgrenze den überwiegenden Anteil an den Schaden am Rohbau bei.

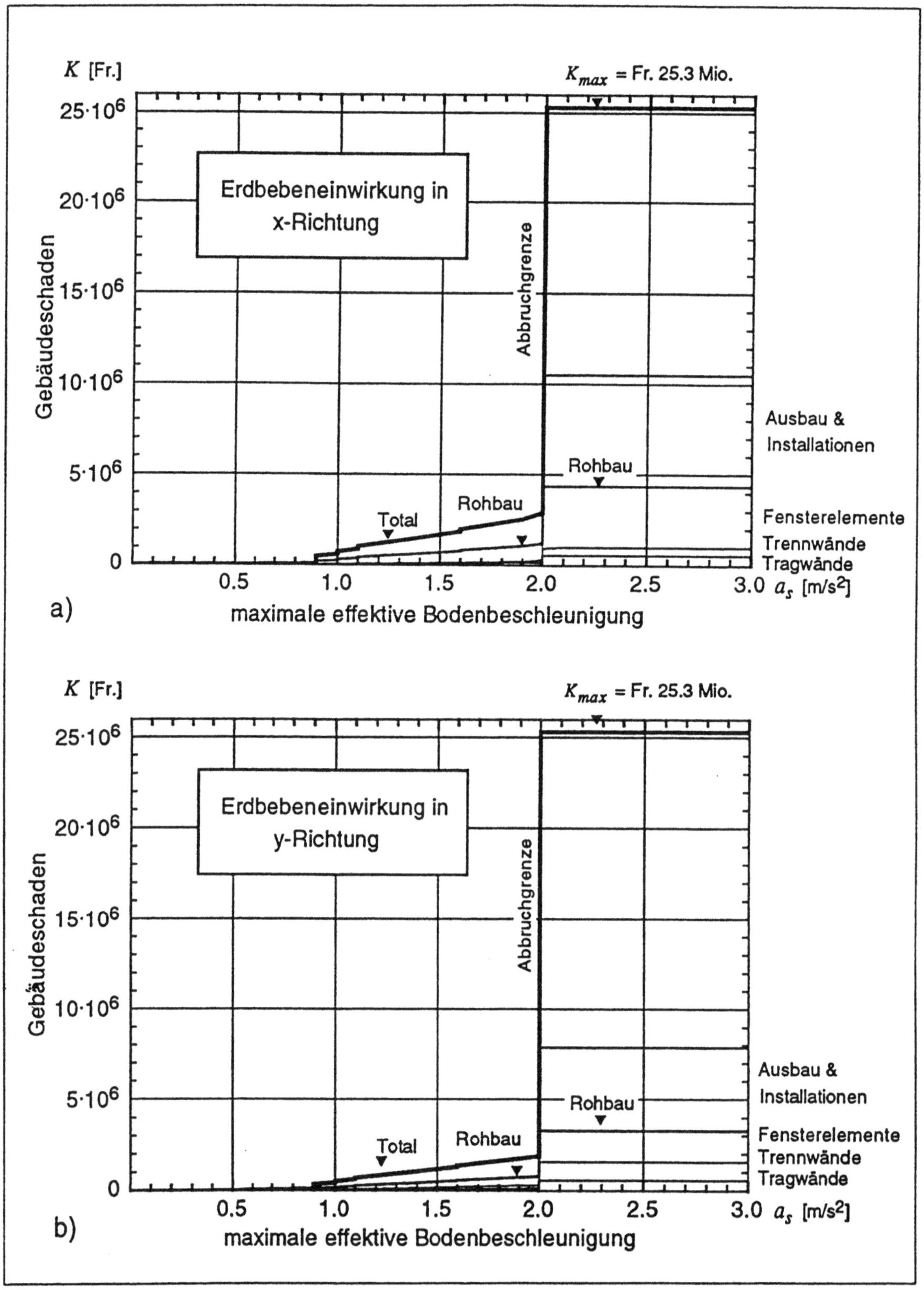

Bild 6.13: Schadenfunktionen des Bauwerks TL für Erdbebeneinwirkung a) in x-Richtung und b) in y-Richtung

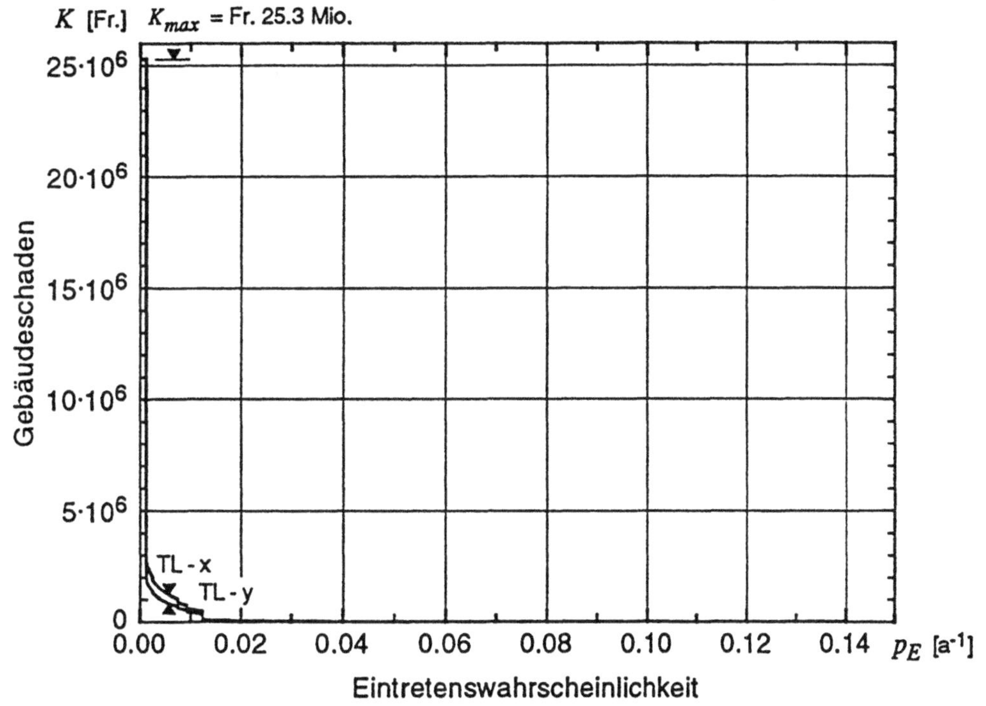

Bild 6.14: Schadenwahrscheinlichkeitsfunktionen des Bauwerks TL für Erdbebeneinwirkung in x-Richtung und in y-Richtung

Richtung der Erdbebenbeanspruchung	Gebäudeschadenrisiken R	[Fr./a]	[$\%K_o$/a]
x-Achse	R_{vx}	44'300	0.21
y-Achse	R_{vy}	41'200	0.20
vorhandenes Gebäudeschadenrisiko	R_v	42'750	0.20

Bild 6.15: Gebäudeschadenrisiken für das Bauwerk TL mit Leichttrennwänden mit Tragelementen

6.4 Bauwerk UTL

Das Bauwerk UTL mit überdimensionierten Stahlbetontragwänden in der y-Richtung und Leichttrennwänden weist die gleiche Geometrie auf wie die Bauwerke TB und TL (vgl. Bild 6.2.

Das Tragwerk zur Abtragung der horizontalen Erdbebenkräfte in Richtung der x-Achse besteht wie bei den vorangehenden Beispielbauwerken aus vier Tragwänden.

Das Tragwerk zur Abtragung der horizontalen Erdbebenkräfte in Richtung der y-Achse unterscheidet sich wesentlich von demjenigen des Bauwerks TL. An den beiden Stirnseiten des Bauwerks UTL stehen dafür über die ganze Höhe und Breite durchgehende Stahlbetontragwände zur Verfügung (entlang der Achsen 1 und 9, jeweils von A-D).

Die nichttragenden Elemente sind identisch mit denjenigen des Bauwerks TL.

Dieses Bauwerk entspricht im Prinzip einem realen ausgeführten Bauwerk und zeigt den oft zu beobachtenden Fall, dass mehr oder stärkere Tragwände vorhanden sind als nach den Normen zur Abtragung der horizontalen Kräfte infolge Erdbebeneinwirkung minimal erforderlich wären.

Die Grundfrequenz des Bauwerks in Richtung der y-Achse nimmt infolge der höheren Steifigkeit der überlangen Tragwände zu. (Die im Abschnitt 6.2 verwendeten Schätzformeln berücksichtigen nur die Bauwerkabmessungen und ergeben deshalb die gleiche Grundfrequenz.) Da aber schon bei den Bauwerken TB und TL mit der maximalen Ersatzbeschleunigung (Plateauwert) zu rechnen war, ergibt sich hier die gleich (maximale) Ersatzbeschleunigung bzw. Erdbebenersatzkraft.

6.4.1 Kosten

Die beiden Fassaden mit den überlangen Stahlbetontragwänden, sind mit Wärmedämmung und vorgehängten Fassadenelementen versehen. Die Kosten werden als gleich gross wie diejenigen der Fassaden mit Brüstungen, Fenster- und Fassadenelementen bei den Bauwerken TB und TL angenommen. Die Gesamtkosten dieses Bauwerks betragen damit K_o = Fr. 21.1 Mio. wie bei den beiden vorangehenden Beispielen.

6.4.2 Tragelemente

Die Tragelemente für die Erdbebeneinwirkung in Richtung der x-Achse sind gegenüber dem Bauwerk TL unverändert. Damit ergibt sich für diese Richtung dieselbe Schadenfunktion wie beim Bauwerk TL.

In Richtung der y-Achse werden die Erdbebenkräfte von den beiden überlangen Tragwänden aufgenommen. Diese beiden Tragwände sind in der Ansicht etwa gleich hoch wie breit und können die Einwirkungen als elastisch wirkende Scheiben abtragen. Sie leisten deshalb keinen Beitrag an die Schadenfunktionen.

6.4.3 Nichttragende Elemente

a) Erdbebeneinwirkung in x-Richtung

Die Tragelemente für die Erdbebeneinwirkung in Richtung der x-Achse sind gegenüber dem Bauwerk TL unverändert. Damit ergeben sich für diese Richtung für die nichttragenden Elemente und damit auch für das gesamte Bauwerk dieselben Schadenfunktionen wie beim Bauwerk TL.

b) Erdbebeneinwirkung in y-Richtung

Für die Ermittlung der Schadenfunktionen der nichttragenden Elemente in y-Richtung kann angenommen werden, dass die Stockwerkverschiebungen sehr klein sind und nicht mit Schäden gerechnet werden muss.

Die gesamte Ersatzkraft und die Ersatzbeschleunigung sind für ein elastisches Tragwerkverhalten ($K = 1.0$) doppelt so hoch wie bei den Bauwerken TB und TL, welche mit $K = 2.0$ bemessen wurden (vgl. Abschnitt 6.2.2c). Damit werden auch die Stockwerkantwortbeschleunigungen doppelt so gross wie die Werte in Bild 6.6. Die Stockwerkantwortbeschleunigungen ergeben jedoch bei den in diesem Bauwerk vorhanden nichttragenden Elementen keine Schadenbeiträge (vgl. Abschnitt 6.3.3).

Da weder infolge von Stockwerkverschiebungen noch infolge von Stockwerkantwortbeschleunigungen mit Schäden zu rechnen ist, bleibt die Schadenfunktion für diese Einwirkungsrichtung auf dem Wert Null.

6.4.4 Schadenfunktionen und Schadenwahrscheinlichkeitsfunktionen

Für die Erdbebeneinwirkung in x-Richtung ergibt sich die gleiche Schadenfunktion wie in Bild 6.12 für das Bauwerk TL. In y-Richtung ergeben sich für die betrachteten Bodenbeschleunigungen, wie im vorangehenden Abschnitt festgestellt, keine Schäden und die Schadenfunktion bleibt auf dem Wert Null.

Abbruchgrenze für Erdbebeneinwirkung in y-Richtung
Die Abbruchgrenze des Bauwerks für Erdbebeneinwirkung in y-Richtung wird erreicht, wenn das Bauwerk umkippt, oder wenn eine bleibende Schiefstellung den Abbruch erforderlich macht. Beim vorhandenen mittelsteifen Baugrund liegt die dafür erforderliche maximale effektive Bodenbeschleunigung deutlich oberhalb der Abbruchgrenze der vorangehenden Bauwerke von $a_A = 2.0\text{m/s}^2$. Der Risikobeitrag oberhalb der Abbruchgrenze ist aber schon bei $a_A = 2.0\text{m/s}^2$ klein (vgl. Bild 6.10). Liegt die Abbruchgrenze aber noch höher, so wird dieser Beitrag an das Gebäudeschadenrisiko vernachlässigbar klein.

Die Schadenwahrscheinlichkeitsfunktion für das Bauwerk UTL mit überlangen Tragwänden für die Erdbebeneinwirkung in x-Richtung in Bild 6.17 ist gleich wie diejenige in Bild 6.13 für das Bauwerk TL. Für die y-Richtung bleibt die Schadenwahrscheinlichkeitsfunktion wie die Schadenfunktion auf dem Wert Null.

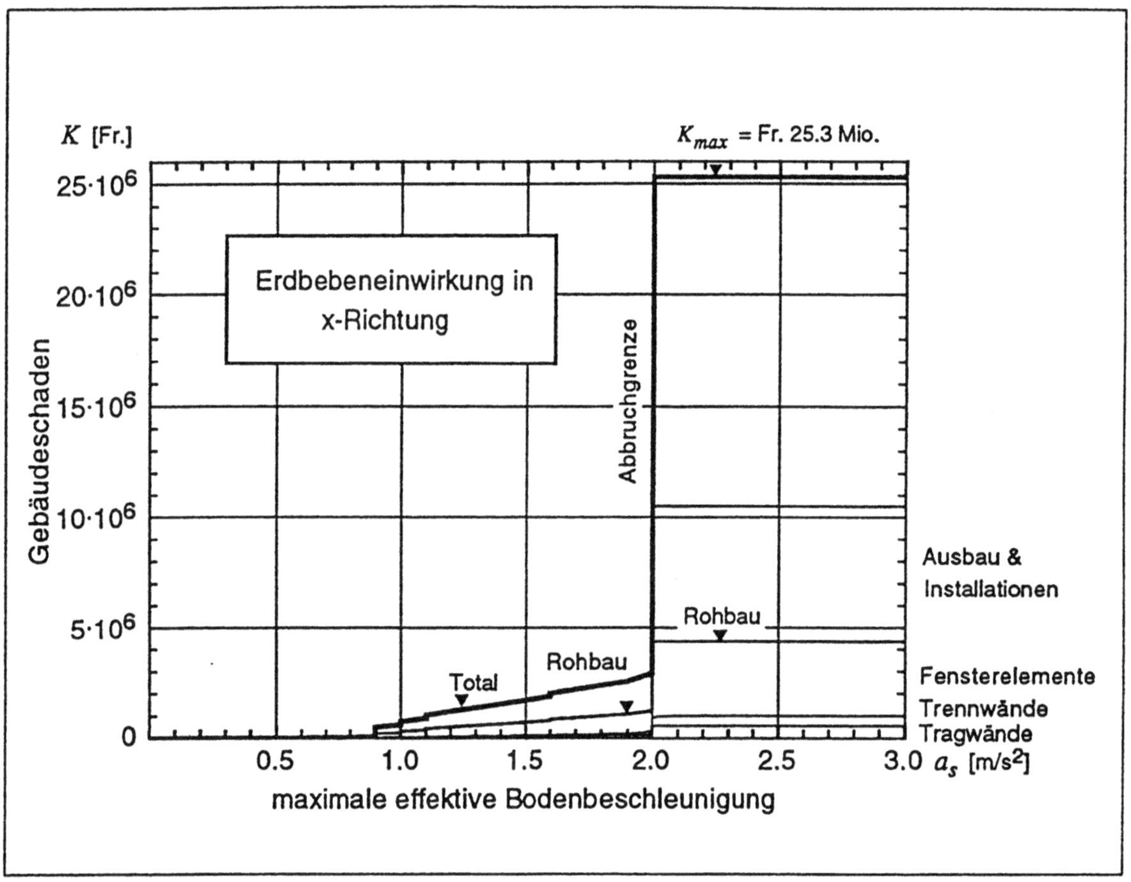

Bild 6.16: Schadenfunktion des Bauwerks UTL für Erdbebeneinwirkung in x-Richtung

6.4.5 Beurteilung der Erdbebentauglichkeit

Die Integration der Schadenwahrscheinlichkeitsfunktion ergibt für das Gebäudeschadenrisiko R_{vx} den in Bild 6.18 aufgeführten Wert. Das Gebäudeschadenrisiko für die Erdbebeneinwirkung in Richtung der y-Achse beträgt nach den vorstehenden Annahmen $R_{vy} = 0$.

Das vorhandene Gebäudeschadenrisiko R_v wird wieder mit Gl.(3.8) berechnet. In der letzten Kolonne des Bildes 6.18 sind die auf die Gesamtkosten von K_o = Fr. 21.1 Mio. des Bauwerks bezogenen Gebäudeschadenrisiken aufgeführt.

Das vorhandene Gebäudeschadenrisiko beträgt $R_v = 0.10\% K_o/\mathrm{a}$ und liegt wesentlich unter dem nach Bild 3.16 für die Zone 3b und die Bauwerksklasse BWK I akzeptierten Gebäudeschadenrisiko von $R_a = 0.38\% K_o/\mathrm{a}$. Das Bauwerk erfüllt die Bedingung $R_v < R_a$ (3.3) und ist deshalb im Sinne dieser Arbeit *erdbebentauglich.*

Das vorhandene Gebäudeschadenrisiko liegt sogar knapp unter dem für die Bauwerksklasse BWK II in der Zone 3b akzeptierten Wert von $R_a = 0.11\% K_o$.

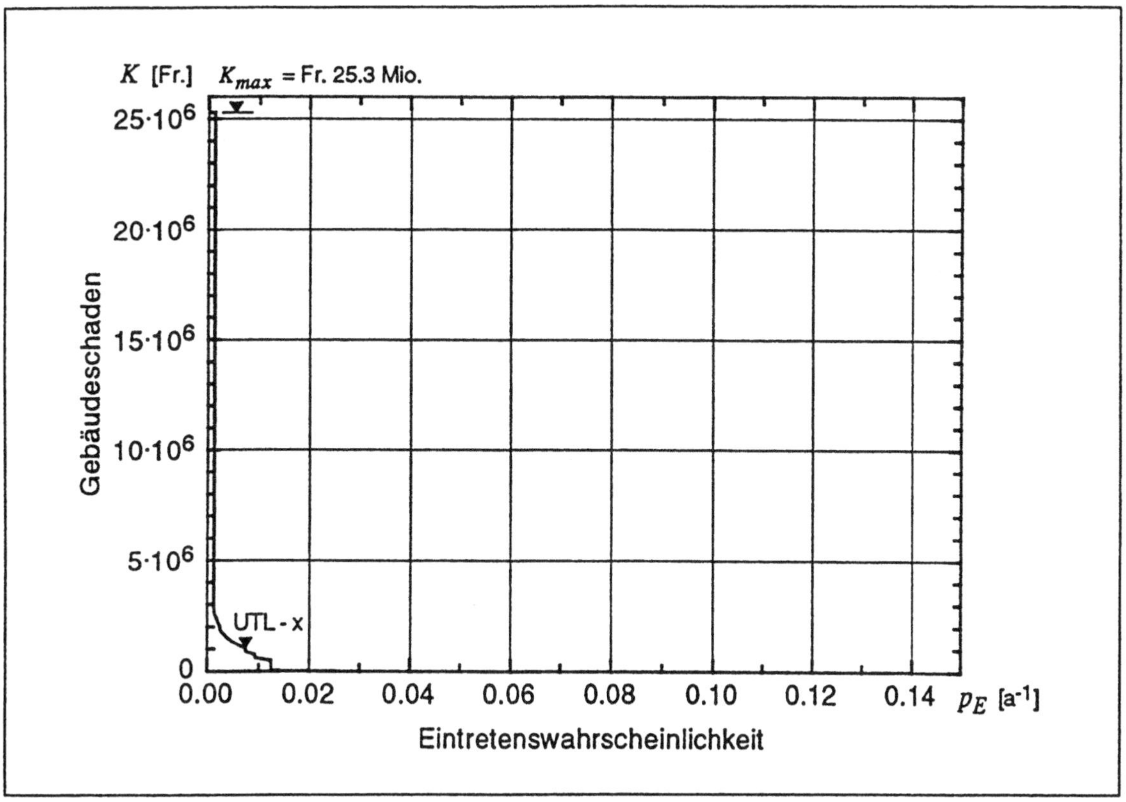

Bild 6.17: Schadenwahrscheinlichkeitsfunktion des Bauwerks UTL für Erdbebeneinwirkung in x-Richtung (in y-Richtung entsteht kein Gebäudeschaden)

Richtung der Erdbebenbeanspruchung	Gebäudeschadenrisiken		
	R	[Fr./a]	[%K_o/a]
x-Achse	R_{vx}	44'300	0.21
y-Achse	R_{vy}	–	0.00
vorhandenes Gebäudeschadenrisiko	R_v	22'150	0.10

Bild 6.18: Gebäudeschadenrisiken für das Bauwerk UTL mit Leichttrennwänden

6.5 Diskussion der Ergebnisse

Die in den Abschnitten 6.2 bis 6.4 ermittelten vorhandenen Gebäudeschadenrisiken der drei Beispiele sind in Bild 6.5.1 zusammengestellt und werden in den folgenden Abschnitten diskutiert.

6.5.1 Vorhandene Gebäudeschadenrisiken

Die vorhandenen Gebäudeschadenrisiken der drei als Beispiele durchgerechneten Bauwerke sind in Bild 6.19 zusammengestellt.

Bauwerk	TB	TL	UTL
vorhandenes Gebäudeschadenrisiko R_v	1.0 $\%K_o/a$	0.20 $\%K_o/a$	0.10 $\%K_o/a$

Bild 6.19: Vorhandene Gebäudeschadenrisiken bei den drei Beispielen

Bauwerke TB und TL
Das vorhandene Gebäudeschadenrisiko beträgt beim Bauwerk TB mit $R_v = 1.0\%K_o/a$ das Fünffache des Bauwerks TL mit $R_v = 0.20\%K_o/a$. Dieser markante Unterschied beruht darauf, dass die freistehenden Trennwände aus Backsteinmauerwerk nicht erdbebentauglich sind. Die beim Bauwerk TL verwendeten Leichttrennwände mit Tragelementen eignen sich wesentlich besser. Die Schadenschwelle liegt beim Bauwerk TB bei rund $a_S = 0.1$ m/s^2, beim Bauwerk TL dagegen bei $a_S = 0.8$ m/s^2. Damit entfällt der für das Gebäudeschadenrisiko wesentliche Teil der Schadenwahrscheinlichkeitsfunktion zwischen den Eintretenswahrscheinlichkeiten $p_E = 0.14/a$ und $p_E \approx 0.015/a$.

Die Eintretenswahrscheinlichkeit der Abbruchgrenze $a_A = 2.0$ m/s^2 bei den Bauwerken TB und TL beträgt $p_A = 1.2 \cdot 10^{-3}/a$. Damit ergibt sich der Risikoanteil des Bereiches mit dem maximalen Schaden K_{max} ($p_E \leq p_A$) zu:
$R(K_{max}) = 1.2 \cdot 10^{-3}$ a$^{-1}\cdot$ Fr. 25.3 Mio. = Fr. 30'400/a = $0.12\%K_o/a$.

Beim Bauwerk TB entspricht dieser Beitrag 12% des vorhandenen Gebäudeschadenrisikos und ist von untergeordneter Bedeutung. Beim Bauwerk TL entspricht er jedoch 60% des vorhandenen Gebäudeschadenrisikos von $R_v = 0.20\%K_o/a$. Eine wesentliche Senkung des Gebäudeschadenrisikos kann deshalb, ausgehend vom Bauwerk TL, weniger durch Verbesserung der nichttragenden Elemente, sondern eher durch die Anhebung der Abbruchgrenze erreicht werden. Dies ist der Fall, wenn die Tragwände anstatt auf natürliche Duktilität ($K = 2$) auf beschränkte Duktilität ($K = 3$) oder gar auf volle Duktilität bemessen werden ($K = 5$).

Bauwerk UTL
Die überlangen Tragwände beim Bauwerk UTL bewirken eine Halbierung des vorhandenen Gebäudeschadenrisikos verglichen mit dem Bauwerk TL.

Das Beispielbauwerk UTL verhält sich nach Abschnitt 6.4.3b für Erdbebeneinwirkung in y-Richtung elastisch. Dadurch ergeben sich nur kleine Stockwerkverschiebungen, die an den nichttragenden Leichttrennwänden keine Schäden hervorrufen. Die infolge des elastischen Verhaltens der Tragwände erhöhten Stockwerkantwortbeschleunigungen bewirken bei Leichttrennwänden mit Tragelementen ebenfalls keine Schäden. Für die Erdbebeneinwirkung in y-Richtung ergibt sich deshalb kein Schadenbeitrag, und das vorhandene Gebäudeschadenrisiko ergibt sich als halber Wert des Gebäudeschadenrisikos in x-Richtung.

Bauwerk TB mit seitlich gehaltenen Mauerwerktrennwänden
Anhand der Schadenfunktionen und der Schadenwahrscheinlichkeitsfunktionen lassen sich ausgehend vom Bauwerk TB weitere Möglichkeiten zur Verminderung des vorhandenen Gebäudeschadenrisikos und damit zur Verbesserung der Erdbebentauglichkeit abschätzen.

Eine seitliche Halterung der Mauerwerktrennwände ergibt, verglichen mit den freistehenden Wänden, wesentlich höhere Stockwerk-Schadenschwellen und Stockwerk-Zerstörungsgrenzen. Diese liegen nach den Bildern 5.4 und 5.6 bei Wänden von $l_w = 9.0$ m Länge zweimal und bei $l_w = 6.0$ m viermal höher als bei den freistehenden Mauerwerkwänden (Wandhöhe für diesen Vergleich $\Delta h = 4.0$ m).

Infolge der höheren Stockwerk-Schadenschwellen wird auch die Schadenschwelle des Bauwerks angehoben und der entlang der horizontalen Achse verlaufende Ast der Schadenwahrscheinlichkeitsfunktionen wird entsprechend verkürzt. Beim Bauwerk TB stammt der überwiegende Anteil des Gebäudeschadenrisikos aus diesem Bereich der Schadenwahrscheinlichkeitsfunktion. Eine Verkürzung auf die Hälfte, oder gar auf einen Viertel ergibt deshalb eine wesentliche Verminderung des vorhandene Gebäudeschadenrisikos.

Bei der Verwendung von seitlich gehaltenem Backsteinmauerwerk anstelle von freistehenden Mauerwerktrennwänden dürfte damit ein vorhandenes Gebäudeschadenrisiko resultieren, das kleiner ist als das akzeptierte Gebäudeschadenrisiko.

6.5.2 Risikoanteile bei Tragwerken mit natürlicher Duktilität

Die Anwendungsbeispiele in den Abschnitten 6.2 bis 6.4 behandeln Bauwerke, die nach [SIA 160] für natürliche Duktilität bemessen wurden ($K = 2$ für Stahlbetontragwände). Eine Analyse der einzelnen Beiträge an die Schadenfunktionen zeigt deutlich, wie Geometrie und Gestaltung der Bauwerke die Resultate wesentlich beeinflussen.

Querbeanspruchte Mauerwerktrennwände und längsbeanspruchte Fensterelemente
Beim Bauwerk TB stammt der massgebende Anteil des Gebäudeschadens von den unter Querbeschleunigung umkippenden Mauerwerktrennwänden. So ergibt sich bei Erdbeben in x-Richtung von den quer dazu stehenden Wänden schon bei geringen Bodenbeschleunigungen ein grösserer Schadenanteil (vgl. Bild 6.9). Dasselbe gilt ab etwas höheren Bodenbeschleunigungen auch für den Beitrag der in der Erdbebenrichtung liegenden Fensterflächen.

Das gleiche Bauwerk mit einem kleineren Anteil von Mauerwerkwänden in y-Richtung und kleineren Fensterflächen in den langen Fassaden würde ein wesentlich kleineres Gebäudeschadenrisiko aufweisen.

Längsbeanspruchte Mauerwerktrennwände
Das Verhalten des Mauerwerks unter Längsbeanspruchung übt nur einen untergeordneten Einfluss auf das Gebäudeschadenrisiko aus, da die Schadenschwellen für diese Beanspruchungsart zwischen $a_S = 1.07$ m/s^2 und $a_S = 1.73$ m/s^2 liegen.

Die Eintretenswahrscheinlichkeit der Schadenschwelle der längsbeanspruchten Mauerwerktrennwände ($a_S \approx 1.1$ m/s^2) beträgt nur $p_E = 0.007/\text{a}$. Dadurch wird ihr Beitrag an das Gebäudeschadenrisiko, verglichen mit demjenigen des quer beanspruchten Mauerwerks (Eintretenswahrscheinlichkeit der Schadenschwelle nach Bild 6.10 $p_E = 0.14/\text{a}$), auch wenn der maximale Schaden gleich gross ist, rund 20mal kleiner.

Anteil der Fensterelemente beim Bauwerk TL
Da beim Bauwerk TL die Schadenbeiträge der für Erdbebenbeanspruchung untauglichen Mauerwerkwände entfallen, wird, bedingt durch die grossen Fensterflächen, der Beitrag der Fenster wichtig. Bild 6.13 kann entnommen werden, dass die Fensterelemente beim Bauwerk TL mit Leichttrennwänden vor allem in x-Richtung bis zur Abbruchgrenze den grössten Beitrag an den Gebäudeschaden leisten. Dies liegt an den grossen Fensterflächen in den Längsfassaden, welche in Richtung der Glasebene beansprucht werden und relativ niedrige Schadenschwellen aufweisen.

Das gleiche Bauwerk mit kleineren Fensterflächen in den Längsfassaden würde ein wesentlich kleineres Gebäudeschadenrisiko aufweisen als das Bauwerk TL.

6.5.3 Bemessung für beschränkte und für volle Duktilität

Das Tragwerk kann für beschränkte Duktilität ($K = 3$) oder für volle Duktilität ($K = 5$) bemessen werden. In diesen Fällen können im Vergleich zu den Tragwerken, welche für natürliche Duktilität ($K = 2$) bemessen werden, einige wesentliche Unterschiede festgestellt werden.

Anhebung der Abbruchgrenze
Die gleiche Erdbebeneinwirkung ergibt bei grösserer vorhandener Duktilität eine geringere Schädigung in den Fliessgelenkbereichen als bei natürlicher Duktilität. Dies ist gleichbedeutend mit einer höher liegenden Abbruchgrenze. Die Anhebung der Abbruchgrenze reduziert jedoch das vorhandene Gebäudeschadenrisiko entsprechend.

Beim Bauwerk TL (vgl. Bild 6.14) könnte durch Bemessung auf beschränkte oder volle Duktilität der vertikale Ast der Schadenwahrscheinlichkeitsfunktion in Richtung der Schadenachse verschoben und damit das vorhandene Gebäudeschadenrisiko entsprechend verringert werden.

Tragwerke in Gebieten mit höherer Erdbebengefährdung
In Gebieten mit höherer Erdbebengefährdung würden die Kosten für ein Tragwerk mit natürlicher Duktilität sehr gross. Das Tragwerk ist deshalb für beschränkte oder für volle Duktilität zu bemessen und konstruktiv durchzubilden. Die nichttragenden

Elemente sind derart zu konzipieren, dass sie die grösseren Bauwerkbewegungen weitgehend schadenfrei aufnehmen können.

Verminderung der Tragwerksteifigkeit
Bei der Bemessung auf beschränkte oder volle Duktilität sind die Ersatzkräfte kleiner als bei natürlicher Duktilität. Dadurch können die Querschnitte der Tragelemente meist reduziert werden. In diesem Fall nimmt aber auch die Steifigkeit des Tragwerks ab, die Tragwerkauslenkungen nehmen entsprechend zu, und die Stockwerkverschiebungen werden grösser.

Falls die Stockwerkverschiebungen relativ gross werden, sind die Trennwände und gegebenenfalls die Fassaden erdbebengerecht auszubilden (Bewegungsfugen, spezielle Befestigungssysteme, etc.), damit die akzeptierten Gebäudeschadenrisiken eingehalten werden können.

Nach Linde [Lind 91] können die Tragwände des Bauwerks bei einer Bemessung für $K = 5$ anstatt für $K = 2$ von $l_w = 6.80$ m auf $l_w = 3.60$ m verkleinert werden, da die Erdbebenersatzkräfte auf 40% abnehmen. Die Steifigkeiten der Tragwände sinken dadurch auf rund 15%. Die maximale Auslenkung $x_{el}(H)$ des Tragwerks infolge der wohl kleineren Erdbebenersatzkräfte wird deshalb mehr als doppelt so gross. Unter Berücksichtigung der plastischen Auslenkung ($x_{tot}(H) = K \cdot x_{el}(H)$) ergibt sich ein rund sechsmal so grosser Wert.

Bei diesem Beispiel können die Einsparungen an den Tragwänden bei einer Bemessung auf volle Duktilität den Mehraufwand an den nichttragenden Elementen nicht wettmachen. Es ist deshalb bei diesem Bauwerk und für die betrachtete Erdbebengefährdung eher zu empfehlen, das Tragwerk für natürliche oder beschränkte Duktilität zu bemessen, wodurch dank der entsprechenden Steifigkeit geringere Schäden an den nichttragenden Elementen entstehen.

6.5.4 Tragwerke mit grosser Steifigkeit

Das Bauwerk UTL ist typisch für viele Hochbauten in der Schweiz. Diese weisen mehr und stärkere Tragelemente auf, als nach der Norm zur Aufnahme der horizontalen Kräfte aus den Erdbebeneinwirkungen minimal erforderlich wären.

Beim Bauwerk UTL ist infolge des für die eine Einwirkungsrichtung steiferen Tragwerks das vorhandene Gebäudeschadenrisiko $R_v = 0.10\% K_o/\mathrm{a}$ wesentlich kleiner als das akzeptierte Gebäudeschadenrisiko von $R_a = 0.38\% K_o/\mathrm{a}$.

6.5.5 Folgerungen

Die Bauwerke TB und TL in der Erdbebenzone 3b zeigen zwei grundlegende Tatsachen:

Erstens kann bei ungeeigneten nichttragenden Bauelementen (zB. Trennwände) das vorhandene Gebäudeschadenrisiko mehr als doppelt so gross sein wie das akzeptierte Gebäudeschadenrisiko, obwohl das Tragwerk den Anforderungen der Norm genügt.

Zweitens lässt sich allein durch die Verwendung geeigneter Trennwände (zB. Leichttrennwände mit Tragelementen anstelle von freistehenden Backsteintrennwänden), das vorhandenen Gebäudeschadenrisiko bei gleichem Tragwerk auf rund die Hälfte des akzeptierten Wertes senken. Die Wahl geeigneter nichttragender Elemente ist deshalb für die Erdbebentauglichkeit von vorrangiger Bedeutung.

Die Bemessung auf beschränkte oder volle Duktilität hebt die Abbruchgrenze an und kann damit das vorhandene Gebäudeschadenrisiko vermindern. Dabei ist darauf zu achten, dass durch die allenfalls grösseren Stockwerkverschiebungen keine grösseren Schäden an den nichttragenden Elementen entstehen.

Das Bauwerk UTL zeigt, dass Bauwerke, welche aus irgendwelchen Gründen steifere Tragwerke aufweisen als minimal erforderlich, sehr kleine vorhandene Gebäudeschadenrisiken aufweisen können. Dabei ist zu beachten, dass das Bauwerk UTL sogar nur in einer Achsrichtung steifer ist als erforderlich. In der anderen Achsrichtung ist der minimale Tragwiderstand und damit die minimale Steifigkeit vorhanden.

In der Zone 1 betragen die Ersatzkräfte nur 40% derjenigen in der Erdbebenzone 3b. Ein die minimalen Anforderungen der Erdbebensicherung übersteigender Tragwiderstand kann deshalb in dieser Erdbebenzone relativ schnell zu einem vorhandenen Gebäudeschadenrisiko führen, das unterhalb des akzeptierten Gebäudeschadenrisikos liegt.

Kapitel 7

Folgerungen und Ausblick

7.1 Folgerungen

Aus den in den vorangehenden Kapiteln dargelegten Überlegungen und den Resultaten der Anwendungsbeispiele lassen sich bezüglich der Erdbebentauglichkeit von Stahlbetonhochbauten die folgenden Schlüsse ziehen.

7.1.1 Erdbebensicherung heute

Die heutigen Normen schreiben zur Erdbebensicherung von Stahlbetonhochbauten Einwirkungsgrössen und Nachweismethoden vor.

Die *Tragwerke* sind auf Einwirkungen infolge von Erdbeben zu bemessen. Damit soll verhindert werden, dass die Bauwerke als Folge des Bemessungsbebens einstürzen. Für den Tragsicherheitsnachweis werden dazu Erdbebenzonen mit zugehörigen Stärken des Bemessungsbebens festgelegt. Bezüglich des Verhaltens der Tragwerke bei schwächeren oder auch bei stärkeren Beben als das Bemessungsbeben bestehen jedoch keine Anforderungen, und es werden keine Nachweise verlangt. Es wird also im allgemeinen nur ein Tragsicherheitsnachweis für eine bestimmte Erdbebenstärke geführt.

Die *nichttragenden Elemente* werden in den Normen kaum behandelt, obwohl sie den grössten Beitrag an den Gebäudeschaden infolge von Erdbeben leisten. Dies zeigen Auswertungen von Schadenbeben, zB. durch Tiedemann [Tied 86], oder auch die Schadenfunktionen in Bild 6.9. Für gewisse Bauwerksklassen werden bezüglich der nichttragenden Elemente gelegentlich Massnahmen vorgeschrieben. Es handelt sich dabei typischerweise etwa um Verbote ungeeigneter Bauweisen oder um die Breite und Gestaltung von Bewegungsfugen. Die spezifischen Gegebenheiten des einzelnen Bauwerkes werden dabei aber nicht erfasst.

Die *Schäden* infolge von Erdbebeneinwirkungen werden vor allem durch das Verschiebungsverhalten des Tragwerks bestimmt. Die infolge der Tragwerkverschiebungen auf die nichttragenden Elemente einwirkenden Zwängungen und Beschleunigungen sind für die Schäden am Bauwerk massgebend. Ähnlich erscheinende Bauwerke mit unterschiedlichen Tragwerken können deshalb bei gleicher Erdbebeneinwirkung stark unterschiedliche Schäden aufweisen.

Daraus lässt sich folgern, dass die Beurteilung der Erdbebentauglichkeit nicht nur das Verhalten der Tragelemente, sondern auch dasjenige der nichttragenden Elemente erfassen sollte.

7.1.2 Beurteilung der Erdbebentauglichkeit anhand des Gebäudeschadenrisikos

Die in dieser Arbeit dargestellte Methode wurde zur Beurteilung der Erdbebentauglichkeit von Stahlbetonskelettbauten entwickelt, sie kann aber grundsätzlich auf beliebige Bauweisen angewandt werden.

Die zur umfassenden Beurteilung verwendete Grösse des Gebäudeschadenrisikos wird aus den Schadenfunktionen bzw. aus den Schadenwahrscheinlichkeitsfunktionen ermittelt. Das *Gebäudeschadenrisiko* berücksichtigt damit sowohl alle am Standort zu erwartenden Erdbebeneinwirkungen als auch die Beiträge der Tragelemente und der nichttragenden Elemente.

Bei der Bestimmung der Schadenfunktionen der Tragelemente wird die Verformungsfähigkeit der Fliessgelenkbereiche berücksichtigt. Für die Schadenfunktionen der nichttragenden Elemente wird das Verschiebungsverhalten des Tragwerks (Stockwerkverschiebungen und Stockwerkantwortbeschleunigungen) zur Ermittlung der Schäden verwendet. Für ein bestimmtes Bauwerk ergeben sich daraus die vom Standort unabhängigen Schadenfunktionen.

Die Schadenwahrscheinlichkeitsfunktionen, welche der Ermittlung des vorhandenen Gebäudeschadenrisikos dienen, können aber nur mit der für den Standort gültigen Beziehung zwischen Erdbebenstärke und Eintretenswahrscheinlichkeit bestimmt werden. Je nach Standort ergeben sich damit für das gleiche Bauwerk verschiedene Schadenwahrscheinlichkeitsfunktionen und verschiedene vorhandene Gebäudeschadenrisiken. Ein Bauwerk, kann beispielsweise für einen Standort in der Erdbebenzone 3b ein zu grosses vorhandenes Gebäudeschadenrisiko aufweisen. Dasselbe Bauwerk weist aber für einen Standort in der Zone 1 ein vorhandenes Gebäudeschadenrisiko auf, das kleiner ist als das akzeptierte Gebäudeschadenrisiko.

Der Nutzen von Verbesserungsmassnahmen am Tragwerk oder an den nichttragenden Elementen lässt sich mit der vorgestellten Methode gleichermassen im Detail beurteilen. Die Beiträge der einzelnen Gruppen von Elementen an die Schadenfunktionen werden deshalb beim vorgeschlagenen Vorgehen separat ermittelt. Dies erlaubt ein zielgerichtetes Vorgehen beim Bestimmen der kostengünstigsten Massnahmen zur Reduktion von vorhandenen Gebäudeschadenrisiken, die zu gross sind.

Die in dieser Arbeit zur Bestimmung der Schadenfunktionen verwendeten Schädigungsmodelle sind relativ einfach, die Methode lässt sich gut anwenden und liefert plausible Resultate. Im Hinblick auf eine umfassendere Anwendung der vorgeschlagenen Methode könnten die Modelle mit beschränktem Aufwand auch auf andere Bauweisen übertragen werden.

7.1.3 Akzeptierte Gebäudeschadenrisiken

Im 3. Kapitel werden akzeptierte Gebäudeschadenrisiken ermittelt. Sie beruhen vor allem auf den Beschreibungen der akzeptierten Schäden in den Norm-Schadenbildern zur Norm [SIA 160]. Die Nachweise der Norm und die allenfalls zusätzlich erforderlichen Massnahmen sollen zu Tragwerken bzw. Bauwerken führen, welche beim Eintreten des Bemessungbebens höchstens Schäden entsprechend den Norm-Schadenbildern aufweisen.

Die Interpretation der Norm-Schadenbilder führt zu akzeptierten Schadenfunktionen, bei denen zwischen Schadenschwelle und Abbruchgrenze vereinfachenderweise ein linearer Verlauf angesetzt wird. Damit ergeben sich für alle Erdbebenzonen und Bauwerksklassen Schadenwahrscheinlichkeitsfunktionen, woraus sich zwölf akzeptierte Gebäudeschadenrisiken berechnen lassen. Die akzeptierten Gebäudeschadenrisiken sind jedoch pro Bauwerksklasse über die vier Erdbebenzonen praktisch gleich.

Eine einfache Anwendung der vorgeschlagenen Methode zur Beurteilung der Erdbebentauglichkeit erfordert möglichst wenige Werte für das akzeptierte Gebäudeschadenrisiko. Ausgehend von den zwölf Werten in Bild 3.16 werden dafür die in Bild 7.1 aufgeführten zonenunabhängigen akzeptierten Gebäudeschadenrisiken vorgeschlagen.

Bauwerksklasse	BWK I	BWK II	BWK III
akzeptiertes Gebäudeschadenrisiko R_a	0.40 $\%K_o/a$	0.25 $\%K_o/a$	0.12 $\%K_o/a$

Bild 7.1: Akzeptierte Gebäudeschadenrisiken entsprechend den Norm-Schadenbildern für die drei Bauwerksklassen nach [SIA 160]

7.1.4 Vergleich mit versicherungstechnischen Gebäudeschadenrisiken

Die Gebäudeversicherungen sind bei der Festsetzung der Prämien zur Versicherung von Erdbebenschäden auf die Abschätzung der vorhandenen Gebäudeschadenrisiken angewiesen. Ein im Abschnitt 3.4.3h durchgeführter Vergleich zeigt, dass die von Versicherungen verwendeten Gebäudeschadenrisiken etwa 5 bis 20mal kleiner sind als die in Bild 7.1 aufgeführten akzeptierten Gebäudeschadenrisiken.

Diese Diskrepanz dürfte vor allem darauf beruhen, dass die Versicherungsgesellschaften das Gebäudeschadenrisiko der effektiv vorhandenen Hochbausubstanz beurteilen. In der Schweiz liegen rund 80% der Hochbausubstanz in der Zone 1 mit geringer Erdbebengefährdung. In dieser Zone sind die aus anderen Gründen als denjenigen der Erdbebeneinwirkung vorhandenen Tragwiderstände gegen horizontale Kräfte oft wesentlich grösser als für die Erdbebeneinwirkung erforderlich wäre. Die Tragwerke sind deshalb steifer und die vorhandenen Gebäudeschadenrisiken sind wesentlich kleiner als die akzeptierten Gebäudeschadenrisiken. Das für diese Situation typische Anwendungsbeispiel UTL weist denn auch ein vorhandenes Gebäudeschadenrisiko von nur rund einem Viertel des akzeptierten Wertes auf.

Die in dieser Arbeit ermittelten akzeptierten Gebäudeschadenrisiken sind deshalb nur bei denjenigen Tragwerken massgebend, welche den minimal erforderlichen Tragwiderstand zur Aufnahme der Erdbebeneinwirkungen aufweisen. Dies ist vor allem in den Zonen höherer Erdbebengefährdung der Fall.

7.2 Ausblick

Das heute in der Schweiz übliche Vorgehen bei der Bemessung von Stahlbetonhochbauten auf Erdbebeneinwirkungen beschränkt sich für gewöhnliche Hochbauten auf einen punktuellen rechnerischen Nachweis der *Tragsicherheit.* Für spezielle Hochbauten sind allenfalls gewisse konstruktive Massnahmen vorgeschrieben. In manchen Fällen wäre es jedoch von grossem Vorteil, eine *umfassendere Beurteilung der Erdbebentauglichkeit* durchzuführen.

Die in dieser Arbeit beschriebene neuartige Methode zur Beurteilung der Erdbebentauglichkeit lässt sich sowohl auf geplante als auch auf bestehende Stahlbetonhochbauten anwenden.

Bei geplanten Bauwerken lässt sich oft ein vorhandenes Gebäudeschadenrisiko erreichen, das kleiner ist als das akzeptierte Gebäudeschadenrisiko, ohne dass Mehrkosten entstehen. Für Bauwerke in Gebieten mit hoher Erdbebengefährdung sind dafür speziell konstruierte nichttragende Elemente erhältlich. Bei Stahlbetonhochbauten üblicher Bauweise in Gebieten mit mittlerer bis kleiner Erdbebengefährdung genügt es aber oft, geeignete nichttragende Elemente zu wählen, oder die Verbindungen zwischen nichttragenden Elementen und Tragwerk bewegungstoleranter zu gestalten.

Bei bestehenden Bauwerken, welche umgebaut oder verstärkt werden, sind die möglichen Verbesserungsmassnahmen wesentlich eingeschränkt. Deshalb sind zur Bestimmung der kostengünstigsten Massnahmen meist ins Detail gehende Untersuchungen erforderlich. Die beiden Dokumentationen des Schweizerischen Ingenieur- und Architektenvereins [D096 92] und [D097 93] enthalten Beispiele und Hinweise zur Verbesserung der Erdbebentauglichkeit bestehender Bauwerke durch Verstärkungsmassnahmen.

Die vorgestellte Methode erlaubt die klare Beurteilung des Nutzens einzelner Massnahmen, gewährleistet dadurch den effizienten Einsatz der verfügbaren Mittel und ihre Anwendung ist deshalb bei grösseren Bauwerken in den Zonen höherer Erdbebengefährdung unbedingt zu empfehlen.

Für eine breitere praktische Anwendung wären vor allem bei den noch wenig erforschten nichttragenden Elementen üblicher Bauweise weitergehende theoretische und experimentelle Arbeiten zur Bestimmung der Schadenschwellen und der Zerstörungsgrenzen erforderlich.

Die Anwendung der vorgestellten Methode zur Beurteilung der Erdbebentauglichkeit ermöglicht damit eine über alle Elemente des Bauwerks durchgehende Beurteilung der Erdbebentauglichkeit. Dies erlaubt eine gesamthafte Minimierung der Erstellungs- bzw. Verstärkungskosten von Stahlbetonskelettbauten unter Einhaltung des akzeptierten Gebäudeschadenrisikos. Dadurch kann einerseits die Erdbebentauglichkeit gewährleistet und andererseits der Zusatzaufwand in Grenzen gehalten werden.

Zusammenfassung

In dieser Arbeit wird die Erdbebentauglichkeit von Stahlbetonhochbauten auf Grund des Gebäudeschadenrisikos beurteilt.

Auf die Einleitung folgen einige historische Ansätze zur Erdbebensicherung. Darauf werden die heutigen Berechnungs- und Bemessungsmethoden kurz besprochen, hinsichtlich ihrer Eignung zur praktischen Anwendung beurteilt und mit dem üblichen Stand der Erdbebensicherung bei Stahlbetonhochbauten in Mitteleuropa verglichen. Neben dem erdbebengerechten Entwurf wird neu die Beurteilung der Erdbebentauglichkeit anhand des Gebäudeschadenrisikos gefordert.

Im dritten Kapitel wird ein Modell zur Beurteilung der Erdbebentauglichkeit dargestellt. Dazu sind Schadenfunktionen aufzustellen, welche den Gebäudeschaden in Funktion der Erdbebenstärke zeigen. Diese werden bei den Tragelementen definiert durch Schadenschwelle, Abbruchgrenze, Schaden beim Erreichen der Abbruchgrenze, sowie maximalen Schaden. Diese Grössen werden von einem Schädigungsmodell ausgehend ermittelt.

Die Schadenfunktionen der nichttragenden Elemente werden mit Hilfe von Stockwerk-Schadenschwellen und Stockwerk-Zerstörungsgrenzen ermittelt. Dabei wird zwischen drei typischen Schadenfunktionen für direkt, indirekt und sowohl direkt als auch indirekt geschädigte Elemente unterschieden.

Die Schadenfunktionen von Bauwerken für die beiden Achsrichtungen ergeben sich aus denjenigen der Elemente. Mit den erweiterten Beziehungen der Erdbebenstärke (I_{MSK} = V bis X) zur Eintretenswahrscheinlichkeit werden die standortabhängigen Schadenwahrscheinlichkeitsfunktionen der Bauwerke ermittelt. Diese zeigen den Gebäudeschaden in Funktion der Eintretenswahrscheinlichkeit. Das Integral über alle Eintretenswahrscheinlichkeiten ergibt das vorhandene Gebäudeschadenrisiko. Ein Mittelwert des Gebäudeschadenrisikos über alle Einwirkungsrichtungen wird mit den akzeptierten Gebäudeschadenrisiken verglichen. Diese werden für die Bauwerksklassen und Erdbebenzonen der Schweiz ausgehend von den zur Norm [SIA 160] gehörenden Schadenbildern ermittelt.

Das vierte Kapitel enthält die Ermittlung der Schadenfunktionen der Tragelemente sowie Vereinfachungen zu Abschätzung ihres Verschiebungsverhaltens.

Das fünfte Kapitel beschreibt die Ermittlung der Schadenfunktionen der nichttragenden Elemente, welche für die verbreiteten Bauweisen hergeleitet werden.

Im sechsten Kapitel finden sich drei Anwendungsbeispiele für die Beurteilung der Erdbebentauglichkeit mit dem vorgeschlagenen Modell. Das vorhandene Gebäudeschadenrisiko wird für verschiedene Varianten eines sechsgeschossigen Stahlbetonskelettbaues berechnet und mit den akzeptierten Gebäudeschadenrisiken verglichen. Das Kapitel schliesst mit der Diskussion der Resultate.

Das siebte Kapitel enthält die Folgerungen aus den Überlegungen in den vorangehenden Kapiteln und aus den Resultaten der Anwendungsbeipiele sowie einen Ausblick. Im Anhang findet sich ein Begriffsverzeichnis.

Schlüsselwörter: Erdbeben, Stahlbeton, Hochbau, Schaden, Tragelemente, nichttragende Elemente, Risiko, Wahrscheinlichkeit, vorhandenes Gebäudeschadenrisiko, akzeptiertes Gebäudeschadenrisiko.

Summary

This thesis evaluates the fitness of reinforced concrete buildings to withstand earthquake action comparing existing risks due to building damage to accepted risks.

The introduction is followed by a short overview of historical earthquake-resistant designs. Today's methods of earthquake analysis and design are then reviewed with regard to their practical application to building design and compared to the state of the art of earthquake-resistant design in Europe. Emphasis is placed upon a suitable design for the structural elements and a check of fitness for earthquake action based on the present risk due to building damage.

In chapter three an approach to quantify the fitness for earthquake action is presented. Firstly, building damage as a function of the maximum effective ground acceleration is evaluated along the two axes of the given building. For structural elements the damage functions are defined by the threshold of damage, the failure limit, the damage at the failure limit and the maximum possible damage. These values can be determined using a damage model. The maximum possible damage is defined as the cost of demolishing the building and erecting an new identical one when damage is beyond repair.

The damage functions for nonstructural elements are defined by the threshold of damage and the failure limit on a given floor level. From these the respective ground accelerations can be determined. Three typical damage functions are defined: direct, indirect and combinations thereof. The damage function of the entire building is evaluated by summing up the damage functions of all structural and non-structural elements of the building.

Replacing ground acceleration by its probability of occurrence, the damage functions yield damage-probability functions. The relations between ground acceleration and probability of occurrence have been extended to a range of I_{MSK} = V to X. They depend on the earthquake hazard of the given site, usually defined in design codes by zones. The risks due to earthquakes are calculated as the integrals of the damage-probability functions. An average risk due to building damage for all directions of earthquake attack is compared to the accepted risk. Accepted risks are determined for all types of buildings and earthquake zones based on the criteria for the accepted building damage according to the Swiss code [SIA 160].

Chapter four deals with the evaluation of the damage functions for structural elements and gives simplified rules to establish interstorey deflections and storey response-accelerations.

Chapter five describes the damage functions of the non-structural elements. Chapter six contains applications of the proposed method to three six-storey reinforced concrete buildings. Existing risks are evaluated, compared to the acceptable values, and discussed. Chapter seven is dedicated to conclusions and an outlook. Definitions can be found in the Appendix.

Key words: earthquake, damage, building damage, reinforced concrete, buildings, existing risk, accepted risk, probability of occurrence.

Literaturverzeichnis

[ACLa 89] AC-Laboratorium Spiez: Schockprüfung von Rigips-Montagewänden, Prüfbericht Nr. 3530, Juni 1989.

[AmMe 82] Ambraseys N.N., Melville C.P.: *A History of Persian Earthquakes*, Cambridge University Press, Cambridge, 1982.

[ArRe 82] Arnold C., Reitherman R.: *Building Configuration and Seismic Design*, John Wiley & Sons, New York, 1982.

[BaAm 87] Bachmann H., Ammann W.: *Schwingungsprobleme bei Bauwerken*, Durch Menschen und Maschinen induzierte Schwingungen, Internationale Vereinigung für Brückenbau und Hochbau IVBH/IABSE, Zürich, 1987.

[Bach 92] Bachmann H.: *Erdbebensicherung von Bauwerken*, Vorlesungsautographie, Eidgenössische Technische Hochschule Zürich (ETHZ), 1992.

[BAS:4 89] Bundesamt für Statistik, 4 Volkswirtschaft: *Die nationale Buchhaltung der Schweiz*, Bern 1991.

[BAS:9 90] Bundesamt für Statistik, 9 Bau- und Wohnungswesen: *Bautätigkeit 1989 und Bauvorhaben 1990-92*, Bern 1990.

[BaWü 87] Baden-Württemberg, Innenministerium: *Erdbebensicheres Bauen*, Planungshilfe für Bauherren, Architekten und Ingenieure, Stuttgart, ca. 1987.

[BeEd 88] Beedle L.S. (Ed.): *Second Century of the Skyscraper*, Council on Tall Buildings and Urban Habitat, Van Nostrand Reinhold Company, New York, 1988.

[Bind 93] Bindschedler E.: *Technische Daten von Gips- und Gipskartonplatten*, private Mitteilung, Gipsunion AG, Holderbank, März 1993.

[BK 76] Franz G. (Hrsg.): *Betonkalender 1976, Teil I*, Verlag Wilhelm Ernst & Sohn, Berlin, 1976.

[BWL 91] Bachmann H., Wenk T., Linde P.: *Nonlinear Seismic Analysis of Hybrid Reinforced Concrete Frame Wall Buildings*, Preprint of Workshop on Nonlinear Seismic Analysis of RC Buildings, Bled, Yugoslavia, June 25-28 1991.

[CHRü 88] Schweizer Rückversicherungsgesellschaft: *Naturgefahr und Ereignisschaden*, Zürich, 1988.

[ClPe 75] Clough R.W., Penzien J.: *Dynamics of Structures*, McGraw-Hill, New York, 1975.

[CRB 91] CRB: *Bauhandbuch*, Zentralstelle für Baurationalisierung (CRB), 4 Bände, Zürich, 1991.

[D044 89] Bachmann H. et al: *Die Erdbebenbestimmungen der Norm SIA 160*, Dokumentation D 044, Schweizerischer Ingenieur- und Architekten-Verein, Zürich, 1989.

[D096 92] SIA: *Renforcement du bâti existant*, Dokumentation D 096, Schweizerischer Ingenieur- und Architekten-Verein, Zürich, 1992.

[D097 93] Ammann W.J. et al: *Verstärkungsmassnahmen für erdbebengefährdete Bauwerke*, Dokumentation D 097, Schweizerischer Ingenieur- und Architekten-Verein, Zürich, 1993.

[Dowr 87] Dowrick D.J.: *Earthquake Resistant Design for Engineers and Architects*, Second Edition, John Wiley & Sons, New York, 1987.

[EAWA 87] EAWAG: *Verhalten der Chemikalien im Rhein, Biologischer Zustand und Wiederbelebung des Rheins nach dem Brand in Schweizerhalle*, Zweiter Zwischenbericht, Auftrag Nr. 4727; Eidg. Anstalt für Wasserversorgung, Abwasserreinigung und Gewässerschutz, 1987.

[EC6 88] Eurocode Nr. 6: *Gemeinsame einheitliche Regeln für Mauerwerksbauten*, Entwurf, Kommission der Europäischen Gemeinschaften, Luxemburg, 1988.

[EC8 88] Eurocode Nr. 8: *Structures in Seismic Regions – Design, Part 1: General and Buildings*, Draft, Commission of European Communities, Luxemburg, May 1988.

[Ever 85] Everest L.: *Behind the Poison Cloud, Union Carbide's Bhopal Massacre*, Banner Press, Chicago, 1985.

[GaTh 84] Ganz H., Thürlimann B.: *Versuche an Mauerwerksscheiben unter Normalkraft und Querkraft*, Bericht Nr. 7502-4, Institut für Baustatik und Konstruktion, Eidgenössische Technische Hochschule Zürich (ETHZ), Mai 1984.

[GeZu 75] Gebäudeversicherung des Kantons Zürich: *Gesetz über die Gebäudeversicherung vom 2. März 1975* und *Verordnung über die Gebäudeversicherung vom 21. März 1975*, Kanton Zürich, 1975.

[GeZu 93] Gebäudeversicherung des Kantons Zürich: *Auskünfte zur Erdbebenversicherung des Kantons Zürich*, private Mitteilung, Zürich, 4. August 1993.

[Grau 86] Graubner W.: *Holzverbindungen: Gegenüberstellung japanischer und europäischer Lösungen*, Deutsche Verlags-Anstalt GmbH, Stuttgart, 1986.

[Guid 83] Guidoboni E.: *Terremoti e politiche d'intervento per recupero del patrimonio edilizio: Romagna toscana e pontifica fra XVII e XVII secolo*, Storia Urbana No. 24, Franco Angeli Editore Riviste, Milano, 1983.

[Gyse 93] Gysel G.: *Auskünfte zu Metallfassaden und Fenstern*, private Mitteilung, Schweizer Metallbau AG, Hedingen, 25. Juni 1993.

[Hess 90] Hess R.: *Vorlesung Konstruktion AK, Spezialvorlesung Fassadenbau*, Vorlesungsautografie, Eidgenössische Technische Hochschule Zürich (ETHZ), 1990.

[Hous 90] Housner G.W.: *Competing Against Time*, Report to the Governor George Deukmejian from the Governor's Board of Inquiry on the 1989 Loma Prieta Earthquake, State of California, 1990.

[LiKi 91] Lim K.Y.S., King A.B.: *The Behaviour of External Glazing Systems under Seismic In-Plane Racking*, Building Research Association of New Zealand (BRANZ), Report SR 39, Judgeford, New Zealand, 1991.

[Lind 91] Linde P.: *Detailangaben zum 6-stöckigen Tragwandsystem in [BWL 91]*, unveröffentlicht, Institut für Baustatik und Konstruktion, Eidgenössische Technische Hochschule Zürich (ETHZ), 1991.

[Lind 93] Linde P.: *Numerical Modelling and Capacity Design of Earthquake-Resistant Reinforced Concrete Walls*, Dissertation, Institut für Baustatik und Konstruktion, Eidgenössische Technische Hochschule Zürich (ETHZ), Bericht No. 200, 1993.

[Meye 88] Meyer I.F.: *Ein werkstoffgerechtes Schädigungsmodell und Stababschnittselement für Stahlbeton unter zyklischer nichtlinearer Beanspruchung*, Dissertation, Mitteilung Nr. 88-4, Sonderforschungsbereich Tragwerksdynamik, Ruhr-Universität Bochum, August 1988.

[MoPa 90] Moser K., Paulay T.: *Kapazitätsbemessung erdbebenbeanspruchter Stahlbetonrahmen*, Schweizer Ingenieur und Architekt, Nr. 44, 1. November 1990, und Bericht Nr. 180, Institut für Baustatik und Konstruktion, Eidgenössische Technische Hochschule Zürich (ETHZ), 1990.

[Mose 89] Moser K.: *Kapazitätsbemessung erdbebenbeanspruchter Stahlbetonrahmen*, Dreiländertagung D-A-CH, München, Okt. 1989, Deutsche Gesellschaft für Erdbeben-Ingenieurwesen und Baudynamik (DGEB) e.V., Berlin, 1991.

[Mose 90] Moser K.: *Kapazitätsbemessung bei Stahlbetonhochbauten unter Erdbebeneinwirkung*, Deutscher Ausschuss für Stahlbeton, 23. Forschungskolloquium in Zürich, Berlin, 1990.

[Mose 91] Moser K.: *Ist die Erdbebensicherung im Hochbau gerechtfertigt?*, Schweizer Ingenieur und Architekt, Nr. 44, 31. Oktober 1991 und Bericht Nr. 188, Institut für Baustatik und Konstruktion, Eidgenössische Technische Hochschule Zürich (ETHZ), 1992.

[Mose 92] Moser K.: *Abbruch- und Entsorgungskosten von Stahlbetongebäuden*, Aktennotiz, 15. April 1992.

[MüKe 84] Müller F.P., Keintzel E.: *Erdbebensicherung von Hochbauten*, zweite Auflage, Verlag Ernst & Sohn, Berlin 1984.

[MüRü 86] Münchner Rückversicherungsgesellschaft: *Erdbeben Mexiko '85*, München, 1986.

[NaEd 89] Naeim F.(Ed.): *The Seismic Design Handbook*, Structural Engineering Series, Van Nostrand Reinhold, New York, 1989.

[NeHa 82] Newmark N.M., Hall W.J.: *Earthquake Spectra and Design*, Earthquake Engineering Research Center, University of California at Berkely, 1982.

[NZS 4203] NZS 4203: *Code of Practice for General Structural Design Loadings for Buildings*, Standards Association of New Zealand, Wellington, 1986.

[PaGa 80] Park R., Gamble W.L.: *Reinforced Concrete Slabs*, John Wiley & Sons, New York, 1980.

[PaPa 84] Paulay T., Park R.: *Joints in Reinforced Concrete Frames Designed for Earthquake Resistance*, Research Report 84-9, Department of Civil Engineering, University of Canterbury, Christchurch, New Zealand, 1984.

[PaPr 92] Paulay T., Priestley M.J.N.: *Design of Reinforced Concrete and Masonry Buildings for Earthquake Resistance*, John Wiley & Sons, New York, 1992.

[PBM 90] Paulay T., Bachmann H., Moser K.: *Erdbebenbemessung von Stahlbetonhochbauten*, Birkhäuser-Verlag Basel-Boston-Berlin, 1990.

[Rass 88] Rassow J.: *Risiken der Kernenergie, Fakten und Zusammenhänge im Lichte des Tschernobyl-Unfalls*, VCH Verlagsgesellschaft Weinheim, 1988.

[RoCa 90] Rodriguez S., Cakmak A.S.: *Evaluation of Damage Indices for Reinforced Concrete Structures*, Princeton University, Technical Report NCEER-90-0022, 1990.

[SäMa 78] Sägesser R., Mayer-Rosa D.: *Erdbebengefährdung in der Schweiz*, Schweizer Ingenieur und Architekt, Nr. 7, 16. Feb. 1978.

[SBV 89] SBV: *Schweizerische Bauwirtschaft in Zahlen*, Schweizerischer Baumeisterverband, Zürich, 1987 und 1989.

[SBV 91] SBV: *Schweizerische Bauwirtschaft in Zahlen*, Schweizerischer Baumeisterverband, Zürich, 1991.

[ScEd 90] Schlootz J. (Ed.): *Wir sind noch einmal davongekommen? Tschernobyl - 4 Jahre danach*, S. 131ff, Berichte aus Medizin, Chemie, Physik, Geologie, Meteorologie, Psychologie und Politikwissenschaft der Freien Universität Berlin, 1990.

[Scha 93] Schaad W.: *Erdbebenversicherung in der Schweiz*, private Mitteilungen, Schweizer Rückversicherungsgesellschaft, Zürich, 1993.

[Schn 89] Schneider J.: *Sicherheit und Zuverlässigkeit von Tragwerken*, Vorlesungsautografie, Eidgenössische Technische Hochschule Zürich (ETHZ), 1989.

[Schw 90] Schwegler G.: *Hochhaus in Mauerwerk*, Diplomarbeit, Institut für Baustatik und Konstruktion, Eidgenössische Technische Hochschule Zürich (ETHZ), 1990.

[SIA 160] SIA 160: *Einwirkungen auf Tragwerke*, Schweizer Ingenieur- und Architekten-Verein, Zürich, 1989.

[SIA 161] SIA 161: *Stahlbauten*, Schweizer Ingenieur- und Architekten-Verein, Zürich, 1990.

[SIA 162] SIA 162: *Betonbauten*, Schweizer Ingenieur- und Architekten-Verein, Zürich, 1989.

[SIA 177] SIA 177 *Mauerwerk* und V177/2: *Bemessung von Mauerwerkswänden*, Schweizer Ingenieur- und Architekten-Verein, Zürich 1980 und 1992.

[Stei 89] Steinwachs M. (Ed.): *Untersuchungen von Erdbebenkatastrophen* durch Teams aus Mitgliedern der Deutschen Gesellschaft für Erdbebeningenieurwesen und Baudynamik (DGEB) e.V.: *Mexiko 1985, El Salvador 1986, Armenien 1988*, DGEB, Hannover, 1989.

[Stra 87] Stratta J.L.: *Manual of Seismic Design*, Prentice Hall, Englewood Cliffs, New Jersey 07632, USA, 1987.

[ThKi 92] Thurston S.J., King A.B.: *Two-Directional Cyclic Racking on Corner Curtain Wall Glazing*, Building Research Association of New Zealand (BRANZ), Report SR 44, Judgeford, New Zealand,1992.

[Tied 86] Tiedemann H.: *Loss and Damage caused by the Mexican Earthquake of September 19, 1985*, 8th Symposium on Earthquake Engineering, Rorkee, 1986.

[Tied 87] Tiedemann H.: *Kleine Erdbeben - kleine Risiken?*, Schweizer Rückversicherungs-Gesellschaft, Zürich, 1987.

[UBC 88] UBC 1988: *Uniform Building Code; Chapter 23, Section 2312: Earthquake Regulations*, International Conference of Building Officials, Whittier, California 90601, USA, 1988.

[Wenk 91] Wenk T.: *Stockwerkantwortspektren für die 6-stöckigen Rahmen- bzw. Tragwandsysteme in [BWL 91]*, Institut für Baustatik und Konstruktion, Eidgenössische Technische Hochschule Zürich (ETHZ), 1991 (unveröffentlicht).

[Wenk 92] Wenk T.: *Studien zu Zeitverläufen der Bodenbewegung und zu Antwortspektren*, Institut für Baustatik und Konstruktion, eidgenössische Technische Hochschule Zürich (ETHZ), 1992 (unveröffentlicht).

[ZZ 91] Zürcher Ziegeleien: *Dokumentation Backstein: Wand*, Zürich, 1991.

Anhang

A1: Begriffsdefinitionen

Abbruchgrenze: Erdbebenstärke, bei der das Bauwerk derart geschädigt wird, dass es abgebrochen werden muss. Sie ist i.a. gegeben durch die Abbruchgrenze der Tragelemente (zB. Erschöpfung des Tragwiderstandes des am stärksten beanspruchten Querschnittes (Fliessgelenkbereich) bei einem Schädigungsgrad von $s = 100\%$).

Amplifikation: Verstärkung der Schwingung eines Bauwerks oder eines Elementes verglichen mit seiner Anregung.

Anregung: Erzeugung von Bauwerkschwingungen durch zeitlich veränderliche Einwirkungen, zB. durch Erdbeben.

Antwortspektrenverfahren, modales:
Ermittlung von Verschiebungen und Beanspruchungen durch Superposition der Beiträge der einzelnen Eigenschwingungsformen.

Antwortspektrum: Darstellung der Reaktion von Einmassenschwingern auf eine (Erdbeben-) Anregung an ihrem Fusspunkt. Im allgemeinen wird die maximale Beschleunigung gegen die Eigenfrequenz des Einmassenschwingers aufgetragen.

Ausbau und Installationen: Sämtliche nicht zum Rohbau gehörenden Elemente für Innenausbau (Ausbau, Austattung und Einrichtungen) und Installationen (Elektro-, Heizungs-, Lüftungs-, Klima-, Sanitärinstallationen, maschinelle Einrichtungen, etc.).

Auslenkung: Horizontalverschiebung des Tragwerks aus der Ruhelage.

Bauwerk: Ein Bauwerk besteht aus dem Tragwerk, den damit verbundenen nichttragenden Bauelementen und den Ausbauten und Installationen.

Beben: Kurzform des Begriffes Erdbeben.

Beben, künstlich generiert: Beschleunigungszeitverlauf, der künstlich generiert wird und bestimmte Modellanforderungen erfüllt (zB. Bemessungsspektrum, Starkbebendauer, etc.)

Bemessung: Festlegung der Querschnittsabmessungen und der Eigenschaften der Baustoffe zur Gewährleistung von Tragsicherheit und Gebrauchstauglichkeit.

Bemessungsbeben: Zur Berechnung und Bemessung verwendetes Erdbeben.

Bemessungsduktilität: Der Bemessung zu Grunde gelegter Wert der Verschiebeduktilität $\mu_{\Delta,B}$.

Bemessungsspektrum: Antwortspektrum zur Bemessung für Erdbebeneinwirkung.

Berechnung: Ermittlung der Beanspruchungsgrössen (zB. Schnittkräfte und Verschiebungen).

Bodenbeschleunigung, maximale a_s: Maximale, effektive horizontale Bodenbeschleunigung (zur Bemessung und Skalierung von Norm-Spektren verwendet), ist kleiner als die maximal gemessene Spitzenbodenbeschleunigung.

Bruchstauchung ϵ_u: Stauchung beim Versagen des Baustoffes.

Dissipierte Energie: Durch Formänderungsarbeit, Dämpfung, Reibung, etc. freigesetzte Energie.

Duktilität: Fähigkeit eines Baustoffes oder Bauelementes, sich unter Aufrechterhaltung des Tragwiderstandes plastisch zu verformen.
Natürliche Duktilität: Duktilität bei üblicher konstruktiver Durchbildung, z.B. nach [SIA 162].
Volle Duktilität: Duktilität bei spezieller konstruktiver Durchbildung, z.B. nach [PBM 90].

Dynamischer Vergrösserungsfaktor ω: Faktor zur näherungsweisen Bestimmung der Stockwerkantwortbeschleunigung aus der Stockwerkbeschleunigung (hier für für nichttragende Baulemente).

Eintretenswahrscheinlichkeit p: Mittlere Wahrscheinlichkeit (zB. pro Jahr), dass ein Ereignis eintritt;
Eintretenswahrscheinlichkeit p_E für ein Erdbeben der Stärke E.

Elastische Beanspruchung: Beanspruchung unterhalb der Fliessgrenze.

Element: Teil des Bauwerks (Tragelemente: Tragwände, Stützen, Riegel, etc.; nichttragende Elemente: nichttragende Bauelemente, Ausbau und Installationen).

Erdbebenbeanspruchung: Beanspruchungen eines Bauwerks (Verschiebungen, Beschleunigungen), eines Bauelementes (Kräfte, Zwängungen) oder eines Querschnittes (Schnittkräfte, Spannungen, Dehnungen) infolge von Erdbebeneinwirkung.

Erdbebenbemessung: Bemessung eines Bauwerks mit dem Ziel der Erdbebentauglichkeit (oft nur Tragsicherheitsnachweis).

Erdbebeneinwirkung: Wirkung eines Erdbebens auf ein Bauwerk.

(Erdbeben-) Ersatzkraft F_{tot}: Gesamte, horizontale statische Ersatzkraft F_{tot} zur Abschätzung der Erdbebenbeanspruchungen; wird aufgeteilt in Ersatzkräfte F_j, welche an den einzelnen Massen des Ersatzstabes m_j (ia. den Geschossdecken) angreifen.

Erdbebengefährdung: Allgemein: Gefahr des Auftretens eines schädigenden Erdbebens;
Technisch: Erdbebenstärke in Funktion ihrer Eintretenswahrscheinlichkeit.

Erdbebenrichtung: Ausbreitungsrichtung des Erdbebens vom Herd zum betrachteten Standort.

Erdbebensicherung: Gesamtheit der konstruktiven und konzeptionellen Massnahmen zur Erreichung der Erdbebentauglichkeit; oft nur Stand- und Tragsicherheit des Tragwerks für ein gegebenes Bemessungsbeben (Nachweis nach Normvorschriften, zB. nach [SIA 160], oder Nachweis nach anderen Methoden, wie nichtlineare dynamische Berechnungen).

Erdbebenstärke: Allgemein: Stärke E einer erdbebenbedingten Bodenbewegung an einem Standort;
Technisch: Die Erdbebenstärke wird v.a. beschrieben durch:
a) eine Intensität,
nach einer gebräuchlichen Skala wie Medvedev-Sponheuer-Karnik: I_{MSK};
b) ein Antwortspektrum,
meist in Funktion einer maximalen effektive Bodenbeschleunigung a_s
c) einen Maximalwert der Bodenbewegung,
meist die maximale effektive Bodenbeschleunigung a_s.

Erdbebentauglichkeit: Allgemein: Ein Bauwerk ist erdbebentauglich, wenn festgelegte Anforderungen bezüglich Tragsicherheit und ggf. Gebrauchstauglichkeit an das Verhalten unter Erdbebeneinwirkung erfüllt sind.
Nach Norm [SIA 160]: Die Schädigung infolge des Bemessungsbebens ist kleiner oder gleich jener des Norm-Schadenbildes. Dies kann durch einen Tragsicherheitsnachweis mit der Ersatzkraftmethode, verbunden mit den entsprechenden konzeptionellen und konstruktiven Massnahmen sichergestellt werden.
Hier: Ein Bauwerk ist erdbebentauglich, wenn das vorhandene Gebäudeschadenrisiko R_v kleiner ist als das akzeptierte Gebäudeschadenrisiko R_a.

Erdbebenzone: Bereich ähnlicher Erdbebengefährdung, meist in Normen festgelegt.

Ersatzbeschleunigung: Beschleunigung zur Bestimmung der Erdbebenersatzkraft.

Ersatzkraftverfahren: Am Tragwerk werden zur Abschätzung der Beanspruchungen infolge von Erdbebeneinwirkung statische Ersatzkräfte angesetzt.

Fliessgelenk: Bereich eines Tragelementes mit plastischen Biegeverformungen.

Fliessgelenkbereich: Zur Schadenermittlung definierter Bereich eines Tragelementes mit Schäden infolge der Fliessgelenkbildung.

Fliessgrenze: Beginn der plastischen Verformungen bzw. Verschiebungen.

Funktionstüchtigkeit: Fähigkeit eines Bauwerks oder eines Bauelementes, seine Funktion in der vorgesehenen Art und Weise zu erfüllen.

Fusspunkt: Einspannquerschnitt des Tragwerks (Tragwand, Rahmenstütze).

Gebäudeschaden K: Aufwand zur Wiederherstellung des ursprünglichen Zustandes des Bauwerks.

Gebäudeschadenrisiko: Risiko infolge der Gebäudeschäden unter Erdbebeneinwirkung, hier in Kosten pro Zeiteinheit angegeben (Fr./Jahr) → Risiko.
Akzeptiertes Gebäudeschadenrisiko R_a: Für das betrachtete Bauwerk akzeptiertes, als zulässig erachtetes Gebäudeschadenrisiko; i.a. abhängig von Standort und Art des Bauwerks.
Vorhandenes Gebäudeschadenrisiko R_v: Beim betrachteten Bauwerk vorhandenes Gebäudeschadenrisiko.

Grenzduktilität: Oberer Grenzwert der Duktilität, abhängig von der konstruktiven Durchbildung des Tragelementes.

Grundfrequenz f_1: Schwingungsfrequenz der ersten Eigenschwingungsform eines Bauwerks oder eines Elementes.

Grundschwingung: Erste Eigenschwingung des Bauwerks mit der Grundfrequenz f_1.

Installationen: → Ausbau und Installationen.

Intensität I: Schadenbezogenes Mass der Erdbebenstärke, zB. nach Medvedev-Sponheuer-Karnik: I_{MSK}.

Kapazitätsbemessung: Bemessungsvorgehen mit eindeutig definierten Fliessgelenken und vor Überlastung geschützten übrigen Bereichen, vgl. [PBM 90].

Kumulierte Verschiebeduktilität $\sum \mu_\Delta$*:* Summe der Verschiebeduktilitäten der elastisch-plastischen Auslenkungen.

Last: Durch die Schwerkraft bewirkte vertikale Kraft, zB. Eigenlast, Auflast, Nutzlast.

Leichttrennwand: Trennwand mit geringem Eigengewicht.

Leichttrennwand mit Tragelementen: Leichttrennwand mit separaten Tragelementen, zB. Blechprofilträgern, mit beidseitiger Beplankung aus Gipskartonplatten.

Leichttrennwand, selbsttragend: Leichttrennwand aus Einzelplatten, ohne separate Tragelemente, als Platte tragend, z.B. aus Vollgipsplatten mit Nut und Kamm und mit Klebmörtel verbunden.

Maximale elastische Auslenkung: Auslenkung Δ_{el} des Tragwerks beim Fliessbeginn.

Neubaukosten K_o*:* Erstellungskosten eines Bauelementes oder des ganzen Bauwerks auf einer Neubaustelle.

Nichtlineare Berechnung:
Berechnung unter Berücksichtigung des elastisch-plastischen Verhaltens der Tragelemente.

Nichttragendes Bauelement: Nichttragendes Element, welches zum Rohbau des Bauwerks gehört (zB. Trennwände, Fensterelemente, Fassadenelemente).

Nichttragendes Element: Teil des Bauwerks, welchem keine lastabtragende Funktion zugeordnet wird: nichttragende Bauelemente, Ausbau und Installationen.

Norm-Schadenbild: Beschreibung der unter Einwirkung des Bemessungsbeben als zulässig erachteten Schäden am Tragwerk und an den nichttragenden Elementen.

Plastische Verformung: Bleibende, die maximale elastische Verformung übersteigende Verformung.

Plateauwert: Bereich der maximalen Antwortbeschleunigung im Antwortspektrum, meist als konstanter Wert ("Plateau") im Frequenzbereich von 2 oder 3 bis 10 Hz definiert.

Rahmentragwerk: Rahmen aus Stützen und Riegeln zur Abtragung der Lasten und Kräfte.

Rechenwert der Festigkeit: Zur Berechnung des Tragwiderstandes verwendeter Festigkeitswert, oft auch Nennfestigkeit oder Nennwert der Festigkeit genannt.

Reparaturbereich: Bereich eines Bauelementes, welcher nach der Erdbebenbeanspruchung zu reparieren ist.

Reparaturfaktor r: Verhältnis des Schadens (Reparaturkosten) zum Produkt von Neubaukosten des geschädigten Bereiches und Schädigungsgrad.

Resonanz: Allgemein: verstärkte Antwort auf eine Anregung.
Technisch: Starke Vergrösserung einer Schwingung bei Übereinstimmung der Frequenzen der anregenden und der angeregten Schwingung.

Risiko R: Allgemein: Möglichkeit, einen Schaden zu erleiden;
Technisch: Produkt eines erwarteten Schadens mit der Eintretenswahrscheinlichkeit dieses Schadens → Gebäudeschadenrisiko.

Schaden, akzeptierter: Unter einer Einwirkung (zB. infolge eines Erdbebens) als zulässig erachteter, akzeptierter → Gebäudeschaden.

Schaden, maximaler: Maximal möglicher Gebäudeschaden K_{max} (Summe der Abbruch-, Entsorgungs- und Neubaukosten), bzw. maximal möglicher Schaden am Element $K_{e,max} = rK_e$ (am Tragelement $K_{t,max}$, am nichttragenden Element $K_{n,max}$).

Schadenbeben: Erdbeben, welches am Bauwerk Schäden verursacht.

Schadenbegrenzung: Begrenzung des Gebäudeschadens infolge von Erdbeben durch konstruktive und konzeptionelle Massnahmen → Erdbebensicherung.

Schadenfunktion: Verlauf des Schadens von Elementen oder des Gebäudeschadens K in Funktion der Erdbebenstärke E.

Schadenschwelle E_S: Bebenstärke, die am Bauwerk oder am betrachteten Element die ersten Schäden hervorruft.

Schadenwahrscheinlichkeitsfunktion: Verlauf des Gebäudeschadens K in Funktion der Eintretenswahrscheinlichkeit p_E.

Schädigung: Direkte Schädigung: Schädigung eines Elementes, die infolge Erdbebeneinwirkung direkt am Element ensteht.
Indirekte Schädigung: Schädigung eines Elementes, die durch ein anderes Element entsteht, zB. durch Schädigung beim Erreichen der Abbruchgrenze des Bauwerks.

Schädigungsbereich: Bereich eines Bauelementes mit gleichem Schädigungsgrad.

Schädigungsgrad s: Mass der Schädigung eines Bauelementes oder eines Bereiches (s = 0% bis 100%).

Schädigungsmodell: Modell zur Abschätzung des Schädigungsgrades und des Schadens.

Schwerelaststützen: Stützen, welche allein der Abtragung von Schwerelasten dienen.

Schwingungsform: Verschiebungsform, die sich bei einer Bauteil- oder Bauwerk-Bewegung einstellt.

Schwingungszyklus: Schwingung mit je einer Auslenkung aus der Ruhelage in der einen und in der anderen Richtung (entsprechend einer Sinusfunktion von 0 bis 2π).

Seismische Isolation: Isolation des Bauwerks gegen Erdbebenanregung, zB. durch Lagerung des Bauwerks auf speziellen Lagern.

Seismizität: Häufigkeit und Stärke der Erdbeben an einem Standort.

Starkbebenphase: Allgemein: Phase des Erdbebens mit beanspruchungsrelevanten Bodenbeschleunigungen;
Hier (näherungsweise): Zeitdauer t_E zwischen erstem und letztem Auftreten von 50% der maximalen Bodenbeschleunigung a_s.

Stockwerkantwortbeschleunigung: Antwortbeschleunigung eines auf der Geschossdecke unter dem betrachteten Stockwerk stehenden Einmassenschwingers.

Stockwerkantwortspektrum: Darstellung der Stockwerkantwortbeschleunigung in Form eines Spektrums.

Stockwerkauslenkung: Horizontale Auslenkung der Decke unter dem betrachteten Stockwerk aus der Ruhelage.

Stockwerkbeschleunigung: Beschleunigung der Geschossdecke unter dem betrachteten Stockwerk.

Stockwerkhöhe Δh: Differenz der Höhe zweier Geschossdecken: $\Delta h = \Delta h_j - \Delta h_{j-1}$.

Stockwerk-Schadenschwelle: Lokale Grösse (Beschleunigung $a_{h,S}$ oder auf die Stockwerkhöhe bezogene Stockwerkverschiebung $\Delta x_S/\Delta h$) beim Erreichen der Schadenschwelle des betrachteten nichttragenden Elementes.

Stockwerkverschiebung, absolut: absoluter Wert Δx der Relativverschiebung von unterer und oberer Decke eines Stockwerks.

Stockwerkverschiebung, bezogen: Auf die Stockwerkhöhe bezogene Stockwerkverschiebung $\Delta x/\Delta h$.

Stockwerk-Zerstörungsgrenze: Lokale Grösse (Beschleunigung $a_{h,Z}$ oder auf die Stockwerkhöhe bezogene Stockwerkverschiebung $\Delta x_Z/\Delta h$) beim Erreichen der Zerstörungsgrenze des betrachteten nichttragenden Elementes.

Tragelement: Element des Tragsystems zur Abtragung von Lasten und Kräften.

Tragsicherheitsnachweis: Nachweis der Tragsicherheit, meist durch Vergleich der Kräfte infolge der Einwirkungen (zB. Bemessungsbeben) mit dem (abgeminderten) Tragwiderstand.

Tragwand: Stahlbetonwand, deren Funktion hauptsächlich aus der Abtragung der horizontalen Kräfte besteht.

Tragwerk: System von Tragelementen (Decken, Tragwände, Riegel, Stützen) zur Abtragung aller am Bauwerk angreifenden Lasten und Kräfte.

Tragwerkbewegungen: Bewegungen des Tragwerks infolge veränderlicher Einwirkungen; oft nur horizontale Auslenkungen der Geschossdecken.

Tragwiderstand: Widerstand des Querschnittes oder des Tragelementes gegen Beanspruchungen, meist mit den Rechenwerten der Festigkeiten ermittelt.

Tragwiderstand, erschöpft: Abnahme des Tragwiderstandes beim Erreichen der maximalen kumulierten Verschiebeduktilität.

Trennwand: nichttragende Wand zur Stockwerkaufteilung.

Überfestigkeit: Verhältnis des mittleren Baustoff- oder Querschnittswiderstandes (unter Berücksichtigung der Beanspruchung bis in den Fliessbereich) zu dem mit den Rechenwerten der Festigkeit ermittelten Widerstand.

Übrige Bereiche: ungeschädigte Bereiche von Tragelementen.

Verschiebeduktilität μ_Δ*:* Quotient aus der gesamten elastisch-plastischen Verschiebung Δ_{tot} und der maximalen elastischen Verschiebung Δ_{el} (Fliessbeginn).

Verschiebeduktilität, kumuliert $\sum \mu_\Delta$*:* Summe der Verschiebeduktilitäten aller elastisch-plastischer Schwingungszyklen: Verfügbare bzw. beanspruchte kumulierte Verschiebeduktilität.

Verschiebesteifigkeit: Steifigkeit eines Rahmentragwerks gegen horizontale Verschiebungen.

Verschiebung: Auslenkung oder Durchbiegung des Tragwerks.

Verschiebungslinie: Linie der Auslenkungen des Tragwerks.

Verschiebungszeitverlauf: Verlauf der Verschiebungen in Funktion der Zeit.

Wiederkehrperiode: Inverser Wert der Eintretenswahrscheinlichkeit p.

Zeitverlaufberechnung: Detaillierte Berechnung des dynamischen Trag- oder Bauwerkverhaltens unter Verwendung von (Erdbeben-) Zeitverläufen als Anregungsfunktion (zB. mit nichtlineraren Baustoffeigenschaften).

Zerstörungsgrenze E_Z*:* Erdbebenstärke, welche am betrachteten Element den maximalen Schaden erzeugt.

Zusatzkosten: Zusätzliche Kosten zur Verbesserung der Erdbebentauglichkeit eines Bauwerks.

Zwängung: Beanspruchung eines Elementes infolge einer aufgebrachten Verschiebung.

A2: Tragwerkarten bei Hochhäusern

Auch beim Hochhausbau, einer traditionellen Domäne des Stahlbaues, setzt sich die Stahlbetonbauweise immer mehr durch.

Ihre Eignung lässt sich anhand der zunehmenden Anwendung bei den Hochhäusern belegen, welche noch bis Ende der siebziger Jahre praktisch ausschliesslich mit Stahltragwerken erstellt wurden.

Aus Bild 7.2 (nach [BeEd 88]) ist ersichtlich, dass der Anteil der Stahlbetontragwerke bei den Hochhäusern weltweit seit dreissig Jahren von 0% auf 20% gestiegen, derjenige der Stahltragwerke jedoch von 100% auf 40% gesunken ist. In den achziger Jahren wurden zudem 40% der Tragwerke der Hochhäuser in Mischbauweise, dh. mit Tragwerken bestehend aus den beiden Baustoffen Stahl und Stahlbeton, erstellt.

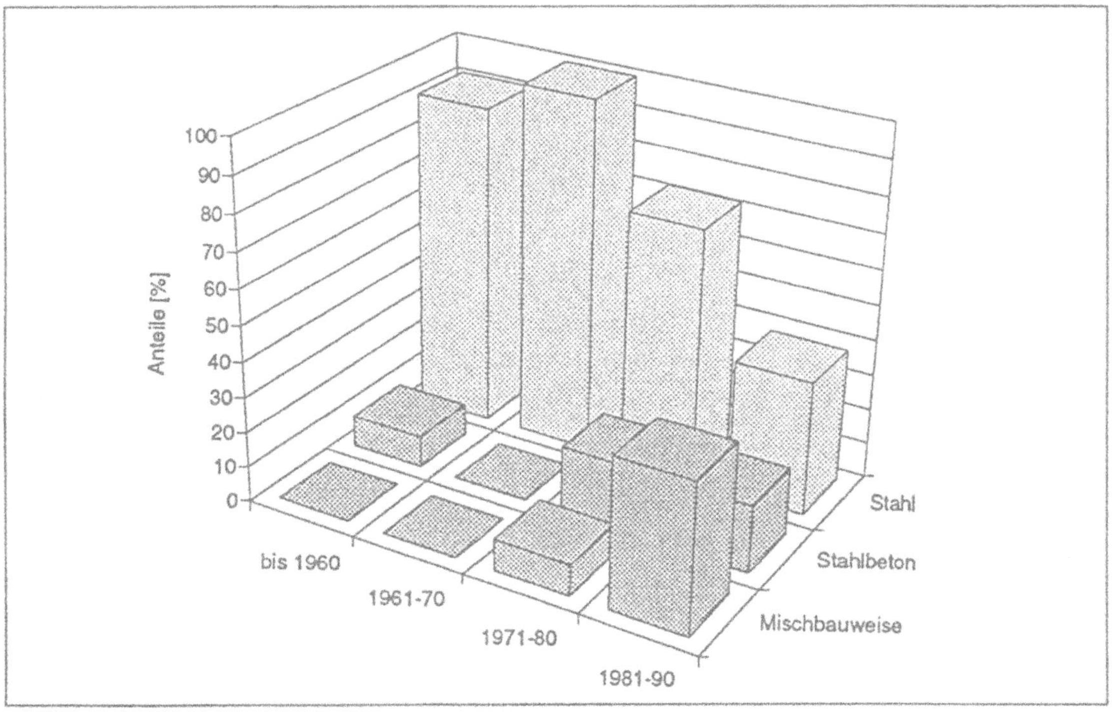

Bild 7.2: Die hundert höchsten Hochhäuser der Welt nach Erstellungsjahr und Art des Tragwerks

Berichte des IBK beim Birkhäuser Verlag Basel (ab November 1991)

Die aufgeführten Berichte sind unter Angabe der ISBN-Nr. direkt beim Birkhäuser Verlag Basel zu bestellen. Adresse: Postfach 155, 4010 Basel (Tel. 061 721 77 84).

Keller Thomas:
Dauerhaftigkeit von Stahlbetontragwerken - Transportmechanismen, Auswirkung von Rissen
Bericht IBA Nr. 184, ISBN 3-7643-2711-1, November 1991, Fr. 65.--

Menn C.:
Bonding of Old and New Concrete for Monolithic Behaviour
Bericht IBA Nr. 185, ISBN 3-7643-2712-X, November 1991, Fr. 8.80

Hohberg J.-M.:
A Joint Element for the Nonlinear Dynamic Analysis of Arch Dams
Bericht IBA Nr. 186, Juli 1992, ISBN 3-7643-2811-8, Fr. 92.--

Bachmann H.:
Earthquake Design of Bridges - The Swiss Code Approach
Bericht IBA Nr. 187, März 1992, ISBN 3-7643-2755-3, Fr. 7.70

Moser K.:
Ist Erdbebensicherung im Hochbau gerechtfertigt?
Bericht IBA Nr. 188, März 1992, ISBN 3-7643-2756-1, Fr. 8.50

Menn C., Brenni P., Keller T., Pellegrinelli L:
Verbindung von altem und neuem Beton
Bericht IBA Nr. 193, August 1992, ISBN 3-7643-2825-8, Fr. 77.--

Gauvreau Paul:
Load Tests of Concrete Girders Prestressed with Unbonded Tendons
Bericht IBA Nr. 194, Januar 1993, ISBN 3-7643-2843-6, Fr. 79.--

Gauvreau D.P.:
Ultimate Limit State of Concrete Girders Prestressed with Unbonded Tendons
Bericht IBA Nr. 198, Januar 1993, ISBN 3-7643-2873-8, Fr. 66.--

Petschacher Markus:
Zuverlässigkeit technischer Systeme
Computerunterstützte Verarbeitung von stochastischen Grössen mit dem Programm VaP
Bericht IBA Nr. 199, August 1993, ISBN 3-7643-2967-X, Fr. 59.--

Linde Peter:
Numerical Modelling and Capacity Design of Earthquake-Resistant Reinforced Concrete Walls
Bericht IBA Nr. 200, August 1993, ISBN 3-7643-2968-8, Fr. 86.--

Moser Konrad:
Erdbebentauglichkeit von Stahlbetonhochbauten
Bericht IBK Nr. 201, November 1993, ISBN 3-7643-5006-7, Fr. 65.--

Sigrist V., Marti P.:
Versuche zum Verformungsvermögen von Stahlbetonträgern
Bericht IBK Nr. 202, November 1993, ISBN 3-7643-5007-5, Fr. 55.--

www.ingramcontent.com/pod-product-compliance
Lightning Source LLC
LaVergne TN
LVHW080116250326
834688LV00040B/1158
* 9 7 8 3 7 6 4 3 5 0 0 6 2 *